WUNDERBARE TIERWELT

Er sieht aus wie eine Maus, ist aber
noch nicht einmal ein Nagetier:
der nordamerikanische Pfeifhase.
Auf S. 119 erfahren Sie mehr über ihn.

WUNDERBARE TIERWELT

Reader's Digest

DEUTSCHLAND · SCHWEIZ · ÖSTERREICH

Inhalt

Wie man dieses Buch benutzt

Wunderbare Tierwelt ist ein Nachschlagewerk, in dem Sie spannende Fakten über die Tiere unserer Welt finden. Und das Beste daran: Sie lernen Neues und vertiefen Ihr Wissen durch lustige Quizrunden mit Familie und Freunden!

Reader's Digest Wissenswelt vermittelt Ihnen unterhaltsam und spielerisch viele neue Informationen. Die Reihe besteht aus reich bebilderten Einzelbänden, die sich jeweils auf ein bestimmtes Wissensgebiet konzentrieren. Sie werden hochinteressante Fakten finden, die Sie bisher noch nicht kannten!

Der Band **Wunderbare Tierwelt** enthält eine Fülle von Fakten über das Leben der Tiere, ihre Lebensräume, Verwandtschaftsbeziehungen und vieles mehr. Alle diese Informationen sind im Nachschlageteil in der Buchmitte (S. 39–153) zusammengefasst. Sofern Sie das Buch direkt als Nachschlagewerk verwenden möchten, erleichtert Ihnen das Inhaltsverzeichnis, die behandelten Themen zu finden. Anhand des detaillierten Registers (ab S. 161) können Sie auch nach bestimmten Arten oder Begriffen suchen.

Was ist das Besondere an dieser Reihe?

Die **Reader's Digest Wissenswelt** ist einzigartig, da sie den Leser über Quizfragen auf unterhaltsame Weise an die Informationen heranführt. Anhand der Fragen können Sie testen, was Sie bereits über Tiere wissen. Und sicherlich bekommen Sie Lust, noch mehr darüber zu erfahren.

Von den Fragen zum Nachschlageteil

Im Buch gibt es 100 Quizrunden mit jeweils zehn Quizfragen, die je nach Schwierigkeitsgrad verschiedene Farben aufweisen (siehe rechts). Bei jeder Frage ist die Seitenzahl angegeben, auf der Sie im Nachschlageteil die Antwort und weitergehende Informationen über das Thema finden.

Im Nachschlageteil sind die Antworten auf alle Fragen zum Themenbereich einer Doppelseite in der linken Randspalte aufgelistet (in aufsteigender Reihenfolge der Fragennummern). Die Ziffer (manchmal auch ein Stern) hinter der Antwort verweist auf eine Box, in der Sie weiterführende Informationen finden. Bisweilen wird auch auf mehrere Kästen verwiesen. Wenn kein Verweis angegeben ist, stehen mitunter zusätzliche Details direkt bei der Antwort.

Die Fragen einer Quizrunde führen Sie zu unterschiedlichen Seiten und Themen im Nachschlageteil, wo Sie sich detailliert informieren können. Wenn Sie das Wissensquiz aber in einer geselligen Runde spielen und die richtigen Antworten schnell zur Hand haben möchten, finden Sie auf den Seiten 154 bis 158 eine Kurzübersicht mit den Antworten auf alle 1000 Quizfragen – natürlich nach Quizrunden sortiert.

Jede der Quizfragen im vorderen Teil des Buches verweist auf eine Seite (angegeben direkt unter der Nummer der Frage) im Nachschlageteil. Dort finden Sie die Antwort sowie interessante zusätzliche Informationen zum jeweiligen Thema. In diesem Beispiel verweist die Frage 27 auf S. 42.

Die Antworten auf alle Fragen, die sich auf den Themenbereich einer Doppelseite beziehen, sind in der linken Randspalte aufgelistet. Nach vielen Antworten verweist eine Ziffer auf eine Box mit weiterführenden Informationen. Manchmal stehen statt einer Ziffer weitere Erläuterungen direkt bei der Antwort.

Die Boxen auf den Doppelseiten des Nachschlageteils vermitteln Zusatzwissen über einen Aspekt des Themenbereichs. So geht es beispielsweise auf den Seiten 42/43 um Tierwanderungen und Vogelzug. Die Box **7** erläutert die jährlichen Wanderungen der Küstenseeschwalbe. Mitunter gehören mehrere Boxen zu einer Antwort.

Von der Frage... zur Antwort... und zu mehr Wissen

26
S. 126
Was haben Rentier... auf dem K... was allen ander... weiblichen Hirschen fehlt?

Frage

27
S. 42
Welcher Vogel zieht jedes Jahr von der Arktis in die Antarktis und wieder zurück?

28
S. 70
Welches der folgenden Tiere gibt es nicht: Polarfuchs, Polarmöwe, Polarhase, Polarfisch?

42

QUIZ-FRAGE

Die Ziffer oder der Stern nach einer Frage verweisen auf die Informationskästen rechts.

ANTWORT

Verweis auf Box

27 Küstenseeschwalbe **7**

106 Albatros **5**

351 Gnus **2**

355 Win'...

Von Pol zu Pol 7

Die weit... aller Wanderun... unternimmt ein V...gel: Die **Küstensee-schwalbe** (*Sterna paradi-...ea*, oben) zieht jedes Jahr von der Arktis in die Antarktis und wieder zurück. Im ... sie nördlich ... Sobald die ... den, fliegt ...rktis. Sie ...

Zusatz-Wissen

Quizrunden unterschiedlichen Schwierigkeitsgrades

Die 1000 Quizfragen sind thematisch zu 100 Quizrunden zusammengefasst und in drei Schwierigkeitsgrade eingeteilt: **Für Einsteiger, Für Könner, Für Experten**.

Für Einsteiger
Hier finden Sie leichte Fragen zum Einsteigen. Diese Quizfragen machen Kindern ebenso viel Spaß wie den Erwachsenen.

Für Könner
Diese Fragen sind etwas schwieriger. Für die richtige Antwort müssen Sie etwas mehr über dieses Thema wissen.

Für Experten
Hier ist oftmals Spezialwissen erforderlich. Versuchen Sie es trotzdem – mitunter sind ganz überraschende Informationen in unserem Gehirn gespeichert!

Die Kategorien **Vermischtes** und **Freie Wahl** umfassen jeweils Fragen unterschiedlichen Schwierigkeitsgrades (für Einsteiger, Könner und Experten) und werden oft im Lauf einer Quizrunde schwieriger.

Vermischtes
Hier finden Sie ganz unterschiedliche Fragen von leicht bis schwer. Jeder sollte sich daran versuchen und sehen, wie weit er kommt.

Freie Wahl
Hier können Sie immer unter vier möglichen Antworten auswählen, von denen jeweils nur eine richtig ist. Der Schwierigkeitsgrad der Fragen kann sehr unterschiedlich sein.

Besonderheiten

Antworten mit Stern
In der Antwortspalte einer Doppelseite ist meist eine Antwort mit einem Stern markiert. Dieser verweist auf einen ganz speziellen Aspekt innerhalb dieses Themenbereichs. Gelegentlich verweisen auch mehrere Antworten den Leser auf einen Kasten mit Stern.

 **Äsop**

Äsops Fabeln
Äsop wurde angeblich im 6. Jh. v. Chr. als Sklave in Griechenland geboren. Man schreibt ihm mehr

Stichfragen
Für manche (nicht alle) Themenbereiche gibt es Stichfragen:

Stichfrage
Diese Fragen kann der Spielleiter (Quizmaster) bei einem Gleichstand in einem Quiz für ein Stechen verwenden. Neben der Antwort erhalten interessierte Leser hier aber auch noch weitere Informationen.

Auswertung
Am einfachsten können Sie das Quiz auswerten, indem Sie für jede richtige Antwort einen Punkt geben.

Wenn Sie die Fragen für ein Ratespiel verwenden, ist es sicher am einfachsten, die Antworten im Lösungsteil (S. 154–158) am Ende des Buches nachzuschlagen.

Sofern Sie dieses Buch als Quelle für eigene Quizfragen nutzen möchten, finden Sie am Ende des Buches (unmittelbar vor dem Register) je einen Blanko-Frage- und -Antwortbogen zum Fotokopieren. Den Fragebogen behält der Quizmaster, die Antwortbogen werden an die Quizkandidaten verteilt.

Probequiz
Einfache Fragen bringen Sie sofort auf die richtige Spur.

1 S. 44 — Welche beinlosen Reptilien haben gespaltene Zungen?

2 S. 60 — Welche Nagetiere fällen mit ihren Schneidezähnen Bäume?

3 S. 44 — Wo befinden sich im Mund die meisten Geschmacksknospen?

4 S. 144 — Wer wurde laut dem Alten Testament von einem Wal verschluckt?

5 S. 128 — Welches Landsäugetier hat die größten Schneidezähne der Welt?

6 S. 52 — Womit injizieren Giftschlangen ihr Gift?

7 S. 116 — Welche sich ringelnden Tiere bilden die Lieblingsnahrung des Maulwurfs?

8 S. 110 — Welche Zähne sind bei Raubtieren dolchartig verlängert?

9 S. 124 — Welcher Meeressäuger wurde wegen seines Elfenbeins bejagt?

10 S. 96 — Welchen Furcht einflößenden Meerestieren können im Lauf ihres Lebens 24 000 Zähne wachsen?

Richtig oder falsch?
Sind diese Aussagen über Tiere wirklich richtig?

11 S. 104 — Strauße stecken ihren Kopf in den Sand, wenn sie Angst haben.

12 S. 116 — Vampirfledermäuse saugen an Menschen Blut.

13 S. 128 — Elefanten haben Angst vor Mäusen.

14 S. 88 — Wenn ein Seestern einen Arm verliert, wächst ihm ein neuer nach.

15 S. 100 — Wenn man eine Kröte berührt, bekommt man Warzen.

16 S. 88 — Die meisten Schnecken sind sowohl männlich als auch weiblich.

17 S. 62 — Die Steinzeitmenschen haben Dinosaurier gejagt.

18 S. 100 — Feuersalamander können im Feuer überleben.

19 S. 140 — Katzen fallen aus großer Höhe immer auf die Füße.

20 S. 76 — Kamele speichern Wasser in ihren Höckern.

Von Pol zu Pol
Zehn Fragen über Tiere der Polargebiete

21 S. 70 — Wo leben Eisbären – in der Arktis oder in der Antarktis?

22 S. 70 — Wer ist größer, Königs- oder Kaiserpinguin?

23 S. 70 — Welche arktischen Nagetiere sind für ihre „Selbstmordwanderungen" berühmt?

24 S. 122 — Unter welchem Namen ist das Winterfell des Großwiesels allgemein bekannt?

25 S. 70 — Welches große Fleisch fressende Säugetier wird von den Inuit *Nanook* genannt?

26 S. 126 — Was haben Rentierkühe auf dem Kopf, was allen anderen weiblichen Hirschen fehlt?

27 S. 42 — Welcher Vogel zieht jedes Jahr von der Arktis in die Antarktis und wieder zurück?

28 S. 70 — Welches der folgenden Tiere gibt es nicht: Polarfuchs, Polarmöwe, Polarhase, Polarfisch?

29 S. 130 — Was macht den männlichen Narwal einzigartig unter den Walen?

30 S. 70 — Wie nennt man die Fettschicht, die den meisten Polartieren zur Isolationsschicht dient?

Hunde und Katzen
Einige (Scherz-) Fragen über Hunde und Katzen

31 S. 122 — Welches Tier stammt von den Hunden früher australischer Siedler ab?

32 S. 140 — Welche schwanzlose Katzenrasse stammt von einer Insel in der Irischen See?

33 S. 120 — Welche Laute können nur Großkatzen (nicht Kleinkatzen) erzeugen?

34 S. 146 — Welcher Rasse gehörte der Filmhund Lassie an?

35 S. 58 — Welcher griechische Buchstabe bezeichnet das dominante Männchen und Weibchen in einem Wolfsrudel?

36 S. 140 — Unter welchem Namen kennt man die renommierteste Hundeausstellung des Kennel Clubs?

37 S. 60 — Welcher wilde Hundeartige gräbt eine Höhle, die man Bau nennt?

38 S. 140 — Welche Hunderasse ist nach einem englischen König benannt?

39 S. 140 — In welcher Hinsicht war India die Nachfolgerin von Socks?

40 S. 68 — Was für eine Art Tier war der ausgestorbene Smilodon?

Die Seitenzahl unter der Fragennummer gibt an, wo Sie die Antworten und mehr Informationen darüber finden können. Lösungen in Kurzform zu den Quizfragen 1–70 finden Sie auf S. 154.

Auf gut Glück
*Eine gemischte Auswahl
kniffliger Fragen*

41
S. 40
Welches ist das schnellste Landtier der Welt?

42
S. 112
Ist der Beutelteufel ein Säugetier, ein Reptil oder ein Vogel?

43
S. 48
Welche Käfer kämpfen mit geweihartigen Mundwerkzeugen?

44
S. 150
Welches Tierkreiszeichen repräsentiert ein Schafbock?

45
S. 144
Was hat die legendäre Medusa statt Haaren auf dem Kopf?

46
S. 66
Welche noch existierenden Meeresreptilien überlebten das Ereignis, das die Saurier tötete?

47
S. 150
Auf welchem Markt findet man Bulle und Bär?

48
S. 86
Was für eine Art Tier ist die Seewespe?

49
S. 148
Das dritte Stück auf dem Album *Natural Mystic* von Bob Marley enthält die Worte Iron, Zion und ...?

50
S. 92
Welche Tiere sind für den Altweibersommer verantwortlich?

In luftiger Höhe
*Zehn Fragen über Tiere, die
in großen Höhen leben*

51
S. 78
In welchem Gebirge kann man ein Vikunja, einen Kondor und einen Brillenbären finden?

52
S. 148
Was für ein Tier zeigt das Bild *Guernica* von Pablo Picasso?

53
S. 78
Mit welchem domestizierten Tier ist der Steinbock eng verwandt?

54
S. 106
Welche Gebirgsvögel legen ihre Eier in Horste?

55
S. 78
Was haben Puma, Berglöwe und Silberlöwe gemeinsam?

56
S. 78
Unter welchem Namen ist der Irbis, ein Raubtier aus dem Himalaja, besser bekannt?

57
S. 78
Mit welchen Tieren sind Mufflon und Mähnenspringer verwandt?

58
S. 118
Mit welchen langohrigen Tieren sind Pikas am nächsten verwandt?

59
S. 78
Die Haare welcher eurasischen Bergziege schmücken den Tirolerhut?

60
S. 78
In den Bergen welches europäischen Landes starb im Jahr 2000 der letzte Bucardo?

Tödliche Folgen
*Wählen Sie unter vier möglichen Antworten die einzig
Richtige aus.*

61
S. 58
Was passiert mit einer Biene, wenn sie gestochen hat?

A Sie bekommt Hunger	B Sie verändert die Farbe
C Ihr wachsen neue Flügel	D Sie stirbt

62
S. 52
Wie nennt man das Jagen aus dem Hinterhalt?

A Anspringen	B Aufspringen
C Auflauern	D Auflaufen

63
S. 74
Welches afrikanische Tier hat die meisten Menschen getötet?

A Erdferkel	B Kaffernbüffel
C Löwe	D Gnu

64
S. 52
Welchen Teil des Körpers schädigt hämotoxisches Gift?

A Blut	B Lunge
C Augen	D Füße

65
S. 52
Welches der folgenden Tiere jagt mit einem Köder?

A Anglerfisch	B Fischende Fledermaus
C Gabunviper	D Pavian

66
S. 54
Was tragen Einsiedlerkrebse, um Raubfeinde abzuhalten?

A Seeanemonen	B Seesterne
C Seeigel	D Meeresschnecken

67
S. 52
Was ist eine Fluchttaktik bei Antilopen?

A Bocksprünge	B Prellsprünge
C Strecksprünge	D Spreizsprünge

68
S. 90
Welche Insekten übertragen die Schlafkrankheit?

A Tsetsefliegen	B Mücken
C Dungfliegen	D Flöhe

69
S. 130
Welches Tier trägt den lateinischen Namen *Orcinus orca*?

A Todesotter	B Totenuhrkäfer
C Killerbiene	D Killerwal

70
S. 102
Welchem Tier fallen am meisten Menschen zum Opfer?

A Weißen Hai	B Leistenkrokodil
C Tigerhai	D Löwen

10 QUIZFRAGEN 71–140

QUIZ 7 FÜR EINSTEIGER

Auf gut Glück
Eine gemischte Auswahl kniffliger Fragen

71 S. 54 — Welche gepanzerten südamerikanischen Säugetiere rollen sich bei Bedrohung zu einer Kugel zusammen?

72 S. 112 — Auf welchem Kontinent kann man einen Wombat antreffen?

73 S. 60 — Welche langohrigen Tiere leben in selbst gegrabenen Erdbauen?

74 S. 40 — Welches ist der größte Vogel der Welt?

75 S. 140 — Welcher kurzbeinigen Hunderasse wurden im alten China Titel zuerkannt?

76 S. 122 — Welches heimische Raubtier hat einen buschigen Schwanz?

77 S. 146 — Was für ein Vogel ist Harry Potters Freundin Hedwig?

78 S. 148 — In welchem Bühnenmusical kommen die Charaktere Macavity, Mungojerrie und Skimbleshanks vor?

79 S. 120 — Welches Tier wird oft als „König der Tiere" bezeichnet?

80 S. 64 — Welche Rockband der 1970er-Jahre benannte sich nach dem „König der Tyrannenechsen"?

QUIZ 8 FÜR KÖNNER

Anfangsbuchstaben
Der Anfangsbuchstabe hilft, die richtige Antwort zu finden.

81 S. 112 — Welches australische Tier mit „K" ernährt sich ausschließlich von Eukalyptusblättern?

82 S. 114 — Welcher Baumbewohner mit „F" bewegt sich nur sehr langsam fort?

83 S. 46 — Welcher Begriff mit „T" bezeichnet Farben und Muster, mit deren Hilfe sich Tiere ihrem Hintergrund anpassen?

84 S. 46 — Welcher Begriff mit „A" beschreibt ein weißes Tier mit roten Augen?

85 S. 94 — Welches Krustentier mit „H" ist das größte, das man auf einer Speisekarte finden kann?

86 S. 94 — Welche Tiere mit „K" bilden große Schwärme und die Hauptnahrung von Pinguin und Wal?

87 S. 106 — Welcher Begriff mit „K" bezeichnet die Krallen einer Eule oder eines Greifvogels?

88 S. 110 — Welche Tiergruppe mit „S" umfasst Tiere, die ihre Jungen mit Milch ernähren?

89 S. 132 — Welcher Halbaffe von Madagaskar mit „F" zeichnet sich durch große Ohren, schwarzes Fell und einen buschigen Schwanz aus?

90 S. 82 — Welcher geschätzte Sportfisch mit „M" ist ein großer Verwandter des Schwertfischs?

QUIZ 9 FÜR KÖNNER

Kleine Welt
Eine Reihe von Fragen über Kleinlebewesen

91 S. 90 — Was für eine Art Insekt ist der berühmte Skarabäus?

92 S. 58 — Welche Bienen verteidigen den Stock – Arbeiterinnen oder Drohnen?

93 S. 90 — Welche Insekten fielen als „achte Plage" in der Bibel ein?

94 S. 48 — Wer besitzt gefiederte Antennen – Tagfalter oder Nachtfalter?

95 S. 44 — Wie hieß Buddy Hollys Background-Gruppe?

96 S. 92 — Worin bewahren weibliche Spinnen ihre Eier auf?

97 S. 92 — Welche Atemwegserkrankung können Hausstaubmilben verschlimmern?

98 S. 56 — Wovon ernähren sich Kopfläuse?

99 S. 94 — Welche kleinen, in Kellern und Mauerritzen vorkommenden Lebewesen gehören zu den Krebstieren?

100 S. 54 — Welche Insekten verteidigen sich mit Ameisensäure?

QUIZ 10 VERMISCHTES

Tieranagramme
Bringen Sie die Buchstaben in die richtige Reihenfolge.

101 S. 82 — KNOTPLAN Winzige Tiere und Pflanzen, die im Meer schweben

102 S. 44 — RUNHASCHARER Abstehende Haare, die dem Tastsinn dienen

103 S. 88 — MARIEKRALSEN Größter Wirbelloser der Welt und bevorzugte Nahrung des Pottwals

104 S. 98 — HADIERNO Kleine Haie, die von Fischhändlern als Seeaal oder Schillerlocken angeboten werden

105 S. 74 — RITTEMEN Pflanzen fressende Insekten, die in riesigen Erdhügeln leben

106 S. 42 — ROSABLAT Großer Meeresvogel, der in dem Walt-Disney-Film *Bernard und Bianca* vorkommt

107 S. 80 — GLAMMPRINSCHERS Ein Fisch der Mangrovesümpfe, der die Hälfte seines Lebens außerhalb des Wasser verbringt

108 S. 112 — BISCHENGALLE Stachelige, Eier legende Säugetiere mit einer Vorliebe für Ameisen

109 S. 68 — BITTERNOIL Ausgestorbene Tiere, die vor mehreren hundert Millionen Jahren den Meeresboden bewohnten

110 S. 82 — MÜRRENWÖHRER Einfache Tiere, die an Vulkanschloten in der Tiefsee eine stattliche Größe erreichen.

Die Seitenzahl unter der Fragennummer gibt an, wo Sie die Antworten und mehr Informationen darüber finden können. Lösungen in Kurzform zu den Quizfragen 71–140 finden Sie auf S. 154.

Auf Hufen
Beantworten Sie zehn Fragen über Huftiere.

111
S. 144
Auf welchem Tier ritt Jesus in Jerusalem ein?

112
S. 50
Wie nennt man eine junge Ziege?

113
S. 126
Welche afrikanische Waldantilope hat den gleichen Namen wie eine Handtrommel?

114
S. 142
Welcher fehlgeleitete Ritter hatte ein Pferd namens Rosinante?

115
S. 142
Und wer begleitete ihn auf einem Esel?

116
S. 148
Wie lautet der Vorname des berühmten Pferdemalers Marc?

117
S. 74
Was für ein Tier ist ein Impala?

118
S. 126
Welches Huftier ziert neben einem Greif das Landeswappen von Baden-Württemberg?

119
S. 126
Welche beiden Huftiere kommen in dem Lied *Geh' aus, mein Herz* vor?

120
S. 142
Wer versprach, sein Pferd *Incitatus* zum römischen Konsul zu machen?

Was Namen bedeuten
Einige ungewöhnliche Namen zum Rätseln

121
S. 122
Welcher amerikanische Präsident gab dem Teddybären seinen Namen?

122
S. 138
Wie lautet die korrekte Bezeichnung für eine männliche Gans?

123
S. 88
Ist der Seehase ein Säugetier, ein Fisch oder ein Weichtier?

124
S. 90
Womit beschäftigt sich ein Imker?

125
S. 132
Auf welchem Kontinent sind Pottos und Buschbabys beheimatet?

126
S. 136
Wie lautet die wörtliche Bedeutung des malaiischen Wortes Orang-Utan?

127
S. 114
In welcher afrikanischen Sprache bedeutet Aardvark „Erdferkel"?

128
S. 142
Wie lautet der allgemein gebräuchliche Name für den domestizierten Iltis?

129
S. 118
Welches im Gebirge lebende Nagetier ist für seinen gleichnamigen weichen Pelz bekannt?

130
S. 66
Was bedeutet der Name *Ichthyosaurus* wörtlich?

Groß und klein
Wählen Sie unter vier möglichen Antworten die einzig Richtige aus.

131
S. 40
Welches ist das größte Landtier der Erde?

A Afrik. Steppenelefant	B Indischer Wiesenelefant
C Austral. Baumelefant	D Amerik. Buschelefant

132
S. 96
Welches ist der kleinste Fisch der Welt?

A Kaulquappe	B Elritze
C Zwerggrundel	D Stichling

133
S. 100
Welches dieser Tiere ist am kleinsten?

A Haussperling	B Hermelin
C Pfeilgiftfrosch	D Waschbär

134
S. 40
Welches dieser Tiere ist am größten?

A Das größte Säugetier	B Der größte Fisch
C Das größte Amphibium	D Der größte Wurm

135
S. 130
Welchen dieser Rekorde hält der Pottwal nicht?

A Säugetier-Tauchrekord	B Schwerstes Gehirn
C Größte Augen	D Größtes Raubtier

136
S. 40
Welches Tier springt angesichts seiner Größe am weitesten?

A Floh	B Känguru
C Kaninchen	D Leopard

137
S. 130
Welches ist der größte Delphin?

A Fleckendelphin	B Gemeiner Delphin
C Indusdelphin	D Killerwal

138
S. 40
Welches ist der schwerste flugfähige Vogel der Welt?

A Wanderalbatros	B Riesentrappe
C Schneekranich	D Andenkondor

139
S. 40
Welches ist das zweitgrößte Tier der Erde?

A Weißer Hai	B Walhai
C Pilotwal	D Finnwal

140
S. 100
Welches ist der schwerste Frosch der Erde?

A Riesenlaubfrosch	B Großer Harlekinfrosch
C Südafrik. Ochsenfrosch	D Goliathfrosch

Eines scheidet aus
Finden Sie das Tier, das nicht zu den drei anderen passt.

141 S. 110 — Elefant, Gazelle, Kaninchen, Schlange

142 S. 104 — Strauß, Dingo, Emu, Känguru

143 S. 56 — Floh, Skorpion, Zecke, Laus

144 S. 112 — Braunbär, Kragenbär, Eisbär, Koalabär

145 S. 94 — Krabbe, Hummer, Käfer, Languste

146 S. 122 — Löwe, Wolf, Gepard, Leopard

147 S. 114 — Neunbindengürteltier, Riesengürteltier, Borstengürteltier, Kettenpanzergürteltier

148 S. 54 — Igel, Stachelschwein, Seeigel, Schnecke

149 S. 82 — Hundertfüßer, Seefächer, Seestern, Krake

150 S. 132 — Kaninchen, Lemuren, Meerkatzen, Menschenaffen

Auf gut Glück
Eine gemischte Auswahl kniffliger Fragen

151 S. 128 — Welches Tier hat die größten Ohren?

152 S. 144 — Welches Tier konnte in der Mythologie nur von einer Jungfrau gezähmt werden?

153 S. 56 — Lebt ein Wirt auf einem Parasiten oder ein Parasit auf einem Wirt?

154 S. 100 — Welche Amphibien können im Verhältnis zu ihrer Größe am weitesten springen?

155 S. 58 — Welchen Überbegriff für eine Gruppe verwendet man für Affen, Pfadfinder und Soldaten?

156 S. 88 — Wie bezeichnet man die glänzende Schicht auf der Innenseite von Muschelschalen?

157 S. 96 — Welches ist der größte noch lebende Fisch der Erde?

158 S. 136 — Was haben Menschenaffen anstelle von Krallen?

159 S. 142 — Welche beiden Tiere muss man kreuzen, um ein Maultier zu erhalten?

160 S. 106 — Wie entledigen sich Eulen der Knochen und Fellteile ihrer Beute?

Mahlzeit
Fragen über Fressen und Gefressenwerden

161 S. 64 — Wovon ernährte sich der Dinosaurier *Allosaurus*?

162 S. 72 — Welches große chinesische Tier ernährt sich nur von Bambus?

163 S. 110 — Wie bezeichnet man Tiere, die sich sowohl von Fleisch als auch von pflanzlicher Nahrung ernähren?

164 S. 148 — Die Musikgruppe Duran Duran war 1982 in einem Song hungrig wie ein …

165 S. 52 — Wie nennt man ein Tier, das an Kadavern oder den Beuteresten anderer Tiere frisst?

166 S. 74 — Welche winzigen Tiere stellen die Hauptnahrung des Lippenbären dar?

167 S. 136 — Welcher Menschenaffe (außer dem Menschen) jagt andere Tiere, um sie zu fressen?

168 S. 130 — Wie nennt man die Hornplatten, die den Filterapparat von Walen zum Filtrieren ihrer Nahrung bilden?

169 S. 98 — Was bildet die Hauptnahrung eines piszivoren Tieres?

170 S. 52 — Was machen Schlangen mit ihrer Beute, was die meisten anderen Tiere nicht können?

Fragen des Glaubens
Tiere aus dem Reich der Mythologie und Religion

171 S. 144 — Welche Vogelart brachte Noah laut der Bibel den Ölzweig, der das Ende der Sintflut verkündete?

172 S. 144 — Den Kopf welchen Tieres hat der Hindugott Ganesh?

173 S. 144 — Welcher große Watvogel wurde von den alten Ägyptern als heilig verehrt?

174 S. 144 — Welchen Vogel verband man mit Athene, der griechischen Göttin der Weisheit?

175 S. 120 — Was bedeutet der Name Singh, den alle männlichen Sikhs tragen?

176 S. 66 — Eine Gottheit welchen südamerikanischen Volkes gab dem Quetzalcoatlus, dem größten flugfähigen Tier aller Zeiten, seinen Namen?

177 S. 140 — Durch welches Säugetier, das die alten Ägypter in großen Mengen mumifizierten, wurde die Göttin Bastet repräsentiert?

178 S. 144 — Welcher im 13. Jh. lebende Italiener wurde Schutzpatron der Tiere?

179 S. 144 — Die Form welchen Tieres nimmt der Hindugott Hanuman an?

180 S. 144 — Welche Tiere dürfen Jainas nicht essen?

Die Seitenzahl unter der Fragennummer gibt an, wo Sie die Antworten und mehr Informationen darüber finden können. Lösungen in Kurzform zu den Quizfragen 141–190 finden Sie auf S. 154.

QUIZ
18
FÜR EINSTEIGER

Unter der Lupe
Von welchen Tieren (siehe Liste unten) stammt das Gefieder, das Fell oder die Haut?

181
S. 106

182
S. 136

183
S. 108

184
S. 46

185
S. 102

186
S. 126

187
S. 128

188
S. 102

189
S. 84

190
S. 46

Elefant

Fasan

Flamingo

Krokodil

Orang-Utan

Pfau

Schlange

Schnee-Eule

Tiger

Zebra

QUIZ FÜR EINSTEIGER 19

QUIZ FÜR KÖNNER 20

QUIZ FÜR KÖNNER 21

QUIZ VERMISCHTES 22

Sportlich, sportlich!
Welche Tiere sind mit diesen Sportarten verbunden?

191 S. 98 Was wird beim Angelsport gefangen?

192 S. 142 Welche Tiere sind an der Sportart Polo beteiligt?

193 S. 140 Mit welchen Heimtieren werden Rennen im Schnee durchgeführt?

194 S. 150 Welcher Schwimmstil ist nach einem Insekt benannt?

195 S. 142 Welchen Tiernamen hat das Gerät, über das sich Turner schwingen?

196 S. 142 Mit welchen Wüstentieren werden bei Al-Ain in den Vereinigten Arabischen Emiraten Rennen veranstaltet?

197 S. 150 Nach welchem Greifvogel ist eine deutsche Eishockey-Mannschaft benannt?

198 S. 118 Welches Tier verfolgen die Hunde beim Hunderennen in mechanischer Version?

199 S. 142 Mit welchen flugfähigen Vögeln werden Wettbewerbe veranstaltet, bei denen alle gemeinsam starten, aber an vielen verschiedenen Orten ins Ziel kommen?

200 S. 118 Wie bezeichnet man in der Leichtathletik einen Tempomacher bisweilen scherzhaft?

Auf dem Bauernhof
Was wissen Sie über Tiere, die auf dem Bauernhof leben?

201 S. 138 Von welchem Tier gibt es die Rassen Moschus und Aylesbury?

202 S. 108 Von welchem Kontinent stammen Truthühner ursprünglich?

203 S. 138 Nennen Sie eine Rinderrasse, die von einer Kanalinsel stammt.

204 S. 138 Aus der Leber von welchem Bauernhofvogel stellt man *Pâté de foie gras* her?

205 S. 138 Aus welchem südostasiatischen Staat stammen die Hängebauchschweine?

206 S. 138 Was macht in Russland „Kukuriki", in Frankreich „Cocorico" und bei uns „Kikeriki"?

207 S. 138 Von welchem Bauernhoftier gibt es die Rassen Zebu, Hochland und Pinzgauer?

208 S. 142 An welchem Körperteil des Pferdes befinden sich die Fesseln?

209 S. 138 Was für ein Vogel ist ein Weißes Leghorn?

210 S. 138 Von welchem Bauernhoftier gibt es in Ungarn die lockige Rasse Mangaliza?

Richtig oder falsch?
Sind diese Aussagen über Tiere wirklich richtig?

211 S. 44 Honigbienen teilen anderen Bienen durch Tänze mit, wo sich Blumen befinden.

212 S. 80 Erwachsene Eintagsfliegen leben nur einen Tag lang.

213 S. 116 Fledertiere sind die einzigen aktiv flugfähigen Säugetiere.

214 S. 142 Pferde schlafen im Stehen.

215 S. 114 Das Dreizehen-Faultier ist das langsamste Säugetier der Welt.

216 S. 110 Zu den Säugetieren gehören alle Tiere ohne Federn und Schuppen.

217 S. 142 Ein männlicher Esel wird Hengst genannt, ein weiblicher Stute.

218 S. 68 Das Mammut war das größte jemals auf Erden lebende Säugetier.

219 S. 62 Die meisten Tiere, die je auf der Erde gelebt haben, sind mittlerweile entdeckt worden.

220 S. 66 Pterosaurier waren fliegende Dinosaurier.

Das Namensspiel
Zehn Fragen über Menschen, die Tierspitznamen hatten

221 S. 150 Welcher englische König wurde „Löwenherz" genannt?

222 S. 146 Welcher Hollywood-Schauspieler hat den Spitznamen „Der italienische Hengst"?

223 S. 120 Unter welchem Spitznamen ist der Golfer Eldrick Woods besser bekannt?

224 S. 90 Unter welchem Pseudonym sang Stuart Goddard *Prince Charming* und *Stand and Deliver*?

225 S. 150 Welcher amerikanische Golfer wird „der Goldbär" genannt?

226 S. 76 Welcher deutsche Feldmarschall des Zweiten Weltkriegs bekam den Namen „Wüstenfuchs"?

227 S. 96 Wie lautet der Spitzname der deutschen Schwimmerin Franziska van Almsick?

228 S. 150 Unter welchem Spitznamen war Ilich Ramirez Sanchez, einst einer der meistgesuchten Männer der Welt, bekannt?

229 S. 150 Welcher Rennfahrer hatte den Spitznamen „die schnellste Maus von Österreich"?

230 S. 148 Welcher Altsaxophon spielende Jazzmusiker hatte den Spitznamen „Bird"?

Die Seitenzahl unter der Fragennummer gibt an, wo Sie die Antworten und mehr Informationen darüber finden können. Lösungen in Kurzform zu den Quizfragen 191–260 finden Sie auf S. 154/155.

QUIZ 23 VERMISCHTES

QUIZ 24 FÜR EXPERTEN

QUIZ 25 FREIE WAHL

Im alten Rom …
Alle diese Fragen haben einen lateinischen Bezug.

231 S. 40 Der schnellste Vogel der Welt heißt auf lateinisch *Falco peregrinus*. Wie lautet sein deutscher Name?

232 S. 120 Welcher große, majestätische Fleischfresser trägt den lateinischen Namen *Panthera leo*?

233 S. 58 Von welchem Tier wurde Romulus, der legendäre Gründer von Rom, gesäugt?

234 S. 138 Welches Bauernhoftier heißt mit lateinischem Namen *Bos taurus*?

235 S. 118 Die britische Band The Stranglers nannte ihr erstes Album *Rattus norvegicus*. Welches schädliche Nagetier trägt diesen Namen?

236 S. 140 Welcher gute Freund des Menschen trägt den lateinischen Namen *Canis familiaris*?

237 S. 88 Welches Salat liebende Weichtier heißt mit lateinischem Namen *Helix pomatia*?

238 S. 80 Welches afrikanische Säugetier verbirgt sich hinter dem lateinischen Namen *Hippopotamus amphibius*?

239 S. 46 Welcher italienische Rollerhersteller hat seinen Namen von dem lateinischen Wort für Wespe oder Hornisse?

240 S. 78 Welche Huftiere bilden die Gattung *Ovis*?

Auf gut Glück
Eine gemischte Auswahl kniffliger Fragen

241 S. 144 Was für ein Tier war Ratatosk, der in der skandinavischen Mythologie Nachrichten durch den Weltenbaum trug?

242 S. 130 Wie nennt man die Dampfwolke, die Wale aus ihrem Spritzloch ausstoßen?

243 S. 132 Liegen die Augen von Primaten seitlich oder vorne am Kopf?

244 S. 72 Wovon ernähren sich frugivore Tiere?

245 S. 52 Welche Eigenschaft macht Krustenechsen so einzigartig?

246 S. 114 Auf welchen beiden Kontinenten kommen Schuppentiere in der Natur vor?

247 S. 148 Welches Insekt verhalf Danyel Gerard Anfang der 1970er-Jahre zu einem Tophit?

248 S. 98 Der Name welches mittelamerikanischen Landes bedeutet auf Spanisch „viele Fische"?

249 S. 48 Welches Wort mit drei Buchstaben bezeichnet eine Balzarena männlicher Vögel oder Säugetiere zum Anlocken von Weibchen?

250 S. 46 Nach welchem melanistischen, wolligen Wiederkäuer bezeichnet man einen Außenseiter?

Die Entstehung der Lebewesen
Wählen Sie unter den vier möglichen Antworten zu diesen Fragen die einzig Richtige aus.

251 S. 62 Unter welcher Bezeichnung ist die Theorie bekannt, dass sich Tiere im Lauf der Zeit an ihre Umgebung anpassen?

A Evokation	B Evolution
C Evulsion	D Revolution

252 S. 62 Auf welcher Inselgruppe wurde Charles Darwin zur Entwicklung dieser Theorie angeregt?

A Galapagosinseln	B Kanalinseln
C Kanarische Inseln	D Fidschi-Inseln

253 S. 62 Wo entstand das erste Leben auf unserem Planeten?

A An Land	B Im Meer
C In Flüssen	D In der Luft

254 S. 62 Welche Tiergruppe entwickelte sich auf der Erde zuerst?

A Säugetiere	B Amphibien
C Reptilien	D Fische

255 S. 62 Welche Inseltiere lieferten Beweise für Darwins Theorie?

A Krokodile und Krähen	B Eidechsen und Strauße
C Schildkröten und Finken	D Schlangen und Pinguine

256 S. 62 Nach welcher Hunderasse war Darwins Schiff benannt?

A Bluthund	B Beagle
C Bulldogge	D Windhund

257 S. 112 Die primitivsten Säugetiere legen Eier. Wie lautet der Überbegriff für diese Säugetiere?

A Schalentiere	B Kloakentiere
C Plazentatiere	D Beuteltiere

258 S. 62 Wer gilt nicht als Vorfahre des Menschen?

A *Australopithecus*	B *Homo erectus*
C *Homo habilis*	D Neandertaler

259 S. 94 Wer veränderte sich in den letzten 150 Mio. Jahren kaum?

A Pfeilschwanzkrebs	B Grasfrosch
C Kasuar	D Panzernashorn

260 S. 62 In welchem Fach machte Darwin seinen Abschluss?

A Geologie	B Theologie
C Zoologie	D Botanik

Auf gut Glück
Eine gemischte Auswahl kniffliger Fragen

261 S. 40 — Welches ist das höchste Landtier der Erde?

262 S. 88 — Wie viele Füße hat eine Schnecke?

263 S. 148 — Welcher Klavier spielende Sänger veröffentlichte die Hit-Single *Crocodile Rock*?

264 S. 100 — In welchem feuchten Lebensraum leben Pfeilgiftfrösche?

265 S. 146 — Welches Tier ist im Zeichentrickfilm der Feind des Roadrunners?

266 S. 104 — An welchen Tieren sind Ornithologen besonders interessiert?

267 S. 54 — Was tragen Einsiedlerkrebse zum Schutz auf ihrem Hinterleib?

268 S. 150 — In welchem nordamerikanischen Land liegt der Große Bärensee?

269 S. 148 — Welcher Vogel frisst laut einem Lied aus den 1920er-Jahren keine harten Eier?

270 S. 144 — Welcher Prophet des Alten Testaments entkam der Löwengrube?

Meeresfrüchte-Mix
Bringen Sie die Buchstaben in die richtige Reihenfolge.

271 S. 98 — SCHINFUT Hochseefisch, der häufig mit Delphinen vergesellschaftet ist

272 S. 88 — SELCHNUM Schalentiere, die häufig auch in Suppe Verwendung finden

273 S. 98 — DRENNIAS Auch Pilchards genannte Fische, die in Dosen verkauft werden

274 S. 94 — ERLANGEN Richtige Bezeichnung für die als „Krabben" bekannten Krebstiere, die gern als Cocktails gegessen werden

275 S. 94 — MERMUH Ein großes Krustentier mit Furcht erregenden Zangen

276 S. 88 — SATURNE Perlen produzierende Weichtiere, die bei Liebenden begehrt sind

277 S. 98 — RELSANDEL Salzige kleine Fische, die oft als Belag für Pizza verwendet werden

278 S. 98 — SCHILFLESCH Eine beliebte Alternative zu Kabeljau

279 S. 98 — REKLAME „Heiliger" Schwarmfisch, der gewöhnlich geräuchert verkauft wird

280 S. 98 — SEULEFETE Unter diesem Namen werden Anglerfische in Restaurants verkauft

Tierprodukte
Zehn Fragen rund um tierische Produkte

281 S. 90 — Welche kleinen Tiere stellen Gelee Royale her?

282 S. 122 — Ist Zobel der Pelz eines Marders, eines Fuchses oder eines Hirsches?

283 S. 60 — Welche orientalische Delikatesse besteht fast ausschließlich aus dem Speichel von Mauerseglerverwandten?

284 S. 56 — Welche winzigen Insekten produzieren den Honigtau, der von Ameisen geerntet wird?

285 S. 122 — Auf welchem Kontinent ist der Nerz beheimatet, der in Pelztierfarmen gehalten wird?

286 S. 138 — Welches Huftier liefert die Haare, aus denen Angorawolle gefertigt wird?

287 S. 138 — Welches dicke, gelbe Öl wird für kosmetische Zwecke aus Schafwolle gewonnen?

288 S. 116 — Zu welchem Verwendungszweck wird der als Guano bekannte Kot von Fledermäusen oder Seevögeln gesammelt?

289 S. 120 — Welche moschusartige Substanz, die in der Parfümindustrie Verwendung findet, ist nach ihrem Erzeuger benannt?

290 S. 90 — Was für ein Tier produziert Seide?

Fortbewegung
Diese Verkehrsmittel wurden nach Tieren benannt.

291 S. 140 — Nach welchem Hund sind die öffentlichen Überlandbusse in Amerika benannt?

292 S. 120 — Welcher Autohersteller baute Modelle mit den Namen Mustang und Puma?

293 S. 120 — Welches klassische Auto von VW wurde überarbeitet und im Jahr 2000 erneut auf den Markt gebracht?

294 S. 126 — Wie hieß das Schiff, mit dem Sir Francis Drake die Erde umsegelte?

295 S. 108 — Unter welchem Spitznamen ist der Citroën 2CV im Volksmund bekannt?

296 S. 92 — Nach welchem achtbeinigen Tier benannten sowohl Alfa Romeo als auch Maserati Autos?

297 S. 108 — Wie hieß das Boot, in dem Ellen MacArthur die Welt umsegelte?

298 S. 120 — Welcher britische Automobilhersteller wurde 1990 von Ford aufgekauft?

299 S. 66 — Nach welchem lungenatmenden Meerestier wurde das erste U-Boot der Welt benannt?

300 S. 108 — Das größte jemals gebaute Wasserflugzeug war das Flugboot von Howard Hughes. Wie lautete sein Spitzname?

Bildschirm- und Bücherstars
Tiere in Dichtung und Film

301 | Was für ein Tier war Boxer aus George Orwells Roman *Farm der Tiere*?
S. 148

302 | Von welchen Tieren handelt *Unten am Fluss*?
S. 118

303 | Was für ein Tier war Pumbaa in Walt Disneys *König der Löwen*?
S. 146

304 | Welche Vögel verwendete die Herzkönigin in *Alice im Wunderland* als Krocketschläger?
S. 108

305 | Wie hieß Joy Adamsons Katzenfreundin in *Frei geboren*?
S. 146

306 | Welcher Film von 1988 basierte auf dem Leben der Primatenforscherin Diane Fossey?
S. 146

307 | Welche Tiere spielten die Hauptrollen in dem Puppenfilm *Monty Spinneratz*?
S. 118

308 | Was für ein Tier war Clyde in dem Film *Der Mann aus San Fernando*?
S. 146

309 | Was für ein Tier war Kermit in der *Muppets-Show*?
S. 146

310 | Wie hieß das Kaninchen aus dem Disney-Film *Bambi – ein Leben im Walde*?
S. 118

Berühmte Namen
Rund um bekannte Personen und deren Errungenschaften

311 | Welcher alte griechische Philosoph schrieb Tierfabeln?
S. 148

312 | Welcher weit gereiste Zoologe präsentierte im Fernsehen *Unser blauer Planet* und *Das Leben auf unserer Erde*?
S. 146

313 | Wer schrieb *Über die Entstehung der Arten*?
S. 62

314 | Welche afrikanischen Primaten erforschte Jane Goodall?
S. 136

315 | Für welche Funde wurde im 19. Jh. Mary Anning aus der südenglischen Kleinstadt Lyme Regis bekannt?
S. 66

316 | Welcher Nobelpreisträger schrieb den bekannten Roman *Im Krebsgang*?
S. 148

317 | Welche Organisationsleistung vollbrachte der Schwede Carolus Linnaeus im 18. Jh.?
S. 84

318 | Welcher amerikanische Popsänger hält sich einen Schimpansen als Heimtier?
S. 140

319 | Wer erstellte die *Gaia*-Hypothese, der zufolge die Erde als selbstregulierender Organismus funktioniert?
S. 152

320 | Welcher bekannte Naturschützer, Film- und Buchautor leitete viele Jahre lang den Frankfurter Zoo?
S. 152

Meerestiere
Wählen Sie unter vier möglichen Antworten die einzig Richtige aus.

321 | Das von Tiefseeorganismen ausgesendete Licht heisst
S. 82

A Photovision	B Photosynthese
C Bioflloureszenz	D Biolumineszenz

322 | Welche dieser Bezeichnungen steht für kleine Fische?
S. 50

A Silvaner	B Riesling
C Brut	D Pinot

323 | Welche Robbe pflanzt sich in tropischen Gewässern fort?
S. 124

A Seebär	B Mönchsrobbe
C See-Elefant	D Ringelrobbe

324 | Wie viel Prozent der Erdoberfläche sind von Wasser bedeckt?
S. 82

A 35	B 53
C 71	D 89

325 | Kelp ist eine Art
S. 82

A Koralle	B Tang
C Schwamm	D Fisch

326 | Wie heißen die winzigen Tierchen, die im Meer schweben?
S. 82

A Ursuppe	B Krill
C Zooplankton	D Nekton

327 | Wie kann man unter Wasser am besten über große Entfernungen kommunizieren?
S. 44

A Durch Farben	B Durch Schall
C Durch Duftstoffe	D Durch Elektrizität

328 | Der im Süßwasser lebende Verwandte des Hummers heisst
S. 94

A Teichkrebs	B Flusskrebs
C Bachkrebs	D Seekrebs

329 | Welcher Fisch ist am nächsten mit den Haien verwandt?
S. 96

A Wels	B Rochen
C Aal	D Barrakuda

330 | Wo leben pelagische Tiere?
S. 82

A In Küstengewässern	B Auf dem Meeresgrund
C Im offenen Meer	D Unter Steinen

QUIZ 33 FÜR EINSTEIGER

QUIZ 34 FÜR KÖNNER

QUIZ 35 FÜR KÖNNER

QUIZ 36 VERMISCHTES

Herrscher der Lüfte
Zehn Fragen über flugfähige Tiere

331 S. 104 Welche amerikanische Band veröffentlichte ein Album mit dem Titel *Hotel California*?

332 S. 78 Welche großen schwarzen Vögel verbindet man mit dem Tower von London?

333 S. 58 Welcher Überbegriff beschreibt sowohl eine Gruppe von Vögeln als auch von Fischen?

334 S. 148 Welche Band gab 1995 eine Single mit dem Titel *Free as a Bird (Frei wie ein Vogel)* heraus?

335 S. 112 Zu welcher Tiergruppe gehört der australische Riesengleitbeutler?

336 S. 56 Von welchem Pflanzenprodukt ernähren sich Kolibris?

337 S. 78 Welcher Aasfresser der südamerikanischen Gebirge hat die größte Flügelspannweite aller Greifvögeln?

338 S. 108 Welchen Vogel zeigt das Logo der Lufthansa?

339 S. 116 Welche fliegenden Tiere benutzen zur Jagd eine Art natürlichen Radar?

340 S. 78 Welcher große Greifvogel ist auch unter dem Namen Lämmergeier bekannt?

Vier von einer Sorte
Nennen Sie den passenden Überbegriff

341 S. 130 Orca, Beluga, Südkaper, Nordkaper

342 S. 110 Incisivi, Canini, Prämolaren, Molaren

343 S. 136 Orang-Utans, Gibbons, Gorillas, Schimpansen

344 S. 74 Savanne, Prärie, Pampas, Steppe

345 S. 86 Seefächer, Seefeder, Seenelke, Seeanemone

346 S. 86 Seewespe, Meerstachelbeere, Portugiesische Galeere, Wurzelmund

347 S. 134 Mandrill, Mangabe, Makak, Meerkatze

348 S. 56 Flöhe, Zecken, Hakenwürmer, Läuse

349 S. 114 Ai, Unau, Megatherium, Zweizehen

350 S. 124 Klappmütze, Walross, See-Elefant, Seeleopard

In Bewegung
Bringen Sie die Buchstaben in die richtige Reihenfolge.

351 S. 42 SNUG Säugetiere, die in riesigen Herden durch Ostafrika ziehen

352 S. 86 LAQUENL Primitive Tiere, die im Erwachsenenstadium durch die Meere schweben

353 S. 98 ALSCHE Speisefische, die zwar im Süßwasser laichen, die meiste Zeit ihres Lebens aber im Meer verbringen

354 S. 124 DRANST Hier paaren sich Seelöwen und Seehunde und gebären ihre Jungen.

355 S. 42 SCHWANLIFTER Eine entspannende Alternative zur Wanderung in den Süden in der kalten Jahreszeit

356 S. 42 SAGENSENCH Weißer Wasservogel, der in großen Schwärmen über Nordamerika zieht

357 S. 42 BAUKIR Nordamerikanischer Name eines wandernden arktischen Hirsches

358 S. 42 MEDANNO Eine Bezeichnung für Tiere oder Menschen, die ihr Leben auf Wanderschaft verbringen

359 S. 42 CHROMAN Adliger Schmetterling, der zur Überwinterung nach Mexiko fliegt

360 S. 42 REWAGAUL Große Meeressäuger, die entlang der Westküste Nordamerikas wandern

Frisch geschlüpft
Zehn Fragen über Eier legende Tiere

361 S. 104 Welches Wort mit sechs Buchstaben bezeichnet eine Gruppe von Eiern, deren Ablage zur gleichen Zeit erfolgte?

362 S. 100 Wie bezeichnet man die Eier von Fröschen und Kröten normalerweise?

363 S. 70 Wie verhindern Kaiserpinguine, dass ihre Eier auf dem antarktischen Eis festfrieren?

364 S. 98 Welcher männliche Fisch besitzt eine Bruttasche zum Transport der Eier?

365 S. 104 Welcher Vogel legt ein Ei, das angeblich erst nach 40 Minuten hart gekocht ist?

366 S. 100 Haben frisch geschlüpfte Amphibien Lungen oder Kiemen?

367 S. 104 Welcher kleine flugunfähige Vogel legt im Verhältnis zu seiner Größe die größten Eier?

368 S. 138 Wie viele Eier kann ein Huhn – gerundet auf die nächste Hunderterzahl – pro Jahr legen?

369 S. 112 Zwei Säugetierformen legen Eier. Nennen Sie eine davon.

370 S. 64 Wie lang war das längste bekannte Ei eines Dinosauriers: 30 cm, 60 cm oder 90 cm?

Die Seitenzahl unter der Fragennummer gibt an, wo Sie die Antworten und mehr Informationen darüber finden können. Lösungen in Kurzform zu den Quizfragen 331–400 finden Sie auf S. 155.

Auf gut Glück
Eine gemischte Auswahl kniffliger Fragen

371 S. 58 — Wie nennt man eine Gruppe Löwen?

372 S. 130 — Was für eine Art Wal war der Albino Moby Dick?

373 S. 138 — Welches europäische Land hat den Hahn als Wappenvogel?

374 S. 40 — Welche Insekten können 120-mal höher springen als sie selbst groß sind?

375 S. 90 — Welche kleinen Lebewesen stellen mehr als zwei Drittel aller Tierarten?

376 S. 148 — Welcher Vogel kommt im Titel des einzigen Romans des amerikanischen Schriftstellers Harper Lee vor?

377 S. 142 — Wie nennt man Pferde mit goldglänzendem (isabellfarbenem) Fell und weißer Mähne?

378 S. 124 — Haben Seehunde oder Seelöwen äußerlich sichtbare Ohren?

379 S. 44 — Mit welchem Sinn finden junge Hirsche in einer großen Herde ihre Mutter?

380 S. 104 — Welches ist der zweitgrößte Vogel der Erde?

Gruselige Krabbeltiere
Eine Reihe von Fragen über Kleingetier

381 S. 146 — In welchem Film von 1986 verwandelte sich Jeff Goldblum in ein Insekt?

382 S. 92 — Welche tödliche schwarze Spinne hat auf ihrem Hinterleib einen roten Fleck?

383 S. 90 — Wovon lebt der Totenuhrkäfer?

384 S. 52 — Welche tropischen Spinnen bauen mit Gespinsten ausgekleidete Röhren mit aufklappbarem Deckel?

385 S. 148 — Welcher norwegische Dramatiker hielt sich auf seinem Schreibtisch einen Skorpion als Heimtier?

386 S. 146 — Was steckte der Mörder in dem Film *Das Schweigen der Lämmer* seinen Opfern in den Mund?

387 S. 90 — Welche tödlichen Insekten spielen die Hauptrolle in dem Film *Der tödliche Schwarm* von 1978?

388 S. 92 — Nach welcher Großstadt des Landes ist Australiens berüchtigtste Trichternetzspinne benannt?

389 S. 92 — Welche scherenbewehrten Räuber tragen ihre Jungen auf dem Rücken?

390 S. 90 — Was für eine Art von Insekt ist eine Spanische Fliege?

Schwierigkeitsgrad 1–10
Wählen Sie unter vier möglichen Antworten die einzig Richtige aus.

391 S. 80 — Was stellt die Hauptnahrung des Gavials dar?

A Fische	B Pommes frites
C Rüben	D Joghurt

392 S. 62 — Riesenschildkröten gibt es außer auf den Galapagosinseln

A auf Helgoland	B auf Teneriffa
C auf Island	D auf Aldabra

393 S. 102 — Wie heißt die längste Schlange der Welt?

A Fettschlange	B Ganzlangschlange
C Netzpython	D Annapurna

394 S. 52 — Welche der folgenden Schlangen ist nicht giftig?

A Taipan	B Schwarze Mamba
C Todesotter	D Ringelnatter

395 S. 102 — Welches ist das größte heute noch lebende Reptil der Erde?

A Nashornleguan	B Mississippi-Alligator
C Lederschildkröte	D Leistenkrokodil

396 S. 76 — Wo lebt die Seitenwinderklapperschlange?

A Im Wald	B In der Heide
C In der Prärie	D In der Wüste

397 S. 102 — Welches ist die größte Echse der Erde?

A Nilwaran	B Komodowaran
C Gila-Krustenechse	D Basilisk

398 S. 80 — Was ist ein Kaiman?

A Krokodilart	B Echsenart
C Wasserschildkrötenart	D Schlangenart

399 S. 102 — Was ist an viviparen Reptilien ungewöhnlich? Sie

A sind extrem giftig	B gebären lebende Junge
C haben keine Gliedmaßen	D können die Farbe ändern

400 S. 66 — Wie viele Arten von Meeresschildkröten gibt es?

A Drei	B Fünf
C 17	D 26

Wahr oder falsch?
Sind diese Aussagen über Tiere wirklich richtig?

401
S. 110
Delphine und Tümmler sind Fischarten.

402
S. 48
Manche Schwäne bleiben ihrem Partner ihr ganzes Leben lang treu.

403
S. 146
Die aus Trickfilmen bekannten A-Hörnchen und B-Hörnchen sind Streifenhörnchen.

404
S. 110
Haare oder ein Fell besitzen ausschließlich Säugetiere.

405
S. 96
Es gibt eine Hai-Art namens Wobbegong.

406
S. 112
Das Rote Riesenkänguru ist das größte Beuteltier der Welt.

407
S. 140
Die Dänische Dogge wurde erstmals in Dänemark gezüchtet.

408
S. 90
Das Glühwürmchen ist in Wirklichkeit gar kein Wurm.

409
S. 76
Trampeltiere haben zwei Höcker.

410
S. 54
Stachelschweine haben giftige Stacheln.

Auf gut Glück
Eine gemischte Auswahl kniffliger Fragen

411
S. 138
Welcher domestizierte Vogel stammt vom Bankivahuhn ab?

412
S. 144
Der Greif aus der Mythologie bestand zur Hälfte aus einem Adler, zur anderen Hälfte aus welchem Tier?

413
S. 70
Auf welchem Kontinent gibt es keine einheimischen Reptilien oder Amphibien?

414
S. 148
Welche Katze taucht in dem Bild *Überrascht! Sturm im Dschungel* von Henri Rousseau auf?

415
S. 90
Holzwürmer sind beileibe keine Würmer. Um welche Tiere handelt es sich wirklich?

416
S. 94
Unter welchem italienischen Namen steht der Kaisergranat oder Kaiserhummer auf der Speisekarte?

417
S. 142
In welcher frühen Kultur zählte der Sprung über einen Stier zu den beliebtesten Sportarten?

418
S. 92
Wie reagieren die zu den Tausendfüßern gehörenden Saftkugler auf Gefahr?

419
S. 138
Aus welchem Land stammten die ersten nach Nordamerika eingeführten Rinder?

420
S. 108
Wie nennt man eine männliche Ente?

Groß und größer
Bei diesen Fragen spielt die Größe eine Rolle.

421
S. 86
Wie heißt das rund 2000 km lange, größte Korallenriff der Welt vor der Küste von Queensland?

422
S. 106
Welches ist die größte einheimische Meisenart?

423
S. 144
Wie heißt die berühmte mythische Gestalt in Giseh mit dem Körper eines Löwen und dem Kopf eines Menschen?

424
S. 96
Welches ist der größte Raubfisch der Erde?

425
S. 108
Welches ist der in Steppengebieten vorkommende schwerste Vogel Europas?

426
S. 106
Welches ist die größte Eule Nordamerikas, benannt nach ihrer dunklen Befiederung am „Kinn"?

427
S. 122
Wie lautet die andere deutsche Bezeichnung für das Sternbild *Ursa major*, auch als Großer Wagen bekannt?

428
S. 80
Wie heißt der größte einheimische in Teichen lebende Käfer, der auch kleine Fische erbeuten kann?

429
S. 108
Welches ist der größte Lappentaucher Europas, der nach seinem Kopfschmuck benannt ist?

430
S. 136
Wie lautet der Überbegriff für Orang-Utan, Gorilla und Schimpanse?

Leben im Park
Zehn Fragen, die alle mit Tierparks zu tun haben

431
S. 152
An welchen Park grenzt der Londoner Zoo?

432
S. 152
Welches Gebiet in Amerika wurde zum weltweit ersten Nationalpark gemacht?

433
S. 152
In welchem Nationalpark im Südwesten Englands sind Rothirsche und wilde Ponys beheimatet?

434
S. 146
Wer schrieb das Buch *Jurassic Park*?

435
S. 146
Wie lautet der Vorname von Mr. Park, der das Huhn Ginger von *Chicken Run – Hennen Rennen* zum Leben erweckte?

436
S. 72
Welches nordamerikanische Säugetier, das im 19. Jh. in englischen Parks ausgesetzt wurde, kommt mittlerweile auf der gesamten britischen Insel wild vor?

437
S. 152
In welchem Land findet man die Nationalparks RaRa, Royal Bardia und Royal Chitwan?

438
S. 152
Wo liegt der Krüger-Nationalpark?

439
S. 126
Welcher Hirsch wurde nach einem frz. Missionar benannt, der ihn im kaiserlichen Jagdpark von China entdeckte?

440
S. 152
Welcher indische Nationalpark wurde nach einem berühmten Tigerjäger benannt, der sich zu einem Artenschützer gewandelt hatte?

Die Seitenzahl unter der Fragennummer gibt an, wo Sie die Antworten und mehr Informationen darüber finden können. Lösungen in Kurzform zu den Quizfragen 401–450 finden Sie auf S. 156.

QUIZ
44
VERMISCHTES

Bilderordnung

*Alle abgebildeten Tiere
gehören zu einer der unten
aufgeführten Gruppen.
Können Sie zuordnen,
zu welcher Gruppe die
einzelnen Tiere gehören?*

Säugetiere

Reptilien

Amphibien

Fische

Wirbellose

441
S. 84

442
S. 84

443
S. 84

444
S. 84

445
S. 84

446
S. 84

447
S. 84

448
S. 84

449
S. 84

450
S. 84

QUIZ 45 FÜR EINSTEIGER

QUIZ 46 FÜR KÖNNER

QUIZ 47 FÜR KÖNNER

QUIZ 48 VERMISCHTES

Symbole/Maskottchen
Um welche Tiere handelt es sich hier?

451 S. 72 — Welches Tier ist das Nationaltier von China?

452 S. 106 — Welcher Vogel ist das Wappentier der USA?

453 S. 150 — Welches Tier symbolisiert Frieden?

454 S. 120 — Welcher Sportwagenhersteller hat ein sich aufbäumendes Pferd als Logo?

455 S. 126 — Was für ein Tier ist Geoffrey, das Maskottchen der Ladenkette Toys 'R' Us?

456 S. 150 — Welches flugfähige Tier taucht auf dem Logo für Bacardi-Rum auf?

457 S. 120 — Welche Großkatze ist auf dem Abzeichen des Autoherstellers Peugeot zu finden?

458 S. 120 — Tony wirbt für Kellog's Cornflakes. Was für ein Tier ist er?

459 S. 150 — Aus welcher sonnenverwöhnten amerikanischen Stadt stammt das Football-Team *Dolphins*?

460 S. 150 — Welche Sportartikelfirma ist nach einer amerikanischen Katze benannt?

Gemeinsam stark
Welcher der unten stehenden Begriffe ist der Richtige?

461 S. 58 — Eine Gruppe von Antilopen heißt

462 S. 58 — Eine Gruppe von Wölfen heißt

463 S. 58 — Eine Gruppe von Krähen heißt

464 S. 58 — Eine Gruppe von Delphinen heißt

465 S. 58 — Eine Gruppe von Pavianen heißt

466 S. 58 — Eine Gruppe von Gorillas heißt

467 S. 58 — Eine Gruppe von Bienen heißt

468 S. 58 — Eine Gruppe von Möwen heißt

469 S. 58 — Eine Gruppe von Wildschweinen heißt

470 S. 58 — Eine Gruppe von Schmetterlingen heißt

Aggregation
Familienverband
Herde
Horde
Kolonie
Rotte
Rudel
Schule
Schwarm
Volk

Schatzsuche
Füllen Sie die Lücken mit den Namen wertvoller Stoffe.

471 S. 140 — ____ fische sind in der Natur als Jungtiere grau und verändern ihre Farbe, wenn sie älter werden.

472 S. 102 — Die schwerste und längste Giftschlange Nordamerikas ist die ____klapperschlange.

473 S. 92 — Diese winzigen Spinnen bringen angeblich Reichtum, wenn sie über die Hand krabbeln. Daher nennt man sie in England ____ spider.

474 S. 136 — Einen ausgewachsenen männlichen Gorilla bezeichnet man als ____ rücken.

475 S. 46 — Die grüne ____ eidechse wird bis zu 40 cm lang und ist damit die größte mitteleuropäische Eidechse.

476 S. 90 — ____ fischchen sind primitive Insekten, die man manchmal im Haus findet.

477 S. 104 — Winter- und Sommer-____ hähnchen sind die beiden kleinsten europäischen Vögel.

478 S. 56 — Der ____ kehlkolibri überwintert in Florida.

479 S. 122 — Der ____ schakal ist eine in Afrika beheimatete Hundeart.

480 S. 106 — Die ____ammer ist ein am Kopf leuchtend gelb gefärbter Singvogel.

Jumbo-Mix
Bringen Sie die Buchstaben in die richtige Reihenfolge.

481 S. 128 — LIBENFEEN Rohstoff, dessentwegen Elefanten von Wilderern getötet werden

482 S. 128 — SESLÜR Aus Oberlippe und Nase gebildetes bewegliches Greiforgan

483 S. 142 — NAILBAHN Kathargischer Feldherr, der Elefanten zur Überquerung der Alpen benutzte

484 S. 128 — SIR KANAL Auf dieser Insel leben die größten Asiatischen Elefanten.

485 S. 128 — CHAIRMARTIN Das älteste Weibchen, das Anführerin einer Elefantenherde ist

486 S. 128 — HEITÄDRUCK Ein anderes Wort für Elefanten, das sich auf die Beschaffenheit ihrer Haut bezieht

487 S. 128 — HADLATIN Land, in dem „weiße" Elefanten verehrt werden

488 S. 128 — THUMS Körperlicher Zustand männlicher Elefanten, in dem sie sehr reizbar und aggressiv sind

489 S. 128 — DANSTOMO Ein ausgestorbener Elefant, der zur gleichen Zeit wie das Mammut lebte

490 S. 128 — SCHLIPPIFERKEL Kleine pelzige Säugetiere, die die nächsten landlebenden Verwandten der Elefanten sind

---

Die Seitenzahl unter der Fragennummer gibt an, wo Sie die Antworten und mehr Informationen darüber finden können. Lösungen in Kurzform zu den Quizfragen 451–520 finden Sie auf S. 156.

Auf gut Glück
Eine gemischte Auswahl kniffliger Fragen

491
S. 40
Welcher „wandernde" Meeresvogel hat die größte Flügelspannweite aller Vögel?

492
S. 100
Was für eine Art Tier ist ein Hellbender?

493
S. 42
In welchem Bundesstaat der USA gibt es etwa doppelt so viele Karibus wie Menschen?

494
S. 78
Welches sind die weltweit einzigen im Gebirge beheimateten Wildrinder?

495
S. 140
In welchem spanischsprachigen Land gibt es eine Region namens Chihuahua?

496
S. 64
Welcher Name eines Dinosauriers bedeutet wörtlich „schneller Räuber"?

497
S. 136
Für welche Zeichentrickband singt der Sänger Damon Albarn der britischen Gruppe Blur?

498
S. 140
Welches kleine Haustier ist nach einem anderen deutschen Verb für „bevorraten" benannt?

499
S. 114
Welche langsamen Tiere hatten einen riesigen Verwandten namens *Megatherium*?

500
S. 106
Zwei Länder haben einen Drachen auf ihrer Flagge. Nennen Sie eines davon.

Angst und Ekel
Zehn Fragen über Tierphobien

501
S. 92
Wie lautet die Bezeichnung für Angst vor Spinnen?

502
S. 104
Vor welchen Tieren fürchtet sich ein ornithophober Mensch?

503
S. 118
Elefanten leiden angeblich an Musophobie, Katzen jedoch nicht? Von welchen Tieren ist die Rede?

504
S. 102
Vor welchen schuppigen Tieren hat ein herpetophober Mensch Angst?

505
S. 96
Warum meiden ichthyophobe Menschen das Wasser?

506
S. 116
Welche geflügelten Nachttiere ängstigten den Schriftsteller Charles Dickens?

507
S. 140
Vor welchen Tieren hatte der cynophobe Schriftsteller James Joyce Angst?

508
S. 142
Mit welchen Huftieren haben hippophobe Menschen ein Problem?

509
S. 58
Apiphobie ist eine Angst vor Insekten – vor welchen genau?

510
S. 84
Wie nennt man die irrationale Angst vor allen Tieren?

Im Geäst
Wählen Sie unter vier möglichen Antworten zu diesen Fragen über Baumbewohner und Wälder die Richtige aus.

511
S. 72
Schwänze, mit denen Affen sich festhalten, nennt man

A Halteschwanz	B Greifschwanz
C Kletterschwanz	D Hangelschwanz

512
S. 132
Lemuren, Menschenaffen und Meerkatzen gehören zu den

A Marsupialiern	B Antilopen
C Primaten	D Carnivoren

513
S. 72
Welches Tier lebt nicht in den Kronen des Regenwaldes?

A Brüllaffe	B Tukan
C Nashornvogel	D Pekari

514
S. 72
Was fressen Spechte?

A Holz	B Blätter
C Käferlarven	D Pilze

515
S. 134
Wie heißt der kleinste Affe der Welt?

A Totenkopfäffchen	B Klammeraffe
C Goldgelbes Löwenäffchen	D Zwergseidenäffchen

516
S. 72
Viele Baumbewohner können räumlich sehen, um

A Distanzen abzuschätzen	B Partner zu suchen
C Räuber zu sehen	D weiter sehen zu können

517
S. 72
Wo würden Sie montanen Regenwald erwarten?

A Auf Meereshöhe	B In großen Höhen
C In hohen Breiten	D Entlang von Küsten

518
S. 132
Welches fällt aus der Reihe?

A Fingertier	B Indri
C Plumplori	D Eichhörnchen

519
S. 72
Welches Tier findet sein Futter hauptsächlich im Geäst?

A Waldspitzmaus	B Haselmaus
C Rötelmaus	D Streifenbackenhörnchen

520
S. 114
Mit wem sind die Faultiere am nächsten verwandt?

A Mit Gürteltieren	B Mit Affen
C Mit Nagetieren	D Mit Schweinen

QUIZ 52 FÜR EINSTEIGER

Geschlechterkampf
Fragen über Männchen und Weibchen im Tierreich

521 S. 52
Wer ist in einem Löwenrudel meist für die Jagd zuständig?

522 S. 122
Verbirgt sich hinter dem Begriff Fähe ein männlicher oder ein weiblicher Fuchs?

523 S. 46
Welches Geschlecht ist bei den Vögeln meist prächtiger gefärbt?

524 S. 58
Welches Geschlecht haben bei Ameisen und Bienen die Arbeitertiere?

525 S. 138
Wie lautet die Bezeichnung für ein männliches Schaf?

526 S. 90
Stechen bei den Stechmücken die Männchen oder die Weibchen?

527 S. 112
Wie nennt man ein männliches Känguru?

528 S. 48
Wer baut bei den Laubenvögeln die Laube, das Männchen oder das Weibchen?

529 S. 44
Welches Geschlecht zirpt bei Grillen und Heuschrecken?

530 S. 106
Bei welchem Sport bezeichnet man die Männchen als Terzel?

QUIZ 53 FÜR KÖNNER

Zum Nachdenken
Was wissen Sie über diese Nahrungsmittel?

531 S. 126
Von welchem Tier stammt Wildbret?

532 S. 90
Welche von Insekten hergestellte Substanz ist das einzige Nahrungsmittel, das niemals verdirbt?

533 S. 138
Für welches Pfälzer Gericht wird ein Organ eines Schweines mit verschiedenen Zutaten gefüllt?

534 S. 98
Von welchem Fisch stammt der gesalzene und gereifte Rogen, der als Kaviar bekannt ist?

535 S. 142
Welches domestizierte asiatische Tier liefert die Milch für den besten Mozzarellakäse?

536 S. 88
Unter welchem Namen sind die Calamares bekannt, bevor sie auf den Tisch kommen?

537 S. 144
Welches Fleisch dürfen Juden und Muslime nicht essen?

538 S. 98
Welche griechische Vorspeise wird aus dem Rogen von Dorsch oder Meeräsche mit Öl und Zitronensaft gemacht?

539 S. 88
Welche im Meer lebenden Weichtiere kennt man in Frankreich unter dem Namen *moules*?

540 S. 88
Wie lautet der Überbegriff für essbare Schnecken und Muscheln?

QUIZ 54 VERMISCHTES

Vier von einer Sorte
Nennen Sie den passenden fehlenden oder Überbegriff.

541 S. 70
Königs_____,
Adelie_____,
Zwerg_____,
Felsen_____

542 S. 84
Sibirischer _____,
Sumatra_____,
Bengal_____,
Indochina_____

543 S. 106
Schmutz_____,
Gänse_____,
Truthahn_____,
Königs_____

544 S. 42
Galapagos-_____,
Schwarzbrauen-_____,
Wander_____,
Dunkler Ruß_____

545 S. 64
Coelophysis, Diplodocus, Spinosaurus, Baryonyx

546 S. 108
Kanada_____,
Schnee_____,
Grau_____,
Weißwangen_____

547 S. 100
Aga_____, Kreuz_____,
Geburtshelfer_____,
Erd_____

548 S. 116
Mausohr, Hufeisennase, Abendsegler, Langohr

549 S. 114
Kugel_____,
Riesen_____,
Neunbinden_____,
Borsten_____

550 S. 118
Haus_____, Wald_____,
Feld_____,
Gelbhals_____

QUIZ 55 FÜR EXPERTEN

Auf gut Glück
Eine gemischte Auswahl kniffliger Fragen

551 S. 152
Welches Tier bildet das Logo des WWF?

552 S. 116
Welche grabenden Säugetiere machen sich oberirdisch durch ihre Hügel bemerkbar?

553 S. 64
Welche heutigen Tiere stammen vermutlich direkt von den Dinosauriern ab?

554 S. 90
Wie viele Seiten haben die einzelnen Zellen einer Honigwabe?

555 S. 102
Welche Echse wurde nach einem mystischen Monster benannt, dessen Atem und Blick tödlich waren?

556 S. 48
Was baut der Dreistachelige Stichling, um Weibchen zur Eiablage zu bewegen?

557 S. 118
Der Sumpfbiber ist ein im Wasser lebendes Nagetier, das wegen seines Pelzes in Farmen gehalten wird. Wie nennt man das Fell?

558 S. 58
Welche Staaten bildenden Insekten leben in Haufen?

559 S. 46
Was signalisiert die auffallend schwarzgelbe Färbung des Feuersalamanders?

560 S. 84
Gehören Seescheiden zu den Wirbeltieren oder zu den Wirbellosen?

Die Seitenzahl unter der Fragennummer gibt an, wo Sie die Antworten und mehr Informationen darüber finden können. Lösungen in Kurzform zu den Quizfragen 521–570 finden Sie auf S. 156.

QUIZ
56
FÜR EXPERTEN

Rund um den Fisch

Ordnen Sie den Nummern die entsprechenden Bezeichnungen aus der unten stehenden Liste zu.

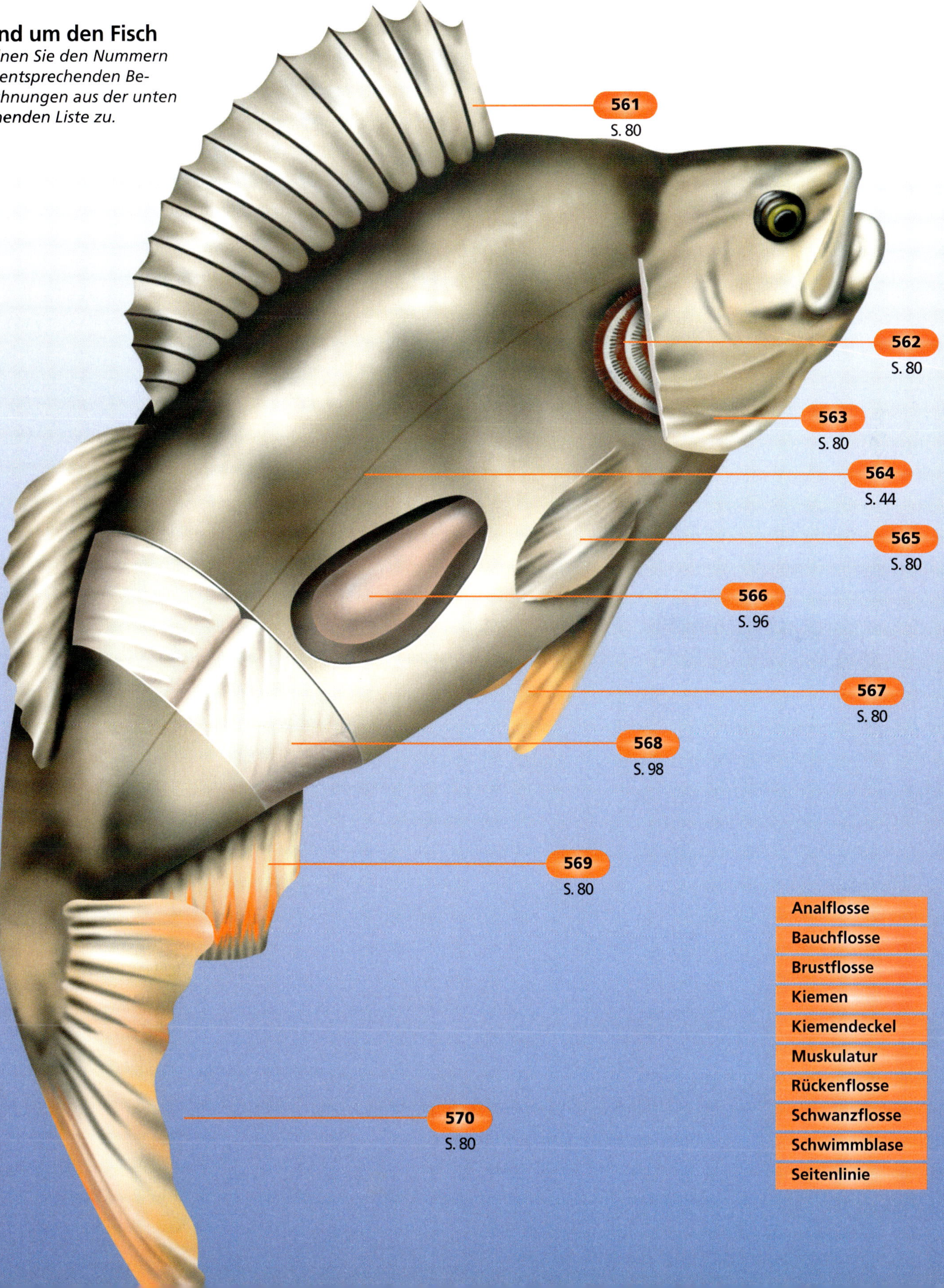

561
S. 80

562
S. 80

563
S. 80

564
S. 44

565
S. 80

566
S. 96

567
S. 80

568
S. 98

569
S. 80

570
S. 80

| Analflosse |
| Bauchflosse |
| Brustflosse |
| Kiemen |
| Kiemendeckel |
| Muskulatur |
| Rückenflosse |
| Schwanzflosse |
| Schwimmblase |
| Seitenlinie |

Anders ausgedrückt
Ergänzen Sie die Sätze mit dem jeweils passenden Tier.

571 S. 118 Wenn man vollkommen leise ist, ist man mucks_____still.

572 S. 108 Wenn einem Ungeschickten auch einmal etwas gelingt, sagt man „Ein blindes _____ findet auch mal ein Korn".

573 S. 112 Wenn sich jemand tot stellt, sagt man im Englischen, er spielt _____.

574 S. 122 Wenn jemand sehr schnell ist, bezeichnet man ihn als _____flink.

575 S. 122 Wenn man außerordentlich gerissen ist, ist man schlau wie ein _____.

576 S. 138 Wenn man sehr viel Kraft hat, ist man stark wie ein _____.

577 S. 140 Wenn jemand bedingungslos zu einem hält, ist er treu wie ein _____.

578 S. 136 Wenn man jemandem alles nachmacht, _____ man sein Verhalten nach.

579 S. 122 Jemand, der den Anschein erweckt, nett zu sein, es aber in Wirklichkeit nicht ist, ist ein _____ im Schafspelz.

580 S. 104 Jemanden, der gern einen über den Durst trinkt, bezeichnet man als Schluck_____.

Auf gut Glück
Eine gemischte Auswahl kniffliger Fragen

581 S. 116 Was für ein Tier ist Mecki?

582 S. 110 Wie viele Säugetiere haben Federn?

583 S. 136 Halten sich Gibbons mehr auf dem Waldboden auf oder in Bäumen?

584 S. 118 Welche Tiere sind gewöhnlich größer: Hasen oder Kaninchen?

585 S. 116 Was für ein Tier ist ein Flughund?

586 S. 72 Welche Waldform beheimatet die größte Artenvielfalt?

587 S. 120 Sierra Leone bedeutet „Berge der _____".

588 S. 88 Welche Ölgesellschaft hat eine Kammmuschel in ihrem Logo?

589 S. 48 Wodurch entstehen Klone (exakte Kopien) eines Elternteils, durch ungeschlechtliche oder durch sexuelle Fortpflanzung?

590 S. 136 Was für ein Tier war Ham, eines der ersten Lebewesen im Weltall?

Schwanzenden
Jede Antwort endet mit „tail", „schwanz" oder „schweif".

591 S. 46 Mitglied einer bestimmten, nach einem Zugvogel benannten Gruppe von Schmetterlingen

592 S. 142 Bezeichnung für ein alkoholisches Mixgetränk, die im Englischen auch ein Pferd bezeichnet, dessen Schwanz gestutzt wurde

593 S. 106 Ein kleiner Vogel, der im Mittelmeergebiet überwintert und sich dadurch auszeichnet, dass er ständig mit dem Schwanz zittert

594 S. 104 Zu den Schwärmern zählender, nach einem Vogel benannter Schmetterling, der wie ein Kolibri vor Blüten in der Luft schwirrt

595 S. 82 Ein Brenner, der eine sich verbreiternde Stichflamme erzeugt

596 S. 142 Bezeichnung für eine Frisur, bei der alle Haare in einem Strang zurückgebunden werden

597 S. 138 Eine beliebte Suppe, die aus bestimmtem Rindfleisch gemacht wird

598 S. 118 Einer der Freunde von Peter Hase in den Büchern von Beatrix Potter

599 S. 142 Wie nennt man in der Meteorologie eine bestimmte Wolkenformation?

600 S. 90 Ein primitives Insekt, das bei Störung einen hohen Satz macht

Veränderte Stadien
Bringen Sie die Buchstaben in die richtige Reihenfolge.

601 S. 46 SCHÄMELONA Echsen, die schnell ihre Farbe verändern können

602 S. 50 PHOTOSAMMERE Bezeichnung für eine vollkommene körperliche Umwandlung

603 S. 50 QUELUNKPAPA So nennt man die Jungtiere von Fröschen und Kröten.

604 S. 46 PURENA Bezeichnung für die Larven von Schmetterlingen.

605 S. 50 EVELJUNI Bezeichnung für Tiere in einem jugendlichen Stadium

606 S. 48 ZETIH Weibliche Tiere kommen in diesen Zustand, wenn sie paarungsbereit sind.

607 S. 50 GALASEAL Bezeichnung für junge Flussaale

608 S. 50 ASERUM Das Wechseln des Gefieders bei Vögeln

609 S. 50 MEHRDTANTEN So nennt man die abgestreifte Haut von Schlangen.

610 S. 70 PUHSCHALENHENNE Nordeuropäisches Raufußhuhn, dessen Winterkleid weiß gefärbt ist

Die Seitenzahl unter der Fragennummer gibt an, wo Sie die Antworten und mehr Informationen darüber finden können. Lösungen in Kurzform zu den Quizfragen 571–640 finden Sie auf S. 156/157.

Richtig oder falsch?
Sind diese Aussagen über Tiere wirklich richtig?

611
S. 126
Giraffen gebären im Stehen.

612
S. 80
Die Organe, mit denen Fische atmen, nennt man Kiemen.

613
S. 86
Wenn man einen Plattwurm halbiert, wachsen beide Teile wieder zu vollständigen Tieren heran.

614
S. 48
Die Männchen des Kleinen Nachtpfauenauges haben den besten Geruchssinn im gesamten Tierreich.

615
S. 104
Bei Vögeln wird die Luft bei jedem Atemzug zweimal durch die Lunge geleitet.

616
S. 78
Shahtoosh-Schals werden aus den Haaren einer bedrohten Antilopenart hergestellt.

617
S. 70
Die Weddellrobbe kommt von allen Säugetieren am weitesten südlich vor.

618
S. 62
Die ersten Vögel entstanden in der Erdgeschichte vor den ersten Säugetieren.

619
S. 50
Die Küken mancher Meeresvögel ermorden ihre Nestgeschwister.

620
S. 116
Das Herz einer Spitzmaus schlägt etwa 1200-mal pro Minute.

Äffisches
Zehn Fragen über Affen und Menschenaffen

621
S. 134
Was ist das auffälligste Merkmal des männlichen Nasenaffen?

622
S. 72
Die meisten Affen leben arboreal. Was bedeutet dieser Begriff?

623
S. 134
Zu welcher Gruppe von Affen gehören Dschelada, Drill und Mandrill?

624
S. 134
Wie viele Affenarten leben in Australien?

625
S. 134
Was können die drei weisen Affen angeblich nicht sehen, nicht hören und nicht sprechen?

626
S. 134
Warum erhängten die Einwohner der englischen Stadt Hartlepool während der Napoleonischen Kriege einen dort angeschwemmten Affen?

627
S. 134
Auf welchem Kontinent sind Tamarine und Marmosetten beheimatet?

628
S. 134
Durch die Forschung an welchen Makaken entdeckte man den Rh-Faktor, eine Blutkomponente?

629
S. 134
Was macht den Mandrill neben seiner prächtigen Färbung so einzigartig?

630
S. 134
Welches Verhalten macht den Nachtaffen einzigartig?

Brütend heiß
Wählen Sie unter vier möglichen Antworten zu diesen Fragen über Wüstenbewohner die Richtige aus.

631
S. 76
Kamele haben lange Wimpern um

| A Sand abzuhalten | B bei Nacht besser zu sehen |
| C Partner zu bezirzen | D hübsch auszusehen |

632
S. 76
Eselhasen haben so große Ohren, um

| A die Augen zu beschatten | B Raubfeinde abzuschrecken |
| C nach Beute zu lauschen | D sich abzukühlen |

633
S. 76
Wie bringt das Tropfenflughuhn Wasser zu seinen Küken?

| A Im Brustgefieder | B Im Schnabel |
| C Im Magen | D Auf dem Rücken |

634
S. 76
Welche Wüstenantilope wurde vor dem Aussterben gerettet, indem sie gezüchtet und wieder ausgewildert wurde?

| A Mendesantilope | B Springbock |
| C Arabische Oryx | D Säbelantilope |

635
S. 78
Welches dieser Tiere lebt nicht in der Wüste?

| A Fennek | B Dromedar |
| C Vikunja | D Karakal |

636
S. 76
Die Sandechse hat eine schaufelförmige Nase um

| A die Beute umzudrehen | B durch Sand zu tauchen |
| C nach Nahrung zu graben | D einen Partner anzulocken |

637
S. 76
Der Goldmull aus der Namib findet seine Nahrung durch

| A gutes Sehvermögen | B seinen Geruchssinn |
| C sein Hörvermögen | D Fühlen von Vibrationen |

638
S. 76
Was für ein Tier ist ein Gerbil?

| A Eidechse | B Nagetier |
| C Vogel | D Schlange |

639
S. 76
Welche Wüste ist die Heimat des Trampeltiers?

| A Sahara | B Namib |
| C Gobi | D Thar |

640
S. 118
Welches dieser Wüstentiere gräbt keine Höhle?

| A Eselhase | B Kitfuchs |
| C Kängururatte | D Sandkatze |

QUIZ 64
FÜR EINSTEIGER

QUIZ 65
FÜR KÖNNER

QUIZ 66
VERMISCHTES

QUIZ 67
VERMISCHTES

Weiß, blau, (blut)rot …
Ergänzen Sie diese Aussagen mit der richtigen Farbe.

641 S. 40 — Der ____wal ist das größte Tier der Erde.

642 S. 78 — Der Bharal ist eine auch ____schaf genannte Wildschafart aus dem Himalaja.

643 S. 122 — Der ____fuchs bewohnt die gesamte nördliche Hemisphäre.

644 S. 72 — Der ____häher bewohnt Wälder im Osten Nordamerikas.

645 S. 104 — Der ____schnabelweber ist der häufigste Vogel der Welt.

646 S. 108 — Der ____löffler ernährt sich von Fischen und wasserlebenden Wirbellosen.

647 S. 126 — Der ____hirsch ist das größte Landsäugetier Deutschlands.

648 S. 80 — Der ____ Piranha greift angeblich größere Tiere an.

649 S. 88 — Der ____bandkrake hat einen tödlich wirkenden Biss.

650 S. 72 — Der ____rückenspecht kommt in den Wäldern Skandinaviens und Osteuropas sowie in den Alpen vor.

Knifflige Zahlen
Beantworten Sie die Fragen mit der richtigen Zahl.

651 S. 88 — Wie viele Arme hat ein Krake?

652 S. 90 — Wie viele Beine haben alle Insekten?

653 S. 108 — Wie viele Truthuhnarten gibt es?

654 S. 138 — Ein Märchen der Brüder Grimm heißt *Der Wolf und die ____ Geißlein.*

655 S. 94 — Wie viele Gliedmaßen hat ein Dekapode?

656 S. 88 — Wie viele Schneckenhäuser bildet eine Schnecke während ihres ganzen Lebens?

657 S. 92 — Wie viele Beine haben die meisten Spinnen?

658 S. 124 — Wie viele Jungtiere haben die meisten Robben pro Saison?

659 S. 128 — Wie viele Zitzen hat eine Elefantenkuh?

660 S. 94 — Wie viele Knochen hat eine Seepocke?

Wo Tiere wohnen
Welches Tier wohnt in welchem Gehege oder Bau?

661 S. 96 — Wie nennt man ein Behältnis, in dem Fische gehalten werden?

662 S. 140 — Worin kann man Schlangen und andere Reptilien halten?

663 S. 142 — Wie bezeichnet man den Freilauf, in dem Pferde untergebracht werden?

664 S. 60 — Worin verstecken sich Feldhasen?

665 S. 60 — Wie nennt man das Nest eines Greifvogels?

666 S. 104 — Wie bezeichnet man ein großes Gehege für Vögel?

667 S. 72 — Wie nennt man das Baumnest eines Eichhörnchens?

668 S. 60 — Worin wohnen Rotfüchse oft?

669 S. 60 — Wie nennt man die Behausung von Honigbienen?

670 S. 60 — Wie nennt man das Bauwerk, in dem Biber den Winter verbringen?

Aquarium
Burg
Dachsbau
Horst
Kobel
Koppel
Sasse
Stock
Terrarium
Voliere

Auf gut Glück
Eine gemischte Auswahl kniffliger Fragen

671 S. 74 — Sind Bewohner des Graslandes oder Waldbewohner im Durchschnitt größer?

672 S. 48 — Sind der Atlasspinner und der Totenkopfschwärmer Tagfalter oder Nachtfalter?

673 S. 110 — Sind Marsupialier Säugetiere oder Vögel?

674 S. 140 — Wie viele Hunderassen, gerundet auf die nächste Hunderterzahl, erkennt der Kennel Club an?

675 S. 80 — Wer faltet in Ruhestellung die Flügel zusammen, Groß- oder Kleinlibellen?

676 S. 128 — Wer ist schwerer, ein erwachsener männlicher See-Elefant oder ein erwachsener Elefantenbulle?

677 S. 42 — Wie lautet der Fachbegriff für Winterschlaf?

678 S. 42 — Wie lautet der Fachbegriff für Sommerschlaf?

679 S. 88 — An welchen Verwandten des Oktopus erinnert der Krake, der in der norwegischen Mythologie vorkommt?

680 S. 136 — Welche Spezies reiste als bisher einzige zum Mond?

Die Seitenzahl unter der Fragennummer gibt an, wo Sie die Antworten und mehr Informationen darüber finden können. Lösungen in Kurzform zu den Quizfragen 641–710 finden Sie auf S. 157.

Säugetier-Mix
Bringen Sie die Buchstaben in die richtige Reihenfolge.

681 S. 116 — LEIG Stachliger Insektenfresser, der sich bei Gefahr zu einer Kugel zusammenrollt

682 S. 118 — SCHRENENFÖHNTIER Hübsches kleines Nagetier mit gestreiftem Rücken

683 S. 130 — MÜRMELT Bezeichnung für Delphine mit kürzeren Schnauzen

684 S. 136 — SPAIMENSCH Eines der wenigen Tiere, das Werkzeuge benutzt

685 S. 134 — EZEGRAU Schwarz-weiß gefärbter afrikanischer Waldaffe

686 S. 132 — SCHYBUBBAS Afrikanische Halbaffen, die man auch Galagos nennt

687 S. 54 — NUSSDROMOPO In Kanada und den USA heimisches, auf Bäume kletterndes Beuteltier, dessen Name eine Himmelsrichtung beinhaltet

688 S. 124 — PODERAESEL Geflecktes Meerestier, das in der Antarktis der Hauptfeind der Pinguine ist

689 S. 74 — EIPENNATOLLE Die größte Antilope der Welt

690 S. 70 — WÖLLGANRAND Der einzige große Wal, der sich sein gesamtes Leben über in arktischen Gewässern aufhält.

Zoobesuch
Zehn Fragen über die Zoos der Welt

691 S. 152 — Am Rand welcher südkalifornischen Stadt befindet sich der größte Zoo der Welt?

692 S. 152 — Wann werden die Safaris im Zoo von Singapur ungewöhnlicherweise veranstaltet?

693 S. 152 — Welcher deutsche Zoo eröffnete 1907 seine revolutionären gitterlosen Freianlagen mit Trockengräben und Kunstfelsen?

694 S. 152 — Welcher zentralasiatische Zoo besaß einen einäugigen Löwen, der im Jahr 2001 einen Bombenangriff überlebte?

695 S. 152 — Welcher verstorbene Schriftsteller und Artenschützer gründete 1959 den Zoo auf der Kanalinsel Jersey?

696 S. 152 — Welcher spanische Zoo war die Heimat des Albino-Gorillas namens Schneeflocke?

697 S. 152 — Wofür steht die Abkürzung Zoo?

698 S. 152 — In welchem New Yorker Stadtteil befindet sich der größte Zoo der Stadt?

699 S. 152 — Wie heißen die Parks in Florida, Texas und Kalifornien, in denen Delphine und Schwertwale gehalten werden?

700 S. 152 — In welcher Stadt liegt der älteste deutsche Zoologische Garten?

Unterwegs
Wählen Sie unter vier möglichen Antworten zu diesen Fragen über wandernde Tiere die Richtige aus.

701 S. 42 — Die Grauwale wandern im Herbst von
| A Irland nach Japan | B der Arktis nach Mexiko |
| C Russland nach Marokko | D Australien nach Norwegen |

702 S. 42 — Wo laicht der Europäische Flussaal?
| A In der Sargassosee | B Im Südchinesischen Meer |
| C In der Sibirischen See | D Im Stillen Ozean |

703 S. 42 — Welche Antilope wandert jedes Jahr weit durch die Steppe?
| A Soberantilope | B Somberantilope |
| C Sega-Antilope | D Saiga-Antilope |

704 S. 50 — Welche Echsen können an der Decke entlang laufen?
| A Chamäleons | B Skinke |
| C Leguane | D Geckos |

705 S. 90 — Welches ist der schnellste Läufer unter den Insekten?
| A Amerik. Großschabe | B Sandlaufkäfer |
| C Wolfsspinne | D Treiberameise |

706 S. 40 — Welches ist der schnellste Fisch der Welt?
| A Barrakuda | B Ammenhai |
| C Indopazif. Fächerfisch | D Fliegender Fisch |

707 S. 116 — Wie bewegen sich Pelzflatterer von Baum zu Baum?
| A Sie rennen | B Sie springen |
| C Sie gleiten | D Sie fliegen |

708 S. 40 — Welches dieser Tiere ist auf Langstrecken am schnellsten?
| A Gabelhornantilope | B Strauß |
| C Rotes Riesenkänguru | D Zebra |

709 S. 66 — Wie bewegte sich *Liopleurodon* fort?
| A Laufend | B Schwimmend |
| C Fliegend | D Schlängelnd |

710 S. 72 — Wo bewegen sich Tiere durch Hangeln fort?
| A In der Wüste | B Im Wald |
| C Im Grasland | D Im Gebirge |

Anfangsbuchstaben
Die Anfangsbuchstaben helfen, diese Rätsel zu lösen.

711 S. 124 — Zu welcher Tiergruppe mit „R" gehören See-Elefant, Seeleopard und Klappmütze?

712 S. 92 — Welche tropische Spinne mit „V" tötet Mäuse und Kleinvögel?

713 S. 98 — Welchen Aalverwandten mit „M" trifft man in tropischen Korallenriffen an?

714 S. 108 — Die Daunen welcher Ente mit „E" verwendet man zum Füllen von Bettzeug?

715 S. 100 — Welches Amphibium mit „G" trägt die Eier des Weibchens auf dem Rücken?

716 S. 96 — Von welcher Fischgruppe mit „H" gibt es Ammen-, Hammer- und Mako-?

717 S. 130 — Welches Meeressäugetier mit „D" orientiert sich über Echolot?

718 S. 126 — Was mit „H" bilden Tiere zum Schutz vor Feinden?

719 S. 94 — Von welcher Tiergruppe mit „K" gibt es Reiter- und Winker-?

720 S. 132 — Welche Eigenschaft mit „N" bezeichnet Tiere, die ihre Wachphase in die Dunkelheit verlegt haben?

Auf gut Glück
Eine gemischte Auswahl kniffliger Fragen

721 S. 146 — Was für ein Tier war Babe, dessen Name auch im Titel des 1995 gedrehten Films vorkommt?

722 S. 46 — Warum haben manche Schmetterlinge eine Augenzeichnung auf ihren Flügeln?

723 S. 56 — Von welchen Tieren gibt es die Arten Grüne Erbsen___ und Schwarze Sauerkirschen___?

724 S. 106 — Der Kaninchenkauz lebt auf zwei Kontinenten, die durch eine Landbrücke verbunden sind. Um welche Kontinente handelt es sich?

725 S. 52 — Auf welche Tiere bezieht sich die Silbe „leo"?

726 S. 42 — Im Golf bezeichnet man eine Unterschreitung der festgelegten Schlagzahl für ein Loch um zwei als Eagle. Wie bezeichnet man eine Unterschreitung um drei Schläge?

727 S. 86 — Welches Meereslebewesen haben Menschen oft im Badezimmer?

728 S. 134 — Was für ein Tier ist ein Langur?

729 S. 48 — Welches Wort mit fünf Buchstaben steht für eine Fortpflanzungsgemeinschaft aus Weibchen, die von einem einzelnen Männchen beherrscht wird?

730 S. 66 — Was bedeutet der Name Dinosaurier wörtlich?

Weltreise
Eine Auswahl von Fragen über Tiere aus aller Welt

731 S. 104 — Welcher Vogel ist das Nationaltier von Neuseeland?

732 S. 136 — Auf welchem Kontinent sind Gorillas beheimatet?

733 S. 150 — Welche beiden Tiere zieren die Flagge Australiens?

734 S. 122 — Mit welchem Tier verbindet man Russland?

735 S. 134 — Welches kleine britische Territorium ist die Heimat von Berberaffen?

736 S. 102 — Auf welcher Insel leben die größten Echsen der Welt?

737 S. 74 — Nach welchem hüpfenden Tier ist die Rugby-Mannschaft Südafrikas benannt?

738 S. 150 — In welchem deutschen Bundesland liegt die Stadt Schweinfurt?

739 S. 106 — Welcher Rekorde brechende Aasfresser ist auf der Nationalflagge von Ekuador zu sehen?

740 S. 108 — An den Küsten welcher beiden afrikanischen Staaten sind frei lebende Pinguine beheimatet?

Vorsicht Schlangen!
Zehn Fragen über das Thema Schlangen

741 S. 52 — Welches ist die einzige Giftschlange Deutschlands?

742 S. 106 — Auf der Nationalflagge welchen Landes ist die Klapperschlange abgebildet?

743 S. 146 — Wie hieß die Schlange in dem Disney-Film nach Rudyard Kiplings *Das Dschungelbuch*?

744 S. 52 — Auf welchem Kontinent gibt es den höchsten Prozentsatz an Giftschlangen?

745 S. 120 — Welcher von der Firma Dodge hergestellte Sportwagen wurde nach einer Schlange benannt?

746 S. 102 — Welche Schlangen stellen ein Halsschild auf, wenn sie bedroht oder angegriffen werden?

747 S. 150 — Wann war das letzte chinesische Jahr der Schlange: 1995, 1998 oder 2001?

748 S. 144 — Welcher Heilige hat angeblich Irland von Schlangen befreit?

749 S. 52 — Töten Pythons ihre Beute durch Gift oder durch Erwürgen?

750 S. 52 — Auf welchem Kontinent findet man Puffottern und Gabunvipern?

Die Seitenzahl unter der Fragennummer gibt an, wo Sie die Antworten und mehr Informationen darüber finden können. Lösungen in Kurzform zu den Quizfragen 711–760 finden Sie auf S. 157.

QUIZ
75
FÜR EINSTEIGER

Auge um Auge
Wem gehören diese Augen? Ordnen Sie den Nummern den passenden Namen aus der unten stehenden Liste zu.

751 S. 82

752 S. 136

753 S. 72

754 S. 80

755 S. 100

756 S. 104

757 S. 52

758 S. 106

759 S. 106

760 S. 102

Flusspferd
Gottesanbeterin
Gorilla
Großer Panda
Hellroter Ara
Krokodil
Laubfrosch
Steinadler
Uhu
Zackenbarsch

QUIZ 76 FÜR EINSTEIGER

Wasserwelt
Diese Fragen beziehen sich auf Insel- und Wasserbewohner.

761 S. 124 Leben Walrosse auf der Nord- oder auf der Südhalbkugel?

762 S. 80 Was haben Otter, Enten und Frösche als Schwimmhilfe zwischen ihren Zehen?

763 S. 80 Der Baikalsee ist die Heimat der einzigen Süßwasserrobbe der Welt. Wo liegt der Baikalsee?

764 S. 150 Welches ehemalige Gefängnis liegt auf der Pelikaninsel vor San Francisco?

765 S. 88 Sind Seegurken Pflanzen oder Tiere?

766 S. 108 Auf welcher Insel befindet sich Deutschlands einziger Vogelfelsen mit brütenden Seevögeln?

767 S. 82 Leben Laternenfische in Korallenriffen oder in der Tiefsee?

768 S. 54 Welche Meerestiere stoßen Tintenwolken aus, um ihren Feinden zu entkommen?

769 S. 82 Welche mit Darwin in Beziehung stehende Inselgruppe ist die Heimat der Meerechsen?

770 S. 86 Welche Verwandten der Ringelwürmer werden zum Aderlass verwendet?

QUIZ 77 FÜR KÖNNER

Auf gut Glück
Eine gemischte Auswahl kniffliger Fragen

771 S. 132 Welche Insel ist die Heimat aller frei lebenden Lemuren der Welt?

772 S. 136 Zu welcher Menschenaffenfamilie gehören Lar und Siamang?

773 S. 128 Lebt ein Dugong auf dem Land oder im Meer?

774 S. 146 Welches rundliche pfeifende Nagetier hatte in einem 1993 veröffentlichten Film mit dem Schauspieler Bill Murray einen eigenen Feiertag?

775 S. 72 Leben Klammeraffen im Grasland oder im Wald?

776 S. 114 Wozu hat das Erdferkel eine lange klebrige Zunge?

777 S. 148 Welche Band hatte 1978 ihren ersten Nr.-1-Hit in England mit der Single *Rat Trap*?

778 S. 116 Sind Igel eng mit Stachelschweinen verwandt?

779 S. 112 Welcher Verwandte des Koalas ist das größte grabende Beuteltier?

780 S. 116 Welcher Österreicher schrieb die Operette *Die Fledermaus*?

QUIZ 78 FÜR KÖNNER

Richtig oder falsch?
Sind diese Aussagen über Tiere wirklich richtig?

781 S. 106 Die Dronte war die größte Taube der Welt.

782 S. 64 Pflanzen fressende Dinosaurier ernährten sich von Gras.

783 S. 120 Bis auf die Geparden können alle Katzen ihre Krallen einziehen.

784 S. 124 Walrosse verändern ihre Farbe, wenn sie aus dem Wasser kommen.

785 S. 116 Die meisten Fledermäuse können sich in völliger Dunkelheit orientieren.

786 S. 130 Der Pottwal kann mehr als 2000 m tief tauchen.

787 S. 52 Die Kiefer von Hyänen sind so stark, dass sie Knochen zermahlen können.

788 S. 76 Die meisten Wüstentiere sind tagaktiv.

789 S. 68 Manche Säbelzahnkatzen hatten längere Zähne als *Tyrannosaurus rex*.

790 S. 86 Korallen kommen ausschließlich in tropischen Meeren vor.

QUIZ 79 VERMISCHTES

In Kontakt bleiben
Bringen Sie die Buchstaben in die richtige Reihenfolge.

791 S. 130 WACKBULLE Großer Meeressäuger, der für seine melodischen Gesänge berühmt ist

792 S. 44 SCHMUSO Stark riechendes Sekret, das von einigen Säugetieren produziert wird

793 S. 44 FÜRDSTUDE Organ, in dem das oben genannte Sekret produziert wird

794 S. 44 BUTTERNORGE Schlange, die ihre Beute durch Wahrnehmung ihrer Körperwärme findet

795 S. 96 HIMERHAMA Raubfisch, der seine im Sand verborgene Beute ortet, indem er die elektrische Aktivität ihrer Muskulatur wahrnimmt

796 S. 44 NANENTEN Eine andere Bezeichnung für die Fühler von Krebsen und Insekten

797 S. 46 BÄRFGNU Dient vielen Tieren dazu, andere vor ihrer Giftigkeit zu warnen

798 S. 44 EILIETENNIS Sinnesorgan am Körper der meisten Fischarten

799 S. 48 MOORHEPEN Chemische Botenstoffe von Nachtfaltern und anderen Tieren, mit denen sie Geschlechtspartner anlocken

800 S. 44 MOKBALDOKI Nachtaktiver asiatischer Primat mit großen Augen und Ohren

Die Seitenzahl unter der Fragennummer gibt an, wo Sie die Antworten und mehr Informationen darüber finden können. Lösungen in Kurzform zu den Quizfragen 761–830 finden Sie auf S. 157/158.

QUIZ 80 VERMISCHTES

QUIZ 81 FÜR EXPERTEN

QUIZ 82 FREIE WAHL

Kriegsgeschehen
Echte oder symbolische Tiere, die man mit Kampf assoziiert

801 S. 84
Mit welchem Tier verbindet man die tamilischen Separatisten im nördlichen Sri Lanka?

802 S. 140
Welche große Hunderasse wurde von den Römern in Schlachten eingesetzt?

803 S. 106
Nach welchem Greifvogel ist ein in England hergestellter Düsenflieger benannt?

804 S. 76
Wie lautet der Spitzname der 7. Waffendivision Englands, die im Zweiten Weltkrieg in Afrika kämpfte?

805 S. 104
Welche Vögel spielten im Ersten und Zweiten Weltkrieg bei der Nachrichtenübermittlung eine wesentliche Rolle?

806 S. 124
Zwei marine Säugetierarten wurden von der amerikanischen Armee für die Minensuche ausgebildet. Kennen Sie eine dieser Arten?

807 S. 60
Wie nennt man eine Grube, die ein Soldat gräbt, um in Deckung zu gehen?

808 S. 150
Welches Tier bildete die Spitze der Standarte, die von einem Aquilier in der römischen Armee getragen wurde?

809 S. 70
Welche Kopfbedeckung aus Pelz tragen englische Soldaten?

810 S. 120
Nach welcher Katze mit Pinselohren ist der von der englischen Marine bevorzugte Kampfhubschrauber benannt?

Schwierig, schwierig!
Testen Sie Ihr Wissen über Arten und Lebensräume.

811 S. 136
Was für ein Affe ist ein Bonobo?

812 S. 52
Was für eine Art Reptil ist eine Boomslang?

813 S. 106
Zu welchen Vögeln zählen die in Neuseeland heimischen Keas und Kakapos?

814 S. 126
Welches Blätter fressende afrikanische Säugetier ist der nächste Verwandte des Okapis?

815 S. 112
In welchem Land leben der Numbat, der Koala und der Tüpfelkuskus?

816 S. 132
Handelt es sich beim Indri um ein Nagetier, eine Gazelle oder einen Halbaffen?

817 S. 114
Was für ein Tier ist der Insekten fressende südamerikanische Tamandua?

818 S. 122
Auf welchem Kontinent sind Nasenbär, Tayra und Wickelbär beheimatet?

819 S. 74
Was bedeutet der Name *Rhinoceros* wörtlich?

820 S. 110
Welche Säugetiere fasst man in der Ordnung der *Chiroptera* zusammen?

Prähistorisches Puzzle
Wählen Sie unter vier möglichen Antworten zu diesen Fragen über ausgestorbene Lebewesen die Richtige aus.

821 S. 68
Was hatte das Reptil *Dimetrodon* auf dem Rücken?

A Eine Fahne	B Einen Vorhang
C Ein Segel	D Ein Ruder

822 S. 64
Welchen Dinosaurier entdeckte man 1991 bei Moab (Utah)?

A *Saltlakesaurus*	B *Utahraptor*
C *Mormonodon*	D *Desertodocus*

823 S. 66
Was bedeutet die Bezeichnung *Pterosaurus* wörtlich?

A Fürchterlicher Schmerz	B Erdgleiter
C Geflügeltes Reptil	D Meermonster

824 S. 68
Welche modernen Tiere sind mit Ammoniten verwandt?

A Fische	B Krabben
C Kalmare	D Schildkröten

825 S. 66
Welche der folgenden Kreaturen war kein Saurier?

A *Brachiosaurus*	B *Allosaurus*
C *Velociraptor*	D *Plesiosaurus*

826 S. 68
Was für ein Tier war *Argentavis*?

A Ein Dinosaurier	B Ein Säugetier
C Ein Amphibium	D Ein Vogel

827 S. 66
Welches dieser Tiere lebte im Meer?

A *Liopleurodon*	B *Iguanodon*
C *Hyracotherium*	D *Pteranodon*

828 S. 64
Der kleinste Dinosaurier hatte die Größe

A eines Huhns	B eines Schafs
C einer Kuh	D einer Maus

829 S. 68
Megalodon hätte sein beängstigendes heutiges Gegenstück gern verspeist. Um was für ein Tier handelte es sich?

A Wal	B Hai
C Katze	D Schlange

830 S. 64
Wobei handelt es sich nicht um ein geologisches Zeitalter?

A Känozoikum	B Paläozoikum
C Anazoikum	D Mesozoikum

Schwarz oder weiß?
Füllen Sie die Lücken mit der entsprechenden Farbe.

831 S. 72 Der ____specht ist der größte Specht Europas.

832 S. 92 Die ____ Witwe ist die tödlichste Spinne Nordamerikas.

833 S. 50 Das ____ Nashorn ist das schwerste der Welt.

834 S. 56 Auf Wanderratten parasitierende Flöhe verbreiteten im Mittelalter die Pest, den so genannten ____ Tod.

835 S. 102 Die ____ Mamba ist die schnellste Schlange der Welt.

836 S. 126 Der ____wedelhirsch verursacht in den USA mehr Verkehrsunfälle als jedes andere Tier.

837 S. 46 Der ____ Panther ist die melanistische Form des Leoparden.

838 S. 108 Kleinen Kindern erzählt man manchmal, dass der ____storch die Babys bringt.

839 S. 104 Der ____halsschwan kommt im südlichen Südamerika bis nach Feuerland vor.

840 S. 122 Der ____bär ist das drittgrößte Raubtier Nordamerikas.

Nagetier-Mix
Bringen Sie die Buchstaben in die richtige Reihenfolge.

841 S. 60 RIBBE Fleißiges Wassertier, das dafür bekannt ist, Dämme zu bauen

842 S. 58 HÄNDIPURRE Nordamerikanisches Nagetier, das in Kolonien, so genannten Städten, lebt

843 S. 118 LUHAMASSE Nagetier, das in *Alice im Wunderland* in einer Teetasse schlief

844 S. 118 CHINAKENN Dieses langohrige Tier ist kein Nagetier, wird aber oft für eines gehalten.

845 S. 118 WEISSERSCHWAN Das größte Nagetier der Welt, das ungefähr die Größe eines Schafs hat

846 S. 118 TERWARTASSE Ratty aus *Der Wind in den Weiden* war so ein Tier.

847 S. 74 ZUGERWAMS Winziges europäisches Nagetier, das in Getreidefeldern kugelförmige Nester baut

848 S. 54 SCHWALENTISCHE Großes Tier, das vor allem wegen seiner langen Stacheln zur Verteidigung bekannt ist

849 S. 72 CHEINÖHRCHEN Auf Bäume kletterndes Nagetier mit dickem buschigem Schwanz

850 S. 140 SEMRATH Kleines kurzschwänziges Nagetier, das oft als Heimtier gehalten wird

Anfangsbuchstaben
Die Antworten auf alle diese Fragen beginnen mit „M".

851 S. 128 Vegetarische Meeressäugetiere, die auch unter der Bezeichnung Rundschwanzseekühe bekannt sind

852 S. 96 In tropischen Gewässern lebender, riesiger Plankton fressender Rochen

853 S. 108 Baumente, die ihren Namen hohen chinesischen Beamten der Kaiserzeit verdankt.

854 S. 74 Im Grasland Südamerikas beheimateter langbeiniger Hund

855 S. 56 Zu dieser Tiergruppe gehören die Parasiten, welche die Krätze hervorrufen.

856 S. 80 Küstensumpfgebiet, das nach einem salztoleranten Baum benannt ist

857 S. 134 Farbenprächtiger Pavian aus den Wäldern Westafrikas

858 S. 52 Lateinischer Name der Gottesanbeterin

859 S. 86 Bezeichnung für die im Meer treibende Form der Nesseltiere, z. B. auch für Quallen

860 S. 144 Fabeltier mit dem Kopf eines Mannes, dem Körper eines Löwen und dem Schwanz eines Drachen oder Skorpions

Auf gut Glück
Eine gemischte Auswahl kniffliger Fragen

861 S. 84 Welche systematische Einheit von Tieren ist hochrangiger, die Ordnung oder die Familie?

862 S. 64 Nach welchem auffälligen Merkmal wurde der Dinosaurier *Triceratops* benannt?

863 S. 132 Lemuren und Loris besitzen Zahnkämme. Wofür benutzen sie diese?

864 S. 100 Wie nennt man die wissenschaftliche Erforschung von Amphibien und Reptilien?

865 S. 148 Welcher russische Komponist schrieb die Sinfonie *Peter und der Wolf*?

866 S. 152 Mit dem Schutz welcher Tiere befasst sich die Audubon Society vorwiegend?

867 S. 110 Sind Robben näher verwandt mit Hunden, mit Walen oder mit Seekühen?

868 S. 126 Welches ist die größte Rinderart der Welt?

869 S. 126 Was ist schwerer verdaulich, Fleisch oder Pflanzennahrung?

870 S. 62 Was ist ungewöhnlich an den Flügeln des südamerikanischen Hoatzins oder Zigeunerhuhns?

Die Seitenzahl unter der Fragennummer gibt an, wo Sie die Antworten und mehr Informationen darüber finden können. Lösungen in Kurzform zu den Quizfragen 831–880 finden Sie auf S. 158.

Spurensuche

Welche Tiere hinterließen diese Spuren? Ordnen Sie jedem Fußabdruck das passende Tier aus der unten stehenden Liste zu.

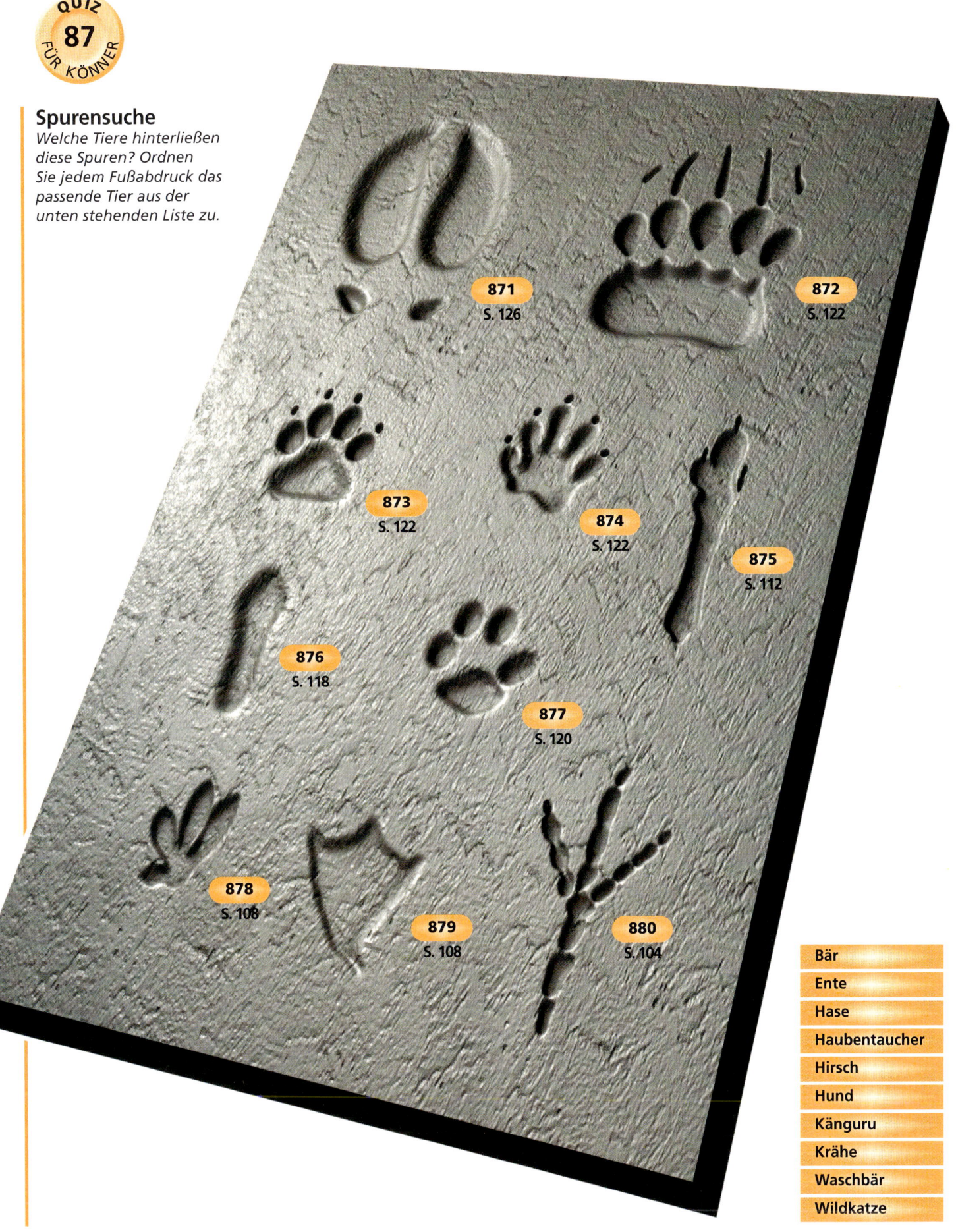

871 S. 126

872 S. 122

873 S. 122

874 S. 122

875 S. 112

876 S. 118

877 S. 120

878 S. 108

879 S. 108

880 S. 104

Bär

Ente

Hase

Haubentaucher

Hirsch

Hund

Känguru

Krähe

Waschbär

Wildkatze

Tierkinder
Setzen Sie den richtigen Namen aus der Liste ein.

881 S. 50 — Ein junges Reh nennt man _____.

882 S. 50 — Einen jungen Seehund nennt man _____.

883 S. 50 — Einen jungen Hund nennt man _____.

884 S. 50 — Ein junges Schaf nennt man _____.

885 S. 50 — Die Larve der Ameisenjungfer ist bekannt als _____.

886 S. 112 — Australier bezeichnen ein junges Känguru liebevoll als _____.

887 S. 50 — Junge Vögel nennt man _____.

888 S. 50 — Ein junges Zebra nennt man _____.

889 S. 50 — Ein junges Wildschwein nennt man _____.

890 S. 50 — Einen jungen Wal nennt man _____.

Ameisenlöwe
Fohlen
Frischling
Heuler
Joey
Kalb
Kitz
Küken
Lamm
Welpe

Wer ist der Größte?
Welches von den genannten Tieren wird am größten?

891 S. 120 — Tiger, Leopard, Puma, Jaguar

892 S. 124 — Kegelrobbe, Seeleopard, See-Elefant, Sattelrobbe

893 S. 40 — Strauß, Kasuar, Emu, Nandu

894 S. 92 — Krabbenspinne, Springspinne, Wolfsspinne, Vogelspinne

895 S. 112 — Graues Riesenkänguru, Felsenkänguru, Wombat, Kaninchenkänguru

896 S. 96 — Mondfisch, Hundshai, Riesenhai, Neunauge

897 S. 94 — Japanische Riesenkrabbe, Soldatenkrabbe, Erbsenkrabbe, Winkerkrabbe

898 S. 56 — Fleckenskunk, Honigdachs, Baummarder, Hermelin

899 S. 114 — Schuppentier, Gürtelmull, Zweizehen-Faultier, Großer Ameisenbär

900 S. 132 — Mausmaki, Buschbaby, Koboldmaki, Indri

Vorn und hinten gleich
Erster und letzter Buchstabe jeder Lösung sind gleich.

901 S. 98 — Nach seinen leuchtend gefärbten Flossen benannter einheimischer Weißfisch

902 S. 42 — Geweihtragendes Tier, das man mit Weihnachten verbindet

903 S. 106 — Sehr großer Greifvogel mit leuchtend gelbem Schnabel, der an den Küsten Sibiriens und auf Kamtschatka vorkommt

904 S. 40 — Die größte Boa und zugleich schwerste Schlange der Welt

905 S. 70 — Zu Alaska gehörende Insel, die die Heimat der größten Braunbären der Welt ist

906 S. 50 — Bezeichnung für die Eier von Läusen

907 S. 74 — Kontinent, auf dem Gepard und Springbock beheimatet sind

908 S. 130 — Südamerikanischer Fluss, zweite Heimat des auch als Inia oder Butu bezeichneten Amazonasdelphins

909 S. 86 — So nennt man ein einzelnes Korallentier.

910 S. 98 — Kleiner europäischer Süßwasserfisch, dessen Männchen sich zur Laichzeit am Bauch orangerot verfärben

Geläufige Namen
Der lateinische Name führt zu dem hier versteckten Tier.

911 S. 122 — JOTEKO
Canis latrans

912 S. 128 — AISCHASTIER ALFENTE
Elephas maximus

913 S. 120 — ZOLGAKDET
Felis aurata

914 S. 126 — BEPPENZASTER
Equus burchelli

915 S. 122 — NÄRUBRAB
Ursus arctos

916 S. 130 — MENGEIER PINHELD
Delphinus delphis

917 S. 70 — GIMMBERLENG
Lemmus lemmus

918 S. 54 — DÖRTEKER
Bufo bufo

919 S. 76 — TIRMELPETRA
Camelus bactrianus

920 S. 134 — ZIRPAUKEN
Cebus capucinus

Die Seitenzahl unter der Fragennummer gibt an, wo Sie die Antworten und mehr Informationen darüber finden können. Lösungen in Kurzform zu den Quizfragen 881–960 finden Sie auf S. 158.

QUIZ 92 VERMISCHTES

QUIZ 93 VERMISCHTES

QUIZ 94 FÜR EXPERTEN

QUIZ 95 FÜR EXPERTEN

Eines scheidet aus
Suchen Sie den nicht passenden Begriff heraus.

921 S. 114 — Ameisenbär, Erdferkel, Schuppentier, Grizzlybär

922 S. 48 — Hörner, Stacheln, Flossen, Geweih

923 S. 46 — Wespe, Hornisse, Schwebfliege, Honigbiene

924 S. 124 — Seebär, Weddellrobbe, Grindwal, Walross

925 S. 110 — Milch, Fell, Backenzähne, Schuppen

926 S. 132 — Potto, Lori, Koboldmaki, Mungo

927 S. 130 — Pottwal, Buckelwal, Finnwal, Blauwal

928 S. 94 — Palmendieb, Winkerkrabbe, Taschenkrebs, Pfeilschwanzkrebs

929 S. 56 — Egel, Floh, Bandwurm, Zecke

930 S. 54 — Federn, giftige Haut, Panzer, Stacheln

Zeit der Saurier
Zehn Fragen über prähistorische Tiere.

931 S. 64 — Wie viel wog der schwerste Dinosaurier ungefähr: 10 t, 100 t oder 1000 t?

932 S. 68 — Krochen Ammoniten über den Meeresboden oder schwammen sie im offenen Meer?

933 S. 146 — Was für eine Art Saurier war Aladar, der Held in Disneys Animationsfilm *Dinosaurier*?

934 S. 64 — Welches Erdzeitalter liegt am weitesten zurück: Jura, Trias oder Kreide?

935 S. 68 — Von welcher Tiergruppe ist der Archaeopteryx der älteste Vertreter?

936 S. 68 — Entwickelten sich die Wale vor oder nach dem Erscheinen der Dinosaurier?

937 S. 66 — *Ichthyosaurus, Rhamphorhynchus* und *Pteranodon* lebten zur selben Zeit wie die Dinosaurier, aber nur einer von ihnen lebte im Meer. Welcher?

938 S. 64 — Koprolithen geben den Wissenschaftlern Aufschluss über die Ernährungsgewohnheiten der Saurier. Was sind Koprolithen?

939 S. 62 — Verschwanden die Dinosaurier vor 55, vor 65 oder vor 75 Mio. Jahren?

940 S. 64 — Welcher Dinosaurier wurde als Erster beschrieben?

Auf gut Glück
Eine gemischte Auswahl kniffliger Fragen

941 S. 46 — Welche fliegenden Insekten studieren Lepidopterologen?

942 S. 140 — Erwachsene Hunde haben in der Regel zehn Zähne mehr als Menschen, wie viele haben sie also?

943 S. 54 — Auf welchen Körperteil des Opfers zielt die Speikobra mit ihrem Gift?

944 S. 76 — Wie bezeichnet man die seitwärts schlängelnde Fortbewegung von Schlangen?

945 S. 52 — Sind Pflanzenfresser in einer Nahrungskette Primärkonsumenten oder Sekundärkonsumenten?

946 S. 48 — Welche Tiere erscheinen in dem sonst hauptsächlich in Schwarz-weiß gedrehten Film *Rumble Fish* farbig?

947 S. 64 — Welchen Titel stahl der Dinosaurier Giganotosaurus 1995?

948 S. 86 — Bandwürmer haben keinen Mund. Wie nehmen sie ihre Nahrung auf?

949 S. 96 — Die Eier welcher Fische bezeichnet man volkstümlich als „Seemäuse"?

950 S. 152 — Welcher schwarz-weiße Watvogel taucht im Logo der Vogelschutzorganisation Royal Society for the Protection of Birds auf?

Lateinstunde
Finden Sie den passenden Namen aus der Liste (s.u.)

951 S. 120 — Wilder europäischer Verwandter der Hauskatze

952 S. 90 — Insekt, dessen Schwärme ganze Ernten vernichten können

953 S. 132 — Primat aus Madagaskar mit geringeltem Schwanz

954 S. 52 — Eine gefräßige Insektenlarve, die nach dem König der Tiere benannt ist und Falltrichter für Ameisen gräbt

955 S. 102 — Einzige einheimische Giftschlange

956 S. 40 — Ein Gigant, der seine winzige Nahrung aus dem Meer herausfiltert

957 S. 116 — Dieser kleine Quieker ist das kleinste bei uns heimische Säugetier.

958 S. 80 — Dieser mit vielen Zähnen bewaffnete Nordamerikaner ist nach dem größten Fluss des Kontinents benannt.

959 S. 90 — Dieses herumschwirrende Tier fühlt sich in Ihrer Wohnung zuhause.

960 S. 84 — Dieser in Japan heimische Hirsch wurde in vielen europäischen Ländern eingeführt.

Alligator mississippiensis
Balaenoptera musculus
Cervus nippon
Felis silvestris
Lemur catta
Locusta migratoria
Musca domestica
Myrmeleon formicarius
Sorex minutus
Vipera berus

QUIZ 96 FÜR EINSTEIGER

Griff zu den Sternen
Welche der unten stehenden Sternbilder passen hier?

961 S. 150 Ein Tierkreiszeichen für Krustentiere

962 S. 150 Zwei Wassertiere, die in der nördlichen Hemisphäre den Beginn des Frühlings begleiten

963 S. 92 Ein Sternbild mit Stachel am Schwanz

964 S. 126 Der lateinische Name dieses Sternbildes lautet *Camelopardalis*, weil es an das gleichnamige langhalsige Tier erinnert.

965 S. 150 Nach dem König der Tiere benanntes Tierkreiszeichen

966 S. 102 Hat einen Kopf und einen langen dünnen Körper, aber sonst nicht viel

967 S. 58 Ein Sternbild, das die Vorfahren der Haushunde bei Neumond anheulen können

968 S. 108 Ein Sternbild, das man auch als Kreuz des Nordens bezeichnet

969 S. 142 Sternbild, das nach einem jungen Pferd benannt ist

970 S. 130 Ein stromlinienförmiger, intelligenter Schwimmer durch das All

Delphin
Fische
Füllen
Giraffe
Krebs
Löwe
Schlange
Schwan
Skorpion
Wolf

QUIZ 97 FÜR KÖNNER

Auf gut Glück
Eine gemischte Auswahl kniffliger Fragen

971 S. 78 Ist der Mauerläufer ein Reptil oder ein Vogel?

972 S. 96 Besteht das Skelett von Haien aus Knochen oder aus Knorpel?

973 S. 86 Auf welchem Kontinent sind die größten Ringelwürmer der Erde beheimatet?

974 S. 148 Welche Band der 1980er-Jahre hatte mit der Single *Karma Chameleon* einen Hit?

975 S. 120 Welche beiden Tiere bringen, wenn man sie kreuzt, so genannte Liger als Nachkommen hervor?

976 S. 60 Welches afrikanische Schwein gräbt sich einen Bau, in dem es nachts Schutz sucht?

977 S. 136 Von welchem Kontinent stammen die Orang-Utans?

978 S. 148 Welche beiden Tiere fuhren in einem Gedicht von Hans Magnus Enzensberger „in einem moosgrünen Nachen" zur See?

979 S. 72 Nach welchem Windgeist der griechischen Mythologie ist der größte Adler Südamerikas benannt?

980 S. 150 Nach welchen Raubfischen nennt sich der Kölner Eishockeyclub?

QUIZ 98 VERMISCHTES

Richtig oder falsch?
Sind diese Aussagen über Tiere wirklich richtig?

981 S. 54 Den Geruch von Stinktieren kann man aus mehr als 1 km Entfernung wahrnehmen.

982 S. 100 Blindwühlen sind beinlose Amphibien.

983 S. 116 Fledermäuse sind die zweithäufigste Säugetiergruppe der Erde.

984 S. 110 Moschusochsen können Temperaturen von bis zu −50 °C überleben.

985 S. 52 Manche Schlangen verbringen ihr gesamtes Leben im Meer.

986 S. 68 *Basilosaurus* war ein Dinosaurier.

987 S. 92 Tausendfüßer haben 1000 Beine.

988 S. 114 Das Neunbindengürteltier bringt in der Regel eineiige Vierlinge zur Welt.

989 S. 102 Die Magensäure von Krokodilen ist so sauer, dass sie sogar Haare und Knochen verdauen können.

990 S. 68 Als die ersten Pyramiden gebaut wurden, gab es noch Mammuts auf der Erde.

QUIZ 99 FÜR EXPERTEN

Abschied für immer
Zehn Fragen über bedrohte oder ausgestorbene Tiere

991 S. 106 Welcher ausgestorbene Vogel wurde nach dem portugiesischen Wort für „verrückt" benannt?

992 S. 130 Was für ein Tier ist der Beiji, der nur im Jangtsekiang vorkommt?

993 S. 138 Bevor Europas langhörniger Auerochse 1627 ausstarb, entstand daraus ein vertrautes Bauernhoftier. Welches?

994 S. 104 Von welchem amerikanischen Vogel existierten 1850 noch 9 Mrd. Tiere, aber schon 1914 kein einziger mehr?

995 S. 152 Welche Kategorie der Internationalen Naturschutzunion bezeichnet die am stärksten vom Aussterben bedrohte Tierart: threatened, vulnerable oder endangered?

996 S. 112 Unter welchem Namen ist der Tasmanische Tiger besser bekannt?

997 S. 74 Welchem gestreiften Tier sah das ausgestorbene Quagga ähnlich?

998 S. 116 Auf welcher anderen Insel außer Haiti und der Dominikanischen Republik haben Schlitzrüssler überlebt?

999 S. 136 Wie viele der sechs Großen Menschenaffenarten sind bedroht?

1000 S. 128 Die Stellersche Seekuh wurde im frühen 18. Jh. entdeckt. In welchem Jahrhundert wurde sie ausgerottet?

Die Seitenzahl unter der Fragennummer gibt an, wo Sie die Antworten und mehr Informationen darüber finden können. Lösungen in Kurzform zu den Quizfragen 961–1000 finden Sie auf S. 158.

WUNDERBARE TIERWELT

Fakten, Zahlen und weiterführende
Informationen aus der Welt der Tiere

Rekorde im Tierreich

Säugetiere ❶

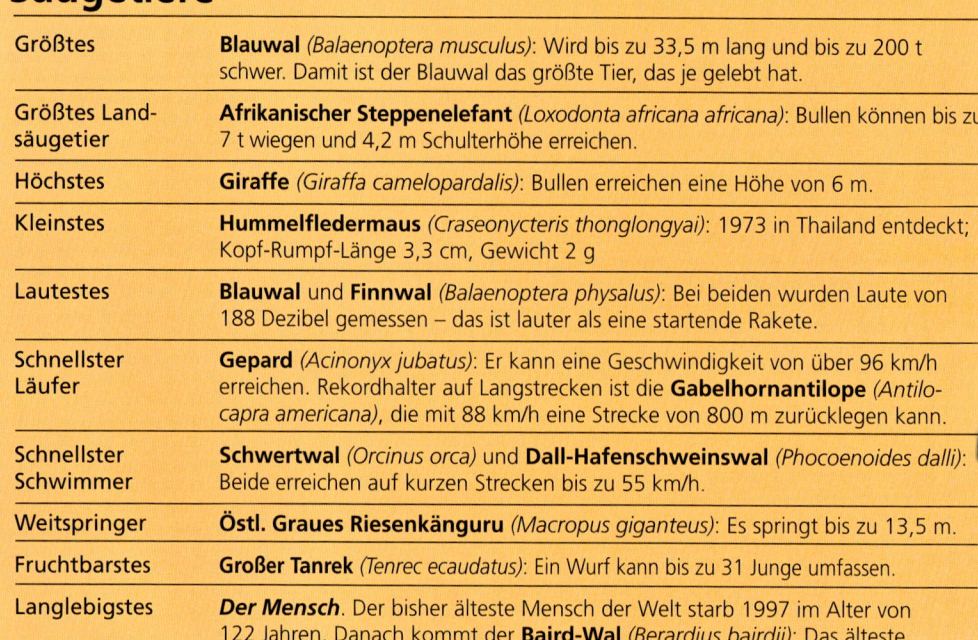

Größtes	**Blauwal** (*Balaenoptera musculus*): Wird bis zu 33,5 m lang und bis zu 200 t schwer. Damit ist der Blauwal das größte Tier, das je gelebt hat.
Größtes Land-säugetier	**Afrikanischer Steppenelefant** (*Loxodonta africana africana*): Bullen können bis zu 7 t wiegen und 4,2 m Schulterhöhe erreichen.
Höchstes	**Giraffe** (*Giraffa camelopardalis*): Bullen erreichen eine Höhe von 6 m.
Kleinstes	**Hummelfledermaus** (*Craseonycteris thonglongyai*): 1973 in Thailand entdeckt; Kopf-Rumpf-Länge 3,3 cm, Gewicht 2 g
Lautestes	**Blauwal** und **Finnwal** (*Balaenoptera physalus*): Bei beiden wurden Laute von 188 Dezibel gemessen – das ist lauter als eine startende Rakete.
Schnellster Läufer	**Gepard** (*Acinonyx jubatus*): Er kann eine Geschwindigkeit von über 96 km/h erreichen. Rekordhalter auf Langstrecken ist die **Gabelhornantilope** (*Antilocapra americana*), die mit 88 km/h eine Strecke von 800 m zurücklegen kann.
Schnellster Schwimmer	**Schwertwal** (*Orcinus orca*) und **Dall-Hafenschweinswal** (*Phocoenoides dalli*): Beide erreichen auf kurzen Strecken bis zu 55 km/h.
Weitspringer	**Östl. Graues Riesenkänguru** (*Macropus giganteus*): Es springt bis zu 13,5 m.
Fruchtbarstes	**Großer Tanrek** (*Tenrec ecaudatus*): Ein Wurf kann bis zu 31 Junge umfassen.
Langlebigstes	*Der Mensch.* Der bisher älteste Mensch der Welt starb 1997 im Alter von 122 Jahren. Danach kommt der **Baird-Wal** (*Berardius bairdii*): Das älteste nachgewiesene Tier war 82 Jahre alt, als es 1975 getötet wurde.

FLINKE KATZE Der Gepard (links) kann in nur drei Sekunden auf 96 km/h beschleunigen – schneller als jeder Seriensportwagen.

SCHWERER VOGEL Die südafrikanische Riesen- oder Koritrappe ist das schwerste flugfähige Tier der Welt.

Vögel ❷

Größter	**Strauß** (*Struthio camelus*): Männchen werden bis zu 2,75 m hoch und 160 kg schwer. Mit 72 km/h sind sie auch die schnellsten Läufer.
Kleinster	**Bienenelfe** (*Mellisuga helenae*): Dieser winzige Kolibri aus Kuba misst mit Schnabel und Schwanz lediglich 57 mm und wiegt nur 1,6 g.
Schnellster Flieger	**Wanderfalke** (*Falco peregrinus*): Im Sturzflug auf Beutevögel kann er mehr als 200 km/h erreichen und ist damit das schnellste Tier der Erde.
Größte Flügelspannweite	**Wanderalbatros** (*Diomedea exulans*): Dieser nomadisch lebende Seevogel hat mit 3,7 m die größte Flügelspannweite aller Tiere.
Schwerster	**Riesentrappe** (*Ardeotis kori*): Ist mit 19 kg der schwerste flugfähige Vogel.
Schnellster Schwimmer	**Eselspinguin** (*Pygoscelis papua*): Kann auf kurze Strecken 27 km/h erreichen.
Längste Federn	**Königsfasan** (*Symaticus reevesii*): Die mittleren Schwanzfedern des Männchens können bis zu 2,4 m lang werden.
Längster Schnabel	**Brillenpelikan** (*Pelicanus conspicillatus*): Sein Schnabel wird bis zu 47 cm lang.
Größtes Gelege	**Virginiawachtel** (*Colinus virginianus*): Die Weibchen legen bis zu 28 Eier pro Gelege.

WEITSPRUNG-WELTMEISTER Ein 2 mm großer Menschenfloh (*Pulex irritans*) kann 33 cm weit springen – das ist das 165fache seiner Körperlänge. Beim Menschen entspräche das einem Sprung von 290 m.

33 cm

Reptilien

❸

Längste	**Netzpython** *(Python reticulatus)*: Kann bis zu 10 m lang werden
Schwerste	**Leistenkrokodil** *(Crocodylus porosus)*: Wiegt bis zu 1115 kg
Kleinste	**Jaragua-Zwerggecko** *(Sphaerodactylus ariasae)*: 2001 entdeckt, misst von der Schnauzen- bis zur Schwanzspitze nur 1,8 cm
Giftigste	*Hydrophis belcheri*: Diese Seeschlange produziert das stärkste Gift aller Reptilien. Die giftigste landlebende Schlange ist der australische Inland-Taipan *(Oxyuranus microlepidotus)*.
Größtes Gelege	**Echte Karettschildkröte** *(Eretmochelys imbricata)*: Legt bis zu 242 Eier

SCHWERSTE SCHLANGE Die südamerikanische Anakonda *(Eunectes murinus)* kann bis zu 225 kg wiegen – mehr als drei erwachsene Männer.

Amphibien

❹

Größte	**Chinesischer Riesensalamander** *(Andrias davidianus)*: Dieser seltene Flussbewohner wird bis zu 1,8 m lang und bis zu 65 kg schwer.
Kleinste	**Palmensalamander** *(Bolitoglossa mexicana)*: Wird nur 2,5 cm lang
Giftigste	**Goldener Blattsteiger** *(Phyllobates terribilis)*: Diese Art aus Westkolumbien ist über 20-mal giftiger als alle anderen Amphibien.
Größtes Gelege	**Aga-Kröte** *(Bufo marinus)*: Ein Weibchen legt pro Laich bis zu 35 000 Eier ab.

SCHNELLER SEGLER Der 3 m lange Indopazifische Fächerfisch *(Istiophorus platypterus)* ist das schnellste Tier im Wasser.

❺

Fische

Größter	**Walhai** *(Rhincodon typus)*: Wird bis zu 18 m lang und 21 t schwer
Kleinster	**Zwerggrundel** *(Trimmatom nanus)*: Ein 8,8 mm langer Fisch aus dem Ind. Ozean
Giftigster	**Warzensteinfisch** *(Synanceia horrida)*: Diese Art besitzt die größten Giftdrüsen aller Fische und das für den Menschen gefährlichste Gift.
Schnellster	**Indopazifischer Fächerfisch** *(Istiophorus platypterus)*: Kann 109 km/h erreichen
Größtes Gelege	**Mondfisch** *(Mola mola)*: Produziert bei jedem Ablaichen über 300 Mio. Eier

KRAFTPAKET Im Verhältnis zu ihrer Größe sind Nashornkäfer die stärksten Tiere der Welt.

❻

Wirbellose

Längstes	**Langer Schnurwurm** *(Lineus longissimus)*: Der Schnurwurm aus der Nordsee kann bis zu 55 m lang werden und ist damit das längste Tier der Welt.
Schwerstes	**Atlantischer Riesenkalmar** *(Architeuthis dux)*: Wird über 2 t schwer
Stärkstes	**Riesenkäfer** (Unterfamilie *Dynastinae*): Können das bis zu 850fache ihres eigenen Körpergewichts tragen (im Vergleich zum 17fachen beim Menschen)
Lautestes	**Singzikaden** (Familie *Cicadidae*): Die Männchen kann man 400 m weit hören.
Kleinstes	**Mesozoen**: Diese winzigen Parasiten bestehen aus nur wenigen Zellen.
Fruchtbarstes	**Mehlige Kohlblattlaus** *(Brevicoryne brassicae)*: Fast stündlich Nachwuchs
Weitester Springer	**Flöhe**: Bezogen auf ihre Größe springen sie weiter als jedes andere Tier.

42

Tierwanderungen

Warum Tiere wandern ❶

◆ Wanderungen ermöglichen Tieren, **saisonale Nahrungsangebote** zu nutzen.
◆ **Wanderungen über große Entfernungen** hinweg erlauben es den Tieren, ihr Leben in angenehmeren Klimaregionen zu verbringen und ihre Jungen an einem sichereren Ort zur Welt zu bringen.
◆ Wanderungen sind jedoch eine **riskante Angelegenheit**. Der Energieverbrauch ist hoch und oft müssen dabei gefährliche Hindernisse wie reißende Flüsse oder unendliche Wüsten überwunden werden. Deshalb wandern Tiere nur, wenn ihnen keine andere Wahl bleibt.
◆ Nicht alle umherziehenden Tiere sind echte Wanderer. Viele leben ganz einfach **nomadisch**: Sie haben kein festes Zuhause und sind zu jeder Jahreszeit unterwegs.

Zu neuen Weidegründen ❷

Die **größten Wanderungen an Land** unternehmen die großen Huftierherden. In arktischen Regionen (z. B. Alaska) zwingt der Winter viele Tiere, südwärts zu ziehen. **Karibus** (Rentieren) bleibt keine andere Wahl, als abzuwandern, wenn ihre Nahrungsquellen unter Schnee und Eis verschwinden und die Temperaturen auf unerträgliche Grade absinken. Andernorts sind **Dürren** das Hauptproblem. Im Gebiet der Serengeti und der Masai Mara in Ostafrika verlassen riesige **Gnu-Herden** die ausgetrockneten Weidegründe und folgen den Niederschlägen zu frischem Gras. Ihre jährlichen Wanderungen wirken sich auf das gesamte Ökosystem der Savanne aus. **Nilkrokodile** (*Crocodylus niloticus*) warten an den Flüssen auf Beute. Andere Räuber wie Tüpfelhyänen (*Crocuta crocuta*) folgen den Herden und picken die schwächsten Tiere heraus.

UNGLAUBLICH ABER WAHR

❸ **Im Mittelalter** gab es abenteuerliche Theorien, warum manche Tiere zu bestimmten Jahreszeiten plötzlich auftauchen: Man glaubte, dass Turteltauben **Winterschlaf** halten und Weißwangengänse aus Seepocken entstehen.

359

Könige im Reisen

Zu den spektakulärsten Wanderungen gehört die des **nordamerikanischen Monarchfalters** *(Danaus plexippus)*. Die leuchtend gefärbten erwachsenen Schmetterlinge ziehen im Juli von Kanada und den nördlichen USA 2000 bis 3000 km südwärts nach Mexiko zum Überwintern. Nicht selten werden wandernde Monarchfalter vom Kurs abgetrieben und landen dann auf der anderen Seite des Atlantiks in Großbritannien oder Westeuropa.

Rekordzahlen ❹

Die größte Wanderung überhaupt findet Tag für Tag **im Meer** statt. Bei Sonnenuntergang steigen Milliarden winziger Lebewesen aus den Tiefen nach oben und fressen die Algen an der Oberfläche. Ungefähr 1000 Mio. t Tiere unternehmen diese Wanderung und kehren morgens in tiefere Gewässer zurück.

Im Meer finden auch riesige Wanderungen **einzelner Arten** statt, von denen aber nur wenige erforscht sind. Über die **Massenwanderungen an Land** und **in der Luft** weiß man mehr:

Tierart	Wanderroute	Zusatzinformationen
Karibu (Rentier) *Rangifer tarandus*	Von der Tundra in die Taiga	In Kanada und Alaska wandern im Winter rund 1,3 Mio. Karibus nach Süden (einst sogar 3 Mio.).
Saiga-Antilope *Saiga tatarica*	Durch die Steppen Kasachstans	Über 2 Mio. Saiga-Antilopen verbringen den Winter nördlich des Kaspischen Meeres.
Schneegans *Chen caerulescens*	Von der arktischen Tundra nach Mittelamerika	Schneegänse brüten von Westgrönland bis nach Nordostsibirien. Allein in der kanadischen Tundra nisten mindestens 3 Mio.
Rauchschwalbe *Hirundo rustica*	Von der Nord- auf die Südhalbkugel	Die Rauchschwalbe ist mit einer Population von mehreren Zehnmillionen Tieren fast weltweit verbreitet. Sie brütet auf der Nordhalbkugel.
Buntfußsturm- schwalbe *Oceanites oceanicus*	Vom Ind., Pazif. und Atlant. Ozean ins Südpolarmeer	Der häufigste Seevogel der Welt. Auf den antarktischen und subantarktischen Inseln versammeln sich zur Brutzeit über 100 Mio. Vögel.

AUF WANDERSCHAFT Über 1,6 Mio. Gnus ziehen alljährlich durch die Ebenen Afrikas.

Ständig unterwegs ❺

Die größten Wanderungen unternehmen nomadische Tiere, da sie ständig unterwegs sind. Große Nomaden wie die Meeresdelphine legen in ihrem Leben Zehntausende von Kilometern zurück. Spitzenreiter unter den Weltreisenden sind jedoch Zugvögel. Der Mauersegler *(Apus apus)* verbringt fast sein ganzes Leben im Flug und fliegt bis zu 500 000 km am Stück. Der **Wanderalbatros** *(Diomedea exulans)* legt zwischen zwei Brutzeiten ebenfalls riesige Distanzen zurück.

IMMER NACH OSTEN Der Wanderalbatros lässt sich von den Westwinden treiben.

Unterwassermarathon ❻

Bei **wandernden Säugetieren** denkt man zuerst an Karibus und Gnus; die längsten Wanderungen unternehmen aber Wale. **Grauwale** *(Eschrichtius robustus)* schwimmen jeden Herbst vom Nordpolarmeer bis zur Westküste **Mexikos**, um sich dort zu paaren und zu kalben. Auch Fische wandern über weite Entfernungen. Junge Atlantische Lachse *(Salmo salar,* links) ziehen in den zentralen Atlantik, Europ. Flussaale *(Anguilla anguilla)* durchqueren den Atlantik und laichen in der **Sargassosee.**

WANDERFISCHE Routen des Atlantischen Lachses (links) und des Europäischen Flussaals (rechts)

Von Pol zu Pol ❼

Die weiteste aller Wanderungen unternimmt ein Vogel: Die **Küstenseeschwalbe** *(Sterna paradisaea,* oben) zieht jedes Jahr von der Arktis in die Antarktis und wieder zurück. Im Sommer brütet sie nördlich des Polarkreises. Sobald die Nächte länger werden, fliegt sie in Richtung Antarktis.Sie nimmt unterwegs Nahrung zu sich und kommt im Hochsommer auf der Südhalbkugel in der Antarktis an. Daher verbringt sie mehr Zeit bei Tageslicht als alle anderen Tiere.

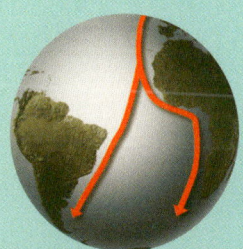

AB IN DEN SÜDEN Eine Teilstrecke der alljährlichen Reise der Küstenseeschwalbe

Sinne und Kommunikation

44

Die Ziffer oder der Stern nach einer Frage verweisen auf die Informationskästen rechts.

QUIZ-FRAGE

ANTWORT

1	**Schlangen** – sie schmecken damit Duftstoffe in der Luft
3	Zunge ❶
95	Grillen ❼
102	Schnurrhaare ❷
211	Richtig ❺
327	B: Durch Schall ❻
379	Mit dem Geruchssinn ❸
529	Männchen ❼
564	Seitenlinie ❶
792	Moschus ❼
793	Duftdrüse ❼
★ 794	Grubenotter ★
796	Antennen ❷
798	Seitenlinie ❶
800	Koboldmaki ❹

Warum Sinnesorgane? ❶

◆ Mithilfe von Sinnesorganen kann sich ein Tier **sicher bewegen** und **Nahrung** und einen **Geschlechtspartner** finden.
◆ Die meisten Tiere besitzen zumindest vier der **fünf Hauptsinne**: Sehvermögen, Gehör, Geruchs-, Geschmacks- und Tastsinn.

◆ Manche Tiere verfügen über zusätzliche Sinne, die wir uns nur schwer vorstellen können, z. B. über die Fähigkeit, Veränderungen der elektrischen Aktivität wahrzunehmen.
◆ Die Sinne **ermöglichen den Tieren zu kommunizieren.**

LEERER BLICK Dieser junge Schimpanse ist entspannt.

ANGSTGESICHT Zeigt Unterwürfigkeit an

Berührung ❷

Der Tastsinn ist am höchsten bei Tieren entwickelt, die in der Dunkelheit aktiv sind. Oft wird er durch **Schnurrhaare** oder Barteln unterstützt, durch die das Tier einen größeren Bereich um seinen Kopf wahrnehmen kann. Manche Tiere sind in der Lage, ihre Schnurrhaare willentlich zu bewegen. Katzen z. B. können ihre Barthaare so aufrichten, dass sie im Dunkeln eine Lücke zwischen zwei Objekten einschätzen können. Der Tastsinn wird auch stärker als alle anderen Sinne zur Absicherung eingesetzt.

 794

Wärmeliebhaber

Grubenottern wie die nordamerikanischen **Klapperschlangen** besitzen zwischen Auge und Nasenloch jeweils eine wärmeempfindliche Vertiefung. Mithilfe dieser Gruben können die Schlangen warmblütige Beutetiere in der Dunkelheit orten, ohne von diesen bemerkt zu werden.

Geruch ❸

◆ Das Riechvermögen ist der **wichtigste Sinn** bei Tieren. Die meisten Säugetiere riechen Gefahren oder Beutetiere, bevor sie diese sehen oder hören.
◆ Bei **Amphibien, Reptilien und Vögeln** ist der Geruchssinn schwächer entwickelt. Sturmvögel dagegen finden damit Tierkadaver auf offenem Meer.
◆ Viele **Fische** verfügen über einen außerordentlich feinen Geruchssinn. Haie haben die empfindlichsten Nasen: Indem sie das Blut riechen, können sie verletzte Beutetiere aus einer Entfernung von über 500 m ausmachen.
◆ Der Geruchssinn ist auch der Grund für das unglaubliche Vermögen der Lachse, wieder nach Hause zu gelangen. Sie wandern vom Meer zurück in die Flüsse, in denen sie schlüpften. Dabei folgen sie einer erkennbaren Duftspur bis zu ihrer Heimatflussmündung und schwimmen bis zu deren Quelle, um dort abzulaichen.

STARRER BLICK Koboldmakis sind nacht-aktiv, orientieren sich aber trotzdem mit den Augen. Diese sind so groß, dass sie nicht beweglich sind.

Mit anderen Augen sehen ❹

Das Sehvermögen ist für fast alle Tiere von großer Bedeutung. Jäger brauchen es, damit sie ihre Beute ausmachen können und Pflanzenfresser, um ihre Feinde zu erkennen. Fast alle Tiere besitzen Augen. Die **einfachsten** Augen haben Tiere wie Platt-würmer, die nur Hell und Dunkel unterscheiden können. Das andere Extrem sind die Augen der Fangschreckenkrebse: Sie verfügen über das beste **Farbensehen** im Tierreich. Ihre Augen weisen zehn Pigmente auf, unsere dagegen nur drei.

Kontaktrufe Dienen der Kommunikation

GEBLECKTE ZÄHNE Vermitteln Aggression und Wut

Sprechen Tiere? ❺

Die meisten Tiere teilen ihren Artgenossen durch optische Signale, Düfte oder Laute mit, wo und in welcher Verfassung sie sich befinden. Einige wenige können aber auch abstraktere Informationen oder Gefühle vermitteln. Diese Fähigkeit kann man als eine Form der Sprache betrachten. Menschenaffen vermitteln ihre Stimmung durch Gesichts-ausdrücke und Schimpansen können sogar die Zeichensprache erlernen. Honigbienen haben ihre eigene Sprache. Indem sie „tanzen", teilen sie Artgenossen mit, wo sich Futterquellen wie Blüten befinden.

Gehör ❻

◆ Wie der Geruchssinn ist auch das Gehör bei Säuge-tieren hoch entwickelt. Besondere Bedeutung hat es für **nachtaktive Jäger** und deren Beutetiere.
◆ Viele Säugetiere können Laute hören, die jenseits unseres Hörvermögens liegen. **Elefanten** senden mittels eines tiefen Infraschall-Grol-lens Botschaften über große Entfernungen, während **Fledermäuse** ihre Beute mithilfe von Ultraschall orten.
◆ Vogel- und Säugetiermänn-chen tun durch Laute kund, dass ein **Revier** besetzt ist, und locken **Weibchen** an. Lautäußerungen bestimmen auch, ob es zu einem Kampf kommt – stärkere Individuen geben längere oder kräftigere Laute von sich.

Kommunikation ❼

Tiere kommunizieren durch optische, geruchliche und akusti-sche Signale. Mithilfe der **Körpersprache** lassen sich Infor-mationen auf direktem Weg vermitteln. Mit ihr werden auch Geschlechtspartner angelockt, Rivalen eingeschüchtert oder Konflikte vermieden. Wölfe z. B. geben mit ihrem Schwanz **optische Signale**. Ein erhobener Schwanz zeigt Dominanz an, ein eingezogener Unterwerfung.

Schall hat den Vorteil, dass er über große Entfernungen zu vernehmen ist, besonders unter Wasser. Delphine halten über Laute Kontakt zueinander und Wale produzieren Töne, die noch Hunderte von Kilometern weit zu hören sind. Die niederfrequenten Gesänge von Blauwalen wurden schon in 850 km Entfernung wahrgenommen.

Düfte können komplexe Informationen über die körper-liche Verfassung eines Tieres vermitteln. Außerdem haben sie den Vorteil, dass sie lange Zeit anhal-ten. Eine hinterlassene Duftmarke können Artgenossen noch viele Tage später „lesen" und verstehen.

SOMMERSÄNGER Männliche Heu-schrecken (unten) und Grillen reiben ihre Beine gegen die Flügel und erzeugen auf diese Weise Laute, mit denen sie Part-nerinnen anlocken.

Tarnen und Auffallen

46

Die Ziffer oder der Stern nach einer Frage verweisen auf die Informationskästen rechts.

QUIZ-FRAGE
ANTWORT

83	Tarnung ❹
84	Albino ❻
184	Flamingo ❷
190	Pfau – nur die Männchen besitzen diese Federn ⭐
239	Vespa ❸
250	Schwarzes Schaf ❻
475	Smaragd (die Smaragdeidechse) ❻
523	Männchen ⭐
559	Dass er giftig ist ❶
591	Schwalbenschwanz ❸
601	Chamäleons ❹ ❻
604	Raupen ❸
722	Zur Abschreckung von Feinden ❸
797	Färbung ❶
837	Schwarze (der Schwarze Panther) ❻
923	Schwebfliege (kann nicht stechen) ❸
941	Schmetterlinge ❸

Färbung und Muster ❶

Tiere nutzen Färbungen auf vielerlei Weise. Manche **locken** damit **Geschlechtspartner an,** andere **tarnen sich.** Wieder andere schützen sich durch leuchtende Farben, um nicht gefressen zu werden. Giftige und stachelbewehrte Tiere **warnen mit ihrer Färbung davor, dass sie gefährlich sind.** Nicht selten soll die Färbung auch irritieren und die Umrisse eines Tieres innerhalb der Herde auflösen.

Nachtaktive Tiere sind in der Regel weniger bunt als tagaktive. Das liegt daran, dass die meisten Tiere (der Mensch eingeschlossen) nach Einbruch der Dämmerung nur noch schwarzweiß sehen können.

UNGLAUBLICH ABER WAHR

❷

Flamingos sind so herrlich leuchtend rosa gefärbt, weil bestimmte Salinenkrebschen, von denen sich die Vögel ernähren, größere Mengen eines roten Farbstoffs enthalten.

Scheinbare Gefahr ❸

Wer gefährlich aussieht, hat es leichter, Räuber abzuschrecken. Eine solche Schutztracht durch Farben und Muster bezeichnet man auch als **Mimikry.** Viele stachellose Insekten ahmen die Form und Färbung von Wespen nach, so auch der Hornissenschwärmer (*Sesia apiformis*) und mehrere Schwebfliegenarten.

Manche Tiere wirken Furcht erregender, als sie es in Wirklichkeit sind. Einige besitzen Angst einjagende **Augenflecken.** Durch diese aufblitzenden, augenähnlichen Zeichnungen schrecken sie potenzielle Feinde ab oder verwirren ihre Verfolger so lange, bis sie ihnen entkommen können.

TÄUSCHENDES ÄUSSERES Harmlose Insekten wie die Raupe der amerikanischen Schwalbenschwanzart (*Papilio rutulus*, links) und der Eulenfalter (*Caligo spec.*, unten) schrecken mit ihren Augenflecken Feinde ab.

Mit dem Hintergrund verschmelzen

Durch **Tarnung** verbergen sich Tiere vor Feinden oder Beutetieren. Einige ahmen nicht nur die Färbung, sondern auch die Form von Objekten ihrer Umgebung nach. Der Gelbe Krötenfisch *(Antennarius commersoni)* hat eine verblüffende Ähnlichkeit mit Korallen, zwischen denen er auf Beute lauert.

VERSTECKTE JÄGER Der malaysische Zipfelkrötenfrosch *(Megophrys nasuta)* lauert auf Beute. **❹**

Stichfrage

❺

F: Was ist ein Eulenschwalm?
A: Ein Vogel. Dieser australische Verwandte des Ziegenmelkers sitzt tagsüber reglos im Baum und ähnelt einem abgebrochenen Ast. Er ist so gut getarnt, dass man ihn kaum entdeckt.

⭐ **523**

Angeber

Bei der Suche nach einem passenden Geschlechtspartner spielen Farben und Muster eine große Rolle. Vögel wie der **Pfau** *(Pavo cristatus)* und der Kragenparadiesvogel *(Lophorina superba)* **beeindrucken potenzielle Partnerinnen** mit auffälligem Federschmuck. Meist besitzen die Männchen das leuchtendere Gefieder. Die Weibchen sind eher unscheinbar gefärbt und so natürlich beim Brüten besser getarnt. Auch andere Tiere wie **Eidechsen** und **Fische** locken ihre Partner durch Farben an. Beispiele sind die Smaragdeidechse *(Lacerta viridis)* und der Juwelenfahnenbarsch *(Pseudanthias squamipinnis)*, ein Bewohner tropischer Korallenriffe.

SCHWANZSCHMUCK Mit seinen Schwanzfedern lockt der Pfau Weibchen an. Makellose Schwanzfedern zeigen, dass das Männchen fit und somit ein guter Fortpflanzungspartner ist.

Wie Farben entstehen

❻

◆ Die meisten Farben im Tierreich entstehen durch chemische Verbindungen, die man **Pigmente** nennt.
◆ Schwarz, Braun sowie dunkle Rot- und Gelbtöne entstehen durch das Pigment **Melanin**, das Tiere selbst im Körper herstellen. Diejenigen, die besonders viel davon produzieren, nennt man melanistisch (z. B. der Schwarze Panther). Andere, die gar kein Melanin produzieren, nennt man **Albinos**.
◆ Helle Orange-, Rot- und Gelbtöne entstehen durch **Karotinoide**. Diese werden von Pflanzen produziert und von den Tieren mit der Nahrung aufgenommen. Die Tiere können sie verändern, wodurch andere Farben wie Blau entstehen.
◆ Einige Tiere wie Tintenfische oder Chamäleons können ihre Farbe verändern. Dies geschieht mithilfe von **pigmentierten Hautzellen**, so genannten Chromatophoren, die zusammengezogen oder ausgedehnt werden können.

VON ROT ZU GRÜN Bei diesem Grünen Baumpython *(Chondropython viridis)* aus Neuguinea handelt es sich um ein Jungtier. Die grüne Färbung entwickelt sich erst mit zunehmendem Alter.

Balz und Fortpflanzung

Eine neue Generation ❶

◆ Die Fähigkeit, sich fortzupflanzen, ist ein charakteristisches Merkmal aller Lebewesen. Tiere pflanzen sich entweder **ungeschlechtlich** oder **geschlechtlich** fort.

◆ Bei der **ungeschlechtlichen** Fortpflanzung entstehen die Nachkommen direkt aus einem Elterntier. Einige Insekten vermehren sich so.

◆ Bei der **geschlechtlichen** Fortpflanzung paaren sich zwei Individuen unterschiedlichen Geschlechts und erzeugen so Nachkommen. Alle Wirbeltiere pflanzen sich geschlechtlich fort.

◆ Die **Partnerwahl** kann auf vielerlei Weise erfolgen. Manche Tiere reagieren auf Signale, andere kämpfen um das Vorrecht, sich zu paaren.

Signale senden ❷

Einzelgängerisch lebende Tiere geben Signale ab, wenn sie paarungsbereit sind. Teils geschieht dies durch **Lautäußerungen**. Weibliche Rotfüchse (Vulpes vulpes) z. B. geben ein hochfrequentes Bellen von sich, wenn sie in Hitze kommen.

Andere locken ihre Partner mithilfe von Duftmarken an. Weibliche **Nachtfalter** geben als **Pheromone** bezeichnete Duftstoffe ab, wenn sie paarungsbereit sind.

STARKE ANTENNEN
Männchen des Kleinen Nachtpfauenauges (Eudia pavonia) riechen Weibchen 11 km weit.

Kampf um die Weibchen ❸

Wenn Tiere ihre Partner nicht durch auffällige Farben und Muster anlocken (siehe Seite 47), tun sie dies meist durch Kämpfe. **Männliche Säugetiere** kämpfen um Weibchen oder die besten Fortpflanzungsterritorien. Diese Kämpfe können sehr heftig sein, enden aber nur selten tödlich. Mithilfe von **ritualisiertem Imponiergehabe** versuchen sich die Gegner gegenseitig einzuschätzen. Zwischen ungleichen Rivalen kommt es gar nicht erst zum Kampf. Männliche Rothirsche (Cervus elaphus) z. B. bemühen sich, ihre Überlegenheit durch Röhren zu beweisen.

Wird ein Kampf ausgetragen, geht es darum festzustellen, wer der **Stärkere** ist. Dafür besitzen manche Tiere **Gehörne oder Geweihe**, die sie ineinander verhaken.

Raffinierte Partnerwahl ❹

Manche Arten konkurrieren weder durch Kämpfe noch ihr Aussehen um die Weibchen, sondern schlagen andere kreative Wege ein. So bauen beispielsweise männliche **Laubenvögel** völlig zweckfreie Lauben, die sie mit Objekten einer bestimmten Farbe schmücken. Der in Australien beheimatete Seidenlaubenvogel (*Ptilonorhynchus violaceus*, links) verwendet nur blaue Objekte.

Die Männchen der afrikanischen **Webervögel** dagegen bauen kunstvolle Nester, in die die Weibchen ihre Eier legen. Bei manchen Fischen gibt es ein ähnliches Paarungsvorspiel. Das Männchen des **Dreistacheligen Stichlings** (*Gasterosteus aculeatus*) baut ein kunstvolles Nest aus Algen, das bestimmten Anforderungen entsprechen muss – nur dann legt das Weibchen seine Eier hinein.

KAMPF DER TITANEN Zwei männliche Südliche See-Elefanten (*Mirounga leonina*) kämpfen um ihr Revier.

Einen oder viele? ❺

◆ Nicht alle Tiere haben die gleiche Anzahl an Geschlechtspartnern. Unter den Säugetieren hält der Nördliche Seebär (*Callorhinus ursinus*) den Rekord für die **meisten Partnerinnen in einer Fortpflanzungssaison:** Auf den Pribilofinseln vor Alaska paarte sich ein Männchen mit 161 verschiedenen Weibchen. Ein einzelner männlicher Nördlicher See-Elefant (*Mirounga angustirostris*) kann einen Harem von über 100 Weibchen haben.

◆ **Monogamie ist** im Tierreich **selten.** Sie kommt meist dann vor, wenn sich beide Partner an der Aufzucht der Jungen beteiligen müssen. **Die meisten Vögel** leben monogam – zumindest für die Dauer einer Fortpflanzungssaison. Einige wenige wie der Höckerschwan (*Cygnus olor*) und der Wanderalbatros (*Diomedea exulans*) bleiben ihrem Partner über Jahre hinweg treu.

◆ Eine **kleine Zahl** von **Säugetierarten** ist ebenfalls monogam. Am bekanntesten sind einige afrikanische Zwergantilopenarten wie Bleichböckchen (*Ourebia ourebi*), Klippspringer (*Oreotragus oreotragus*) und Dikdiks (*Madoqua spec.*). Sie bilden Paare, die als erwachsene Tiere ein Leben lang im gleichen Territorium zusammen bleiben.

⭐ 249

Balzarenen

Manche männlichen Säugetiere und Vögel konkurrieren in **Balzarenen**, auch **Leks** genannt, um die Weibchen. Diese wählen dann die kräftigsten Männchen aus und erhöhen so die Chance auf einen gesunden Nachwuchs.

Die Masse macht's? ❻

Tiere kann man nach ihrer Fortpflanzungsstrategie in K- und R-Strategen einteilen. **K-Strategen** bringen nur wenige Nachkommen hervor, wenden aber viel Zeit für deren Aufzucht auf. **R-Strategen** produzieren viele Nachkommen, die sie dann sich selbst überlassen. Die meisten Vögel und Säugetiere sind K-Strategen.

Stichfrage

❼

F: Welches Tier bezeichnet man als „Haremsbesitzer"?
A: Eine männliche Robbe. Diese „Haremsbesitzer" sind Herrscher über bestimmte Strandabschnitte. Dort haben sie das Vorrecht, sich mit allen Weibchen zu paaren, die hier Junge zur Welt bringen wollen. Das gelingt nur den größten und kräftigsten Männchen, da sie ihre Position durch Kämpfe verteidigen müssen. Männchen ohne Strandabschnitt kommen nur selten dazu, sich zu paaren.

Wachstum und Entwicklung

Aus Klein wird Groß ❶

◆ Tiere sind bei der **Geburt** oder beim **Schlüpfen** unterschiedlich weit entwickelt. Reptilien z. B. sind beim Schlüpfen Miniaturausgaben ihrer Eltern. Junge Vögel sehen dagegen meist völlig anders aus als die erwachsenen Tiere.

◆ Tierbabys, die bereits von Geburt an laufen und für sich selbst sorgen können, bezeichnet man als **Nestflüchter**. Um **Nesthocker** müssen sich die Eltern dagegen länger kümmern.

◆ Manche Tiere sind innerhalb weniger Wochen **ausgewachsen**, andere brauchen dazu Jahre. Bei den meisten Säugetierbabys haben die Augen bei der Geburt schon ihre endgültige Größe, während der Rest noch wachsen muss.

Häutung ❷

Viele Tiere **stoßen in regelmäßigen Abständen ihre Haut ab**. Gliederfüßer wie Spinnen- und Krebstiere könnten sonst gar nicht wachsen, da ihre „Haut" ein starres Außenskelett (Exoskelett) ist. Bis der neue Panzer ausgehärtet ist, vergehen oft mehrere Stunden.

Die meisten Wirbeltiere erneuern kontinuierlich ihre Hautzellen. Echsen und Schlangen dagegen stoßen die ganze Haut auf einmal ab. Bei Letzteren bezeichnet man die Haut als **Natternhemd**.

WIE AUS DEM EI GEPELLT
Ein Baumgecko *(Naultinus grayii)* bei der Häutung

Babynamen ❸

Für Jungtiere und manche Larven (bzw. Eier) gibt es spezielle Bezeichnungen

Fachbegriff	Für folgende Tiere verwendet
Brut	Fisch
Engerling	Maikäfer
Ferkel	Schwein
Fohlen	Pferd, Zebra, Esel
Frischling	Wildschwein
Glasaal	Flussaal
Gössel	Gans
Heuler	Seehund
Kalb	Rind, Elch, Hirsch, Wal, Delphin, Nashorn, Okapi, Giraffe, Flusspferd, Kamel, Antilope, Elefant
Kaulquappe	Frosch, Kröte
Kitz	Reh, Antilope, Gazelle, Ziege, Gämse
Küken	alle Vögel; für einige gibt es zudem eigene Bezeichnungen
Lamm	Schaf
Made	Fliege
Nisse	Laus
Raupe	Schmetterlinge
Welpe	Hund, Wolf, Fuchs
Zicklein	Ziege

Elterliche Verantwortung ❹

Tiere betreiben bei der Aufzucht ihrer Jungen einen unterschiedlich hohen Aufwand. Viele überlassen die Jungen ganz einfach sich selbst. Die meiste Zeit für die Aufzucht ihrer Jungen bringen Säugetiere auf. Elefanten säugen ihre Kälber bis zu vier Jahre lang und viele kümmern sich auch noch nach dem Entwöhnen um ihre Jungen.

Mutterliebe Weibliche Breitmaulnashörner *(Ceratotherium simum)* beschützen ihre Kälber ein gutes Jahr lang.

Spielend lernen ❺

Für Jungtiere hat das Spielen eine große Bedeutung. Vor allem bei Säugetieren spielt es eine große Rolle, da sich diese so auf ihr Leben als Erwachsene vorbereiten und lernen, sich einen Platz in der sozialen Hierarchie zu sichern. Sehr verbreitet ist Spielen bei Raubtieren und anderen in Rudeln oder Herden zusammenlebenden Tieren. Manchmal werden auch erwachsene Tiere einbezogen.

WILDE BALGEREI Für junge Löwen *(Panthera leo)* sind Spielkämpfe ein gutes Training für die Realität.

Stichfrage
❻

F: Was bedeutet Metamorphose wörtlich?
A: Gestaltwandel. Das Wort setzt sich aus den beiden griechischen Begriffen *meta* (Wandel) und *morphosis* (Gestalt) zusammen. Die Metamorphose kommt in vielen Tiergruppen vor. Die bekanntesten Beispiele sind Insekten und Amphibien (siehe Seiten 91 und 101), sie tritt aber auch bei manchen Fischen auf, z. B. bei Plattfischen und Aalen.

⭐ 619

Tödliche Rivalen

Der Maskentölpel *(Sula dactylatra)*, ein Seevogel, legt pro Gelege zwei Eier. Das Küken, das als zweites schlüpft, lebt meist nicht sehr lang. Es wird oft von seinem Geschwisterküken getötet.

Sandhaie *(Odontaspis taurus)* fressen ihre jüngeren Geschwister noch im Mutterleib. Nur zwei von ihnen überleben bis zur Geburt – in jeder Gebärmutter einer.

Räuber

Töten, um zu leben ❶

◆ Räuber stehen an der Spitze jeder Nahrungskette. Man bezeichnet sie oft als **Sekundärkonsumenten**, da sie andere Tiere töten, um zu überleben (im Gegensatz zu **Primärkonsumenten**, die sich von Pflanzen ernähren, und **Produzenten**, den Pflanzen selbst).
◆ **Raubtiere** haben zahlreiche **Techniken** zum Fang ihrer Beute entwickelt. Sie jagen ihre Beute allein oder im Rudel, lauern ihr auf, bauen Fallen, verwenden Köder oder töten ihre Opfer mit Gift. Manche Fleischfresser verzichten ganz auf die Jagd und ernähren sich von Aas.
◆ Raubtiere kommen wesentlich seltener vor als Pflanzenfresser. Da sie eine Bedrohung für den Menschen oder dessen Nutztiere darstellen, sind viele vom Aussterben bedroht.

VERSTEINERTER BLICK Der Steinfisch *(Synanceia verrucosa)* lauert reglos auf Beute.

Achtung, Angriff! ❷

Viele Räuber schleichen sich unbemerkt an ihre Beute an, um sie aus dem Hinterhalt anzugreifen, oder lauern ihr auf. **Das Auflauern** ist im ganzen Tierreich verbreitet. Bekannte Lauerjäger sind beispielsweise der Tiger *(Panthera tigris)* und natürlich die **Gottesanbeterin** *(Mantis spp.)*.

Fallensteller ❹

Die einfallsreichsten Fallensteller sind **Spinnen**. Die meisten weben Netze, in denen sich Insekten verfangen. Andere tarnen mit ihren Gespinsten Röhren, aus denen sie sich blitzschnell auf die Beute stürzen. Die Oger- oder Kescherspinne *(Deinopis longipes)* wirft eine Art Fangnetz über ihre Beute.

Zu den **Fallen stellenden Insekten** zählt auch der Ameisenlöwe *(Myrmeleon formicarius)*, die Larve der Ameisenjungfer. Er gräbt einen Trichter in sandigen Boden und wartet darin versteckt auf hineinfallende Insekten.

LAUERJÄGER
Falltürspinnen (rechts) leben in Röhren mit aufklappbarem Deckel. Nachts lauern sie ihrer Beute auf. Kommt ein Opfer in die Nähe, stürzt die Spinne heraus. Bei Falltürspinnen sind die seitlich am Kiefer sitzenden Taster besonders lang ausgebildet.

Teamwork ❸

Gemeinsam jagende Räuber können **größere Beutetiere** angreifen. Löwen *(Panthera leo)* bringen im Rudel sogar Nashörner und junge Elefanten zur Strecke – Tiere, die ein einzelner Löwe niemals überwältigen könnte. Einer der wenigen im Team jagenden Vögel ist der Rosapelikan *(Pelecanus onocrotalus)*. Mithilfe einer hufeisenförmigen Formation treiben die Tiere Beutefische ins flache Wasser.

LUFTPIRAT Ein Prachtfregattvogel *(Fregata magnificens)* jagt einem Weißbauchtölpel *(Sula leucogaster)* seine Beute ab.

Mundräuber ❺

Viele Fleischfresser machen sich nicht die Mühe, selbst zu jagen. Sie schlagen sich durch, indem sie Aas fressen oder anderen ihre Beute stehlen. **Raubmöwen** und **Fregattvögel** z. B. drangsalieren kleinere Seevögel so lange, bis diese ihre Beute fallen lassen oder hervorwürgen.

Die meisten Fleischfresser fressen ab und zu **Aas** von Tieren, die andere erbeutet haben. Aber nur wenige tun dies ausschließlich wie die **Geier** und die meisten **Hyänenarten.** Tüpfelhyänen *(Crocuta crocuta)* besitzen **die kräftigsten Kiefer** aller Landraubtiere und können damit sogar Knochen knacken, um an das Knochenmark zu gelangen.

Tödliches Gift ❻

Viele Räuber lähmen oder töten ihre Beute mit Gift. Unter den **Reptilien** gibt es zwei giftige Echsen und über 700 giftige Schlangenarten (**die giftigste** von allen ist die Seeschlange *Hydrophis belcheri*). Giftschlangen gibt es an Land und im Meer. Bei Giftnattern und -vipern sitzen die **Giftzähne** vorn im Oberkiefer, bei einigen der ansonsten meist ungiftigen Nattern hinten im Kiefer. Mit Ausnahme der afrikanischen Boomslang oder Grünen Baumschlange sind die Bisse giftiger Nattern für den Menschen nur selten tödlich.

BISSBEREIT Bei der mittelamerikanischen Stülpnasenlanzenotter *(Bothrops nasutus)* sitzen die Giftzähne vor im Kiefer.

FRAUENPOWER Eine Gruppe Löwinnen bringt in der afrikanischen Savanne ein Zebra zur Strecke.

★ **67**

Springlebendig

Der **Springbock** *(Antidorcas marsupialis)* entkommt seinen Feinden durch gewagte **Prellsprünge**. Dabei stößt sich das nur 90 cm hohe Tier mit allen vier Hufen gleichzeitig vom Boden ab und kann so bis zu 4 m weit springen.

Stichfrage ❼

F: Wie lockt die Geierschildkröte Beute an?
A: Mit einem wurmförmigen Fortsatz auf der Zunge. Diese bis zu 1 m lange nordamerikanische Schildkröte lauert am Grund von Flüssen und Seen mit offenem Maul auf Fische, die sie durch Bewegungen eines wurmförmigen Fortsatzes auf der Zunge ködert. Auch **Anglerfische** ködern ihre Beutetiere mit einem angelrutenartigen Anhängsel zwischen den Augen.

Verteidigung und Schutz

Überlebensstrategien ❶

◆ Tiere, die zu klein oder zu langsam sind, um Feinden zu entkommen, haben eine ganze Reihe von **Abwehrmechanismen** entwickelt.
◆ Manche dieser Mechanismen sind körperlicher Art, z. B. ein **Schutzpanzer** oder ein **Stachelkleid**. Andere sind Verhaltensstrategien, wie etwa die, sich tot zu stellen.
◆ Viele Tierarten haben unabhängig voneinander körperliche Abwehrmechanismen entwickelt, die sich sehr ähneln.

Panzerplatten ❷

Gürteltiere besitzen zum Schutz Hornplatten, die durch bewegliche Hautfalten miteinander verbunden sind. Die Schuppen von **Schuppentieren** entstanden aus umgewandelten Haaren. Panzer von **Schildkröten** dagegen bestehen aus Knochenplatten und sind damit Teil ihres Skeletts. **Gepanzerte Fische** sind beispielsweise **Seepferdchen** und **Drachenfische.** Bei **Wirbellosen** sind **Schalen** sehr verbreitet: Fast alle **Weichtiere** sind durch **Gehäuse** geschützt. Die meisten **Krebstiere** besitzen ein starres Außenskelett.

SCHUTZ Das Neunbinden-Gürteltier *(Dasypus novemcinctus)* rollt sich bei Gefahr zu einer Kugel auf.

Stachelige Mahlzeit ❸

Säugetiere, die sich mit einem Stachelkleid vor dem Gefressenwerden schützen, sind Igel, Tanreks, Schnabeligel und **Stachelschweine.** Stachelschweine können ihre Stacheln sogar abstoßen. Diese haben kleine Widerhaken und bohren sich damit immer tiefer ins Fleisch des Angreifers. Unter den Wirbellosen ist eine ganze Klasse durch Stacheln geschützt: die Seeigel. Sie haben sich in den letzten 500 Mio. Jahren kaum verändert.

SCHWER ZU SCHLUCKEN Igelfische *(Diodon spec.)* sind nicht nur stachelig, sondern können sich auch noch zu einer Kugel aufblasen.

 768

Tintenwolken

Tintenfische verwirren Räuber mit einer Wolke aus Tinte. Diese intelligenten Mollusken geben bei der Flucht Farbstoffe ins Wasser ab. Aus der Tinte von Tintenfischen (Sepien) wurde ursprünglich die Künstlerfarbe Sepia hergestellt. Daher enthält der lateinische Name vieler Tintenfische das Wort *sepia*.

STICHT WIE EINE BIENE Die Boxerkrabbe (*Lybia tessalata*, oben) trägt auf ihren Scheren giftbewehrte Seeanemonen, mit denen sie Feinde abwehrt.

Drastische Methoden ❹

◆ **Stinktiere** sind die einzigen Wirbeltiere, die ihren Feinden eine übel riechende Flüssigkeit entgegensprühen. Diese zur Abschreckung dienende Substanz wird in Drüsen unterhalb des Schwanzes produziert, löst bei den Räubern Brechreiz aus und ist über 1 km weit zu riechen.
◆ Manche Insekten wehren sich ähnlich, aber mit anderer Munition. Die **Rote Waldameise** (*Formica rufa*) sondert Ameisensäure ab und der **Große Bombardierkäfer** (*Brachinus crepitans*) versprüht eine Gaswolke, die bei Kontakt mit Luft explodiert.
◆ Ein noch eigenartigeres Verhalten besteht darin, sich tot zu stellen: Bekannt ist es von der Ringelnatter (*Natrix natrix*) und vom nordamerikanischen Nordopossum (*Didelphis virginianus*).

Ein übler Nachgeschmack ❺

Ungenießbar zu sein ist eine der besten Möglichkeiten, nicht gefressen zu werden. Viele verschiedene Tierarten sind entweder giftig oder schmecken so übel, dass Räuber sie nicht anrühren. **Spitzmäuse** und einige **Amphibien** schützen sich, indem sie aus Hautdrüsen ein faulig riechendes und übel schmeckendes Sekret abgeben.

Abschreckung ❻

◆ Wegen ihres **gefährlichen Aussehens** werden viele Tiere von Räubern verschont. Manche, besonders Insekten (siehe Seite 46), ahmen dazu größere Tiere nach.
◆ Andere Tiere **blasen sich auf**, um größer zu wirken. Die Erdkröte (*Bufo bufo*) stellt sich noch dazu auf die Zehenspitzen, damit sie möglichst groß aussieht.
◆ **Katzen** und **Hunde** können bei Bedrohung die Haare an Schultern und Nacken sträuben. Selbst Elefanten spreizen die Ohren ab, um größer auszusehen, als sie in Wirklichkeit sind.
◆ Ein anderes, bei Raubtieren und Primaten verbreitetes Imponiergehabe ist das **Zähneblecken**. Die meisten Säugetiere versuchen ihre Angreifer außerdem durch **laute Schreie** abzuschrecken.

ABSCHRECKUNGSMANÖVER
Die harmlose australische Kragenechse (*Chlamydosaurus kingii*) richtet ihre Halskrause auf.

Parasiten und Symbiosen

Traumpaare ❶

◆ Kein Tier lebt völlig unabhängig: Alle sind mehr oder weniger aufeinander angewiesen. Doch manche dieser Beziehungen sind enger als andere. Die engsten nennt man **Parasitismus** bzw. **Symbiose.**

◆ Parasiten können ohne ein Wirtstier nicht überleben, fügen ihrem Wirt dabei aber oft Schaden zu. Von einer Symbiose **profitieren beide Arten.** In Extremfällen könnte die eine ohne die andere nicht überleben.

◆ **Symbiosen** spielen in der Natur eine wichtige Rolle. Ohne sie gäbe es weder Kolibris noch Blumen, Schmetterlinge oder Korallen. Letztere leben mit Algen zusammen (siehe Seite 87).

Ungleiche ❷ Partner

◆ **Symbiotische Beziehungen** zwischen Tieren drehen sich meist um Nahrung. Der afrikanische **Honigdachs** (Mellivora capensis) und der Honiganzeiger (Indicator indicator), ein Vogel, lieben beide Honig. Der Honiganzeiger macht den Honig ausfindig und der Honigdachs bricht die Bienenstöcke auf.

◆ Putzerfische locken größere Fischarten zu regelrechten Putzstationen und befreien sie dort von Fischläusen und anderen ungebetenen Gästen. Ähnliche Dienste leisten Putzergarnelen.

◆ Eine besondere Symbiose besteht zwischen Meergrundeln und Knallkrebsen. Während der Fisch Wache hält, gräbt der Krebs Gänge, in denen sich beide vor Feinden verstecken können.

MUNDPFLEGE Weißband-Putzergarnelen (Lysmata amboinensis) befreien einen Tomatenzackenbarsch (Cephalopholis sonnerati) von Parasiten.

★ 98
Parasiten des Menschen

Tierische Parasiten, die auf Menschen leben (Schmarotzer), sind z. B. **Insekten** wie Läuse (Pediculus spec.), Menschenflöhe (Pulex irritans) und Bettwanzen (Cimex spec.). Zu den **Spinnentieren** gehören verschiedene Zecken und Milben wie die Krätzmilbe (Sarcoptes scabiei). Die meisten **Endoparasiten** gehören zu der großen Gruppe der Würmer (siehe Seite 86). Am gefährlichsten sind der Schweinebandwurm (Taenia solium), der Pärchenegel (Schistosoma spec.) und ein Fadenwurm namens Wuchereria bancrofti.

JUCKENDER KOPF
Die Kopflaus (Pediculus humanus) ernährt sich von Blut und kann Typhus übertragen. Ihre Eier heißen Nissen.

Läuse melken ❸
Viele Blattläuse entgehen Räubern, indem sie sich mit Ameisen zusammentun. Als Gegenleistung für diesen Schutz produzieren die Blattläuse Honigtau, den die Ameisen besonders gern mögen.

Stichfrage

❹

F: Was haben der europäische Kuckuck und der nordamerikanische Kuhstärling gemeinsam?
A: Sie legen beide ihre Eier in die Nester anderer Vögel. Der Kuckuck *(Cuculus canorus)* betreibt Brutparasitismus bei Rohrsängern und einigen anderen Kleinvögeln. Braunkopfkuhstärlinge *(Molothrus ater)* lassen ihre Küken von über 220 verschiedenen Wirtsarten aufziehen.

Fachbegriffe

❺

Parasit	Schmarotzer; ein Lebewesen, das von einem anderen Schutz oder Nahrung erhält, aber nichts zu dessen Überleben beiträgt
Wirt	Ein Lebewesen, auf oder in dem ein Parasit lebt
Ektoparasit	Außenschmarotzer; ein Parasit, der auf seinem Wirtstier lebt
Endoparasit	Innenschmarotzer; ein Parasit, der in seinem Wirt lebt
Symbiose	Beziehung zwischen zwei Individuen verschiedener Arten zu beiderseitigem Nutzen (auch als Mutualismus bezeichnet)
Symbiont	Ein Partner der Symbiose

Vögel und Bienen

❻

Die meisten **Blütenpflanzen** sind das Produkt einer Symbiose. Sie produzieren Nektar und locken damit Insekten und andere Tiere wie Kolibris an, die dann den Pollen der Pflanze verbreiten. Der **Nektar** liefert dem Tier Nährstoffe und das Tier gewährleistet, dass kein Pollen verschwendet wird.

Diese symbiontischen Beziehungen führten zur Entwicklung ganzer Tierordnungen. **Die ersten Blütenpflanzen** entstanden vor rund 150 Mio. Jahren, rasch gefolgt von den ersten Schmetterlingen und Hautflüglern wie Bienen.

Leben in der Anemone

❼

Zwischen den giftigen Tentakeln einer Seeanemone überleben nur wenige Tiere. Eine Gruppe von Fischen aus dem Indopazifik hat sie sogar zu ihrer Heimat gemacht. **Anemonen- oder Clownfische** geben ein schleimiges Sekret mit chemischen Substanzen ab. Diese verhindern, dass die Anemonen ihre Nesselkapseln abfeuern.

TROPISCHE FARBENPRACHT Der Orangeringelfisch *(Amphiprion percula)* kommt von Queensland bis nach Vanuatu vor.

Lebensgemeinschaften

Gemeinsam stark ❶

◆ Viele Tiere leben ständig mit ihren Artgenossen zusammen. Für das Leben in der Gruppe gibt es viele Gründe und es kann unterschiedlich komplex sein.

◆ Die **einfachsten** Gruppen werden zur **Verteidigung** gebildet. Die Tiere kommunizieren kaum miteinander: Sie halten Ausschau nach Feinden oder dienen als lebende Schutzschilder.

◆ **Raubtiere** bilden Gruppen mit einer festen **Rangordnung**. Diese legt fest, wer zuerst fressen und wer sich mit wem fortpflanzen darf.

◆ Die **komplexesten** Lebensgemeinschaften bilden **Insekten**. Die meisten von ihnen pflanzen sich nie fort. Ihre Aufgabe besteht einzig und allein darin, für die Kolonie zu arbeiten und diese zu verteidigen.

Familientreffen ❷

Wussten Sie schon, dass Wale in Schulen leben und sich Wildschweine im wahrsten Sinne des Wortes zusammenrotten? Je nach Tierart gibt es verschiedene Begriffe für Gruppierungen, zu denen sich mehrere Artgenossen zusammenschließen, um ihre Überlebenschancen zu erhöhen. Die unten stehende Tabelle gibt eine kleine Übersicht:

Gruppen	Tiere
Aggregation	Schmetterlinge
Familienverband	Gorillas
Herde	Antilopen, Büffel, Elefanten, Giraffen, Schafe, Zebras, Ziegen und viele andere Huftiere
Horde oder Trupp	Paviane und andere Affen
Kolonie	Fledermäuse, Präriehunde, Seevögel
Rotte	Wildschweine
Schule	Delphine, Wale
Schwarm	Fische, Mücken und einige andere Insekten, Stare, Amseln, Krähen und andere Vögel
Volk oder Staat	Ameisen, Bienen, Termiten
Rudel	Löwen, Wölfe, Afrik. Wildhunde

EIN MEER AUS FISCHEN Eine Schule aus Hunderten von Schnappern *(Lutjanus)* vor den Galapagosinseln

UNGLAUBLICH ABER WAHR ❹

Die größte **Kolonie** bildet die von Argentinien nach Europa eingeführte **Argentinische Ameise** *(Linepithema humile)*. Die Kolonie umfasst Milliarden von Insekten und erstreckt sich von Italien bis Nordwest-Spanien.

Insektenstaaten ❸

Ameisen, Termiten, Wespen und Bienen bauen Nester, in deren Mittelpunkt ein einzelnes Weibchen sitzt, dessen Lebensaufgabe darin besteht, Nachkommen hervorzubringen. Diese Königin ist um ein Vielfaches größer als andere Mitglieder der Kolonie.

Königin x 8   König x 8   Arbeiter x 8   Soldat x 8

TERMITENKASTEN Bei den Termiten pflanzt sich nur ein einziges Männchen fort, der König. Das Bild zeigt europäische Trockenholztermiten *(Kalotermes flavicollis)*.

In der Menge untergehen ❺

◆ Viele Tiere leben zu ihrem eigenen **Schutz** in großen Gruppen. Auf diese Weise werden Gefahren früher erkannt. Auch den Räubern fällt es schwerer, sich ein Tier aus der Gruppe herauszugreifen als ein einzelnes zu jagen.

◆ **Die größten Gruppen** bilden **Krillkrebse.** Ein 1981 vor Australien gesichteter Schwarm wurde auf 500 Mrd. Tiere geschätzt.

◆ Falls es keine eigenen Bezeichnungen gibt (siehe Box 2, Familientreffen), spricht man bei **großen Säugetiergemein- schaften** meist von Herden, bei **Vögeln** von Schwärmen, bei **Fischen** von Schwärmen oder Schulen.

Stichfrage ❻

F: Wie nennt man eine Gruppe von Hyänen?
A: Clan. Tüpfelhyänen *(Crocuta crocuta)* leben in Clans aus **bis zu 80 Einzeltieren** – das ist das größte Raubtierrudel. In den Clans dominieren die Weibchen, die größer und aggressiver sind als die Männchen. Mehrere Weibchen eines Clans können zur gleichen Zeit Junge bekommen, die im Gegensatz zu anderen Raubtieren einzeln aufgezogen werden.

Sterben für die Königin ⭐ 61

Wenn **Honigbienen** einen Eindringling stechen, sterben sie. Sie opfern ihr Leben, weil sie 75 % ihrer Gene mit denen der Königin gemeinsam haben. Die Arbeiterinnen selbst können sich nicht fortpflanzen. Wenn sie jedoch für die Königin sterben, schützen sie damit auch ihre eigene Erblinie.

Stadtbewohner ❼

◆ Vor der Ankunft der Europäer waren **Präriehunde** *(Cynomys spec.)* in fast ganz Nordamerika verbreitet. Heutzutage sind diese geselligen Nager jedoch fast nur noch in Schutzgebieten anzutreffen.

◆ Präriehunde leben in **Kolonien.** Ein Bau wird von je einem erwachsenen Männchen und etwa vier Weibchen und deren Jungen bewohnt. In einem Bau, in dem keine Jungen aufgezogen werden, können mehrere Männchen und Weibchen leben.

◆ Die Bewohner eines Baus verteidigen ein oberirdisches Territorium, das an andere Territorien grenzt. Gemeinsam bilden sie ganze **Städte.**

Leben im Rudel ❽

In der Gruppe können Räuber größere Beutetiere jagen und größere Territorien besetzen als allein.

Unter den Raubtieren ist Gruppenbildung z. B. bei Hundeartigen verbreitet. **Wölfe** *(Canis lupus)* und **Afrikanische Wild** hunde *(Lycaon pictus)* leben in Rudeln, denen **ein Alphapaar** vorsteht. Mit der Unterstützung der anderen Tiere können diese viele Junge aufziehen.

GEBALLTE KRAFT Ein Rudel Wildhunde kann fast jedes Beutetier überwältigen.

Begabte Baumeister

Baukunst ❶

◆ Manche Tiere errichten schützende Baue für sich und ihre Jungen. Dazu benutzen sie Materialien, die sie in ihrer direkten Umgebung vorfinden.

◆ Die bekanntesten Tierbaue sind wahrscheinlich **Vogelnester**, aber auch viele **Insekten** wie Bienen und Feldwespen bauen Nester. Weitere Baumeister unter den Wirbellosen sind Termiten und Radnetzspinnen (siehe Seite 93).

◆ **Säugetiere** legen eher Erdbaue an als etwas zu errichten. Manche graben einfache Kammern mit nur einem Eingang, andere weit verzweigte Höhlensysteme für mehrere Tiere.

Werkzeugmacher ❷

Nicht nur Menschenaffen verwenden Werkzeuge. Der **Schmutzgeier** *(Neophron percnopterus)* wirft Steine auf Straußeneier, um diese zu öffnen. **Seeotter** *(Enhydra lutris)* balancieren schwimmend einen Stein auf der Brust und schlagen darauf Muscheln auf. Japanische **Aaskrähen** *(Corvus corone)* haben sich etwas ganz Besonderes ausgedacht: Sie legen Walnüsse vor Autos, die an roten Ampeln halten. Wenn die Ampel grün zeigt und das Auto losfährt, wird die Nuss geknackt.

Clever Manche Schimpansen *(Pan troglodytes)* stochern mit Zweigen im Termitenbau, um an die Insekten zu gelangen.

Charakteristische Tierbaue ❸

Viele Tiere haben charakteristische Baue, die hier aufgeführt sind:

Tier	Bau	Beschreibung
Bären Familie *Ursidae*	Höhle	Wird für den Winterschlaf und zum Gebären der Jungen genutzt
Biber *Castor fiber*	Biberburg	Konstruktion aus Stämmen mit Unterwassereingang
Eichhörnchen *Sciurus vulgaris*	Kobel	Kugelförmiges Nest aus Reisig und Moos
Europäischer Dachs *Meles meles*	Dachsbau	Großes Gangsystem mit zahlreichen Eingängen
Europäischer Feldhase *Lepus europaeus*	Sasse	Kuhle im hohen Gras, in der die Jungen geschützt sind
Greifvögel Ordnung *Falconiformes*	Horst	Umfangreiches Nest aus Ästen und Reisig
Honigbiene *Apis mellifera*	Stock	Struktur aus sechseckigen Kammern aus Bienenwachs (Waben)
Präriehund *Cynomys ludovicianus*	Stadt	Besteht aus zahlreichen Bauen in unmittelbarer Nachbarschaft
Termiten Ordnung *Isoptera*	Hügel	Gehärtete Gebilde aus Erde, Pflanzenmaterial, Speichel und Kot
Wolf *Canis lupus*	Höhle	Natürliche Höhle, die zum Gebären der Jungen genutzt wird

Luftschlösser ❹

Fast alle Vögel bauen **Nester** für ihre **Eier.** Diese reichen von einfachen Kuhlen am Boden bis zu aufwändig geflochtenen Korbnestern und kunstvollen Lehmbauten. Einige Arten bauen auch **Gemeinschaftsnester,** die wie bei den afrikanischen Siedelwebern *(Philetairus socius)* bis zu 300 Paare beherbergen. Die **größten Nester** bauen Adler, die Jahr für Jahr neues Nistmaterial ergänzen. Der größte bisher vermessene Horst von Weißkopfseeadlern *(Haliaeetus leucocephalus)* war 2,8 m breit und 6 m hoch.

DICHT AN DICHT Die nordamerikanischen Fahlstirnschwalben *(Hirundo pyrrhonota)* nisten in Gruppen.

⭐ **283**

In die Suppe gespuckt

Schwalbennestsuppe wird in China schon seit über 1500 Jahren gegessen. Verwendet werden dazu die Nester der Weißnestsalanganen *(Aerodramus fuciphagus)*, die diese aus dem klebrigen Speichel ihrer Speicheldrüsen produzieren.

ZELTBAUER Die Weiße Fledermaus *(Ectophylla alba)* aus Honduras baut ein regendichtes Zelt aus Palmenblättern.

Buddeln und Erbauen ❺

Die meisten Säugetiere, die Baue graben, suchen **Schutz** vor Räubern und Unwettern. **Maulwürfe** und **Blindmulle** kommen nur selten ans Tageslicht. Während der Maulwurf auf die Jagd nach Regenwürmern geht, ernährt sich der Blindmull von Wurzeln und Knollen.

Nur wenige Säugetiere errichten **Baue.** Der Biber z. B. greift mehr in seine Umwelt ein als alle anderen Lebewesen (der Mensch ausgenommen): Er fällt Bäume und staut Flüsse zu künstlichen Seen auf, in denen er lebt. Der längste je gemessene Biberdamm war 700 m lang.

DRANBLEIBEN Das Männchen des Textorwebers *(Ploceus cucullatus)* baut ein aufwändiges Nest, um damit Weibchen anzulocken.

Evolution und Aussterben

Was ist Evolution? ❶

◆ Evolution nennt man eine über Generationen hinweg vollzogene Anpassung an sich verändernde Umweltbedingungen. Dadurch machen die Tiere ebenfalls eine Veränderung durch. Manchmal entstehen völlig neue Formen.

◆ Der Wissenschaftler Charles Darwin war der Erste, der diesen Prozess erkannte und erklärte.

Seine Thesen waren umstritten, da man glaubte, die Erde sei in 7 Tagen von Gott erschaffen worden. Doch mit ihnen konnten auf einmal viele Dinge in der Natur erklärt werden, die zuvor unerklärlich waren, z. B. warum es überall auf der Welt ähnlich aussehende Tiere gibt, die aber nicht miteinander verwandt sind.

Das Leben Darwins ❷

Charles Darwin (1809–82) wurde in der englischen Stadt Shrewsbury geboren. Nach Abschluss seines **Theologie-studiums** in Cambridge schloss er sich 1831 einer 5 Jahre dauernden Forschungsexpedition nach Patagonien auf der HMS *Beagle* an. 1859 veröffentlichte er sein Werk *Über die Entstehung der Arten durch natürliche Zuchtwahl*.

ERSTE VÖGEL Einer der ältesten bekannten Vögel ist der 1861 in Bayern entdeckte *Archaeopteryx*. Der Plattenschiefer, in dem er gefunden wurde, ist etwas mehr als **146 Mio. Jahre** alt.

★ 219

Steinerne Zeugen

Mehr als 2 Mio. Tierarten wurden bisher entdeckt, insgesamt könnte es aber durchaus 100 Mio. Arten geben. Das ist nur ein Bruchteil der Lebewesen, die je existiert haben. Durch **Versteinerungen** (Fossilien) kennen wir einige ausgestorbene Tierarten, doch die meisten werden uns unbekannt bleiben.

Da Fossilien nur unter bestimmten Umweltbedingungen entstehen, sind die Chancen gering, dass ein Tier nach seinem Tod versteinert. Nach Schätzungen von Wissenschaftlern sind mindestens 99 % der Lebewesen, die jemals existierten, für immer verschwunden, ohne eine Spur hinterlassen zu haben.

ERSTE SÄUGETIERE Die ersten Säugetiere waren kleine spitzmausartige Geschöpfe wie *Morganucodon*. Sie entstanden etwa zur selben Zeit wie die Dinosaurier, also vor 230 Mio. Jahren.

MASSENSTERBEN Am Ende des Paläozoikums (Erdaltertum) vor **245 Mio. Jahren** wurden 95 % aller Lebewesen ausgelöscht.

Frau Methusalem ❸

Die älteste Bewohnerin des Australia Zoos bei Brisbane in Queensland sah Charles Darwin noch mit eigenen Augen. Die Riesenschildkröte Harriet wurde 1835 von den Galapagosinseln nach England gebracht. 1841 verschiffte man sie nach Australien und brachte sie im Botanischen Garten von Brisbane unter. Harriet ist das **älteste bekannte Wirbeltier** der Welt. 2003 wurde sie 173.

LANGSAM, ABER SICHER Harriet, die Galapagosriesenschildkröte (*Geochelone elephantopus*), ist das älteste bekannte Landtier.

MASSENSTERBEN Die Dinosaurier und zahlreiche andere Tiergruppen wurden vor **65 Mio. Jahren** ausgelöscht. Dieses Ereignis kennzeichnet das Ende des Mesozoikums (Erdmittelalters).

ERSTE TIERE Die ersten Tiere erschienen wahrscheinlich vor **720 Mio. Jahren**. Die ältesten Tierfossilien wie *Dickinsonia* sind rund 600 Mio. Jahre alt.

Menschwerdung ❹

Dass sich der Mensch aus menschenaffenähnlichen Vorfahren entwickelt hat, wird mitunter sogar heute noch infrage gestellt, obwohl diese These durch zahlreiche fossile und genetische Beweise untermauert wird. Der erste Menschenaffe, *Proconsul*, tauchte vor 25 Mio. Jahren auf und entwickelte sich über den *Homo habilis*, den *Homo erectus* und den *Homo heidelbergensis* zum modernen Menschen *Homo sapiens*. Die **Neandertaler** gehören nicht zu unseren Vorfahren, sind aber nahe Verwandte.

DER ERSTE MENSCH war *Homo habilis*. Der erste Vertreter unserer eigenen Gattung entstand vor 1,8 Mio. Jahren. Unsere Art, *Homo sapiens*, entwickelte sich vor 200 000 bis 400 000 Jahren. Der moderne Mensch, *Homo sapiens sapiens*, erschien vor 120 000 Jahren.

ERSTES LEBEN Die ältesten Fossilien sind **3500 Mio. Jahre** alte Stromatolithen. Gebildet wurden diese Strukturen von Zyanobakterien, die auch als Blaugrüne Algen oder Blaualgen bekannt sind.

❻

Inspirierende Inseln ❺

Viele Beweise, die Darwin für seine Theorie der natürlichen Selektion anführte, stammten von seinen Beobachtungen auf den **Galapagosinseln**. So erkannte er, dass die Finken auf jeder Insel etwas anders aussahen. Auch wenn sie auf den ersten Blick wie Vertreter der gleichen Art wirkten, offenbarten sich bei näherem Hinsehen Unterschiede in der Form ihrer Schnäbel.

Darwin brachte diese Abweichungen mit der unterschiedlichen Ernährung der Vögel in Verbindung und konnte aufzeigen, dass sie auf die Verfügbarkeit bestimmter Nahrung zurückgingen. Bei ihrer Ausbreitung von Insel zu Insel hatten die **Finken** sich so angepasst, dass sie die am häufigsten verfügbare Nahrungsquelle nutzen konnten.

ERSTE FISCHE Die ältesten Fische, von denen Fossilien wie *Arandaspis* existieren, treten in **470 Mio. Jahre** alten Gesteinen auf.

ERSTE REPTILIEN Das älteste bekannte Reptil ist der eidechsenähnliche *Hylonomus*. Er jagte Insekten und andere Wirbellose, lebte vor etwa **310 Mio. Jahren** und wurde rund 20 cm lang.

ERSTE AMPHIBIEN Amphibien wie *Proterogyrinus* traten vor **335 Mio. Jahren** in Erscheinung. Sie waren die ersten Wirbeltiere, die einen Teil ihres Lebens an Land verbrachten.

Dinosaurier

Wichtige Fakten ❶

◆ Dinosaurier gehörten zur **Wirbeltierklasse Dinosauria.** Sie existierten rund 165 Mio. Jahre lang und starben vor 65 Mio. Jahren aus.
◆ Dinosaurier waren **Landtiere.** Sie konnten weder fliegen noch schwimmen.
◆ Ihre Beine setzten unter dem Körper an, nicht seitlich wie bei den heutigen Echsen.

◆ Ihre Haut wies meist **Schuppen** auf wie bei den heutigen Reptilien. Nur einige Fleischfresser bildeten eine Ausnahme, nämlich die Vertreter jenes Evolutionszweigs, der zu den Vögeln führte.
◆ Manche waren Pflanzen-, andere Fleischfresser. Fast alle **legten Eier.**

Entdeckung der Dinosaurier ❷

Der Engländer William Buckland veröffentlichte 1824 als Erster eine Beschreibung der Dinosaurier. Seiner Entdeckung des *Megalosaurus* folgte ein Jahr später Gideon Mantells Beschreibung des ersten Pflanzen fressenden Dinosauriers *Iguanodon.* Seither wurden über **1650 verschiedene Dinosaurierarten** entdeckt – mittlerweile gibt es Funde von jedem Kontinent, sogar aus der Antarktis. Die Suche nach neuen Dinosaurierarten liefert immer wieder eindrucksvolle Resultate: Allein 2001 wurden 37 neue Arten beschrieben.

Dinosauriereier ❸

Im Verhältnis zur Größe der Dinosaurier waren ihre Eier recht klein. Das **größte** je gefundene **Ei** legte der **Sauropode** *Hypselosaurus priscus*: Es war 30 cm lang und 25,5 cm breit.

Fossilien und Fährten ❹

Von der Existenz der Dinosaurier wissen wir nur, weil sie **Fossilien** hinterlassen haben. Die bekanntesten sind Knochen. Anhand versteinerter Fußspuren lässt sich ermitteln, wie schnell die Dinosaurier laufen konnten. **Versteinerter Kot** (Koprolith) gibt uns Hinweise auf die Ernährung. Der größte Koprolith stammt von einem *Tyrannosaurus rex* und war 44 cm lang.

Namenkunde ❺

Name	Bedeutung
Allosaurus	Fremdartige Echse
Ankylosaurus	Gebogene Echse
Brachiosaurus	Armechse
Diplodocus	Doppelbalken
Iguanodon	Leguanzahn
Seismosaurus	Erdbebenechse
Stegosaurus	Bedeckte Echse
Triceratops	Dreihorngesicht
Tyrannosaurus rex	Tyrannenechsenkönig
Velociraptor	Schneller Räuber

Dinosauriergruppen ❻

Die Klassifikation der Dinosaurier ist unter Wissenschaftlern heftig umstritten. Die meisten Fachleute sind jedoch darin einig, dass es zwölf Hauptgruppen gab.

THEROPODEN
Hierzu gehörten alle Fleisch fressenden Dinosaurier, darunter auch die Vorfahren der heutigen Vögel.

SAUROPODEN
Die größten Dinosaurier waren alle Sauropoden. Sie hatten lange Hälse, kleine Köpfe und stiftartige Zähne.

PROSAUROPODEN
Sie sahen aus wie kleine Sauropoden, waren aber zu Beginn des Juras ausgestorben, bevor die Sauropoden existierten.

STEGOSAURIER
Kennzeichen dieser Pflanzenfresser war eine Reihe von Knochenplatten auf dem Rücken. Sie lebten im Jura.

ANKYLOSAURIER
Diese auch Keulenschwänze genannten Pflanzenfresser hatten eine Panzerung aus Knochenplatten in der Haut.

Ernährung ❽

Unter den Dinosauriern gab es **Pflanzen-** und **Fleischfresser.** Erstere verschluckten ihre Nahrung unzerkaut und zerkleinerten sie erst im Darm. Bei manchen fand man Steine (Gastrolithen) im Magen, die ihnen dabei halfen. Einige Pflanzenfresser der Kreide wie *Iguanodon* entwickelten die Fähigkeit zu kauen, was ihnen eine effizientere Verdauung ermöglichte.

Auch die Fleisch fressenden Dinosaurier verschlangen ihre Beute (bis zu 70 kg schwere Brocken) unzerkaut. Die meisten Fleischfresser waren mit riesigen Zähnen und Klauen ausgestattet. Die größten Klauen besaß *Megaraptor*, ein riesiger Verwandter der *Utahraptor* und *Velociraptor*.

TÖDLICHE WAFFE *Tyrannosaurus rex* besaß die längsten Zähne aller Dinosaurier. Sie waren 15 cm lang, dick und hatten eine gesägte Kante. Damit konnten der Saurier dicke Haut durchschneiden und Knochen zermahlen.

Ein neuer König ❼

Etwa 90 Jahre lang war *Tyrannosaurus rex* das **größte** bekannte **Fleisch fressende Landtier** der Erde, bis Paläontologen in Südamerika 1995 einen Raubsaurier entdeckten, der ihn noch um einen ganzen Meter übertraf. Sie nannten ihre Entdeckung *Giganotosaurus* (Gigantische Echse). Der nahe Verwandte von *Allosaurus* lebte vor 90 Mio. Jahren – über 20 Mio. Jahre bevor der *Tyrannosaurus* auftauchte.

 782

Gras für die Dinos?

Die Pflanzen fressenden Dinosaurier werden oft zu Unrecht als Grasfresser bezeichnet. Gräser entstanden nämlich erst im Känozoikum, als die letzten Dinosaurier bereits ausgestorben waren.

Wann lebten die Dinosaurier? ❾

Der Zeitraum, in dem Dinosaurier die Erde bevölkerten, lässt sich in drei Perioden einteilen.

◆ Die ersten Dinosaurier tauchten in der ersten Hälfte der **Trias** auf, die vor 245 Mio. Jahren begann und vor 208 Mio. Jahren endete.

◆ Auf die Trias folgte der **Jura**. Er dauerte von vor 208 Mio. bis vor 144 Mio. Jahren. In dieser Periode entwickelten sich die ersten wirklich gigantischen Dinosaurier.

◆ Das längste der drei Zeitalter, die **Kreide,** begann vor 144 Mio. Jahren und endete vor 65 Mio. Jahren.

◆ Trias, Jura und Kreide bilden das **Mesozoikum** (Erdmittelalter), den Zeitraum zwischen Paläozoikum (Erdaltertum) und Känozoikum (Erdneuzeit).

Entstehung der Erde · Erstes Leben · **Mesozoikum** (Trias, Jura, Kreide) · Heute

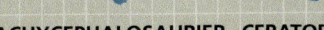

PACHYCEPHALOSAURIER
Diese zweibeinigen Dinosaurier werden bisweilen auch als Dickkopfsaurier bezeichnet. Die Männchen rammten ihre Köpfe gegeneinander.

CERATOPSIER
Zu den auch als Horndinosauriern bezeichneten Pflanzenfressern zählt man den *Triceratops.*

IGUANODONTIDEN
Diese Dinosaurier besaßen große Daumenkrallen. Sie liefen auf allen vieren, rannten aber auf ihren Hinterbeinen.

HADROSAURIER
Diese als Entenschnabeldinosaurier bekannten Pflanzenfresser entwickelten sich in der Kreide.

HYPSILOPHODONTIDEN
Diese Pflanzenfresser waren kaum größer als ein Mensch, manche kleiner als ein Schäferhund. Aber sie konnten sehr schnell laufen.

HETERODONTOSAURIER
Diese Gruppe früher Pflanzenfresser umfasst nur wenige Arten. Die Saurier waren klein und keiner überlebte den frühen Jura.

FABROSAURIER
Hierzu gehören einige der kleinsten Dinosaurier, die mitunter nicht größer als ein Huhn waren.

Flug- und Fischsaurier

Wichtige Fakten ❶

◆ **Flugsaurier** waren nahe Verwandte der Dinosaurier: Man nimmt an, dass sie einen gemeinsamen Vorfahren in der Trias hatten. Sie gehören zu der Klasse *Pterosauria*.
◆ Flugsaurier waren **die ersten flugfähigen Wirbeltiere**. In den letzten 85 Mio. Jahren ihrer Existenz teilten sie sich die Lüfte mit den Vögeln.
◆ Wie Vögel besaßen auch Flugsaurier leichte Knochen mit wabenartigen Luftkammern.

◆ Flugsaurier flogen mithilfe von **Flughäuten**, die sich zwischen dem Körper und dem verlängerten vierten Finger spannten.
◆ Zu Lebzeiten der Dinosaurier und Flugsaurier gab es **riesige Meeresreptilien**, die in fünf Klassen eingeteilt werden: *Plesiosauria* (Ruderechsen), *Ichthyosauria* (Fischsaurier), *Nothosauria*, *Placodontia* (Pflasterzahnsaurier) und *Mosasauria* (Maasechsen).

Erste Entdeckungen ❷

Flugsaurier und Fischsaurier wurden vor den Dinosauriern entdeckt. Den ersten Flugsaurier nannte der französische Anatom Georges Cuvier 1809 **Pterodactylus** (Flügelfinger). Nur zwölf Jahre danach wurde in England der erste Meeressaurier entdeckt (siehe *Unglaublich, aber wahr*) und erhielt von Henry de la Beche und William Conybeare den Namen **Ichthyosaurus**.

Der erste Dinosaurier wurde erst 1824 beschrieben (siehe Seite 64). Den Namen Dinosaurier prägte der englische Anatom Richard Owen 1941 aus der griechischen Silbe *deinos* für „schrecklich" und dem lateinischen *sauros* für „Echse" bzw. „Reptil".

Stichfrage ❸

F: Welche heutigen Meeresreptilien lebten bereits zu Zeiten der Dinosaurier?
A: Meeresschildkröten. Sie existieren bereits seit der Trias. Von den einst zahlreichen Arten sind nur noch fünf übrig geblieben. Die größte, *Archelon*, war 4,5 m lang und starb vor 65 Mio. Jahren aus.

Herrscher der Meere ❹

◆ Während die Dinosaurier das Land und die Flugsaurier die Lüfte beherrschten, dominierten im Meer gigantische Meeresreptilien. Die beiden erfolgreichsten Gruppen waren die Ichthyosaurier und die Plesiosaurier.
◆ Ichthyosaurier (Fischechsen) entstanden vor den ersten Dinosauriern vor 240 Mio. Jahren. Darunter befanden sich die schnellsten Schwimmer unter den Meeresreptilien. Zu Beginn des Juras ähnelten sie den heutigen Delphinen.
◆ Plesiosaurier (was „benachbarte Echsen" bedeutet) entwickelten sich kurz nach den Dinosauriern und spalteten sich in zwei unterschiedliche Formen auf: in langhalsige Fischfresser wie **Cryptoclidus** und **Elasmosaurus** und in kurzhalsige Fleischfresser wie **Kronosaurus** und **Liopleurodon**. Die kurzhalsigen Plesiosaurier oder Pliosaurier wurden riesig: *Liopleurodon* erreichte vermutlich bis zu 25 m Länge und wog mehr als 150 t. Damit war er der größte Räuber aller Zeiten.

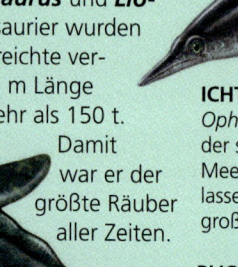

LANGHALSIGE PLESIOSAURIER
Elasmosaurus besaß 76 Halswirbel und hatte den längsten Hals aller Meeresreptilien.

ICHTHYOSAURIER
Ophthalmosaurus war eines der schnellsten Tiere im Meer. Seine großen Augen lassen vermuten, dass er in großen Tiefen jagte.

PLIOSAURIER *Liopleurodon* machte im Jura Jagd auf andere Meeresreptilien.

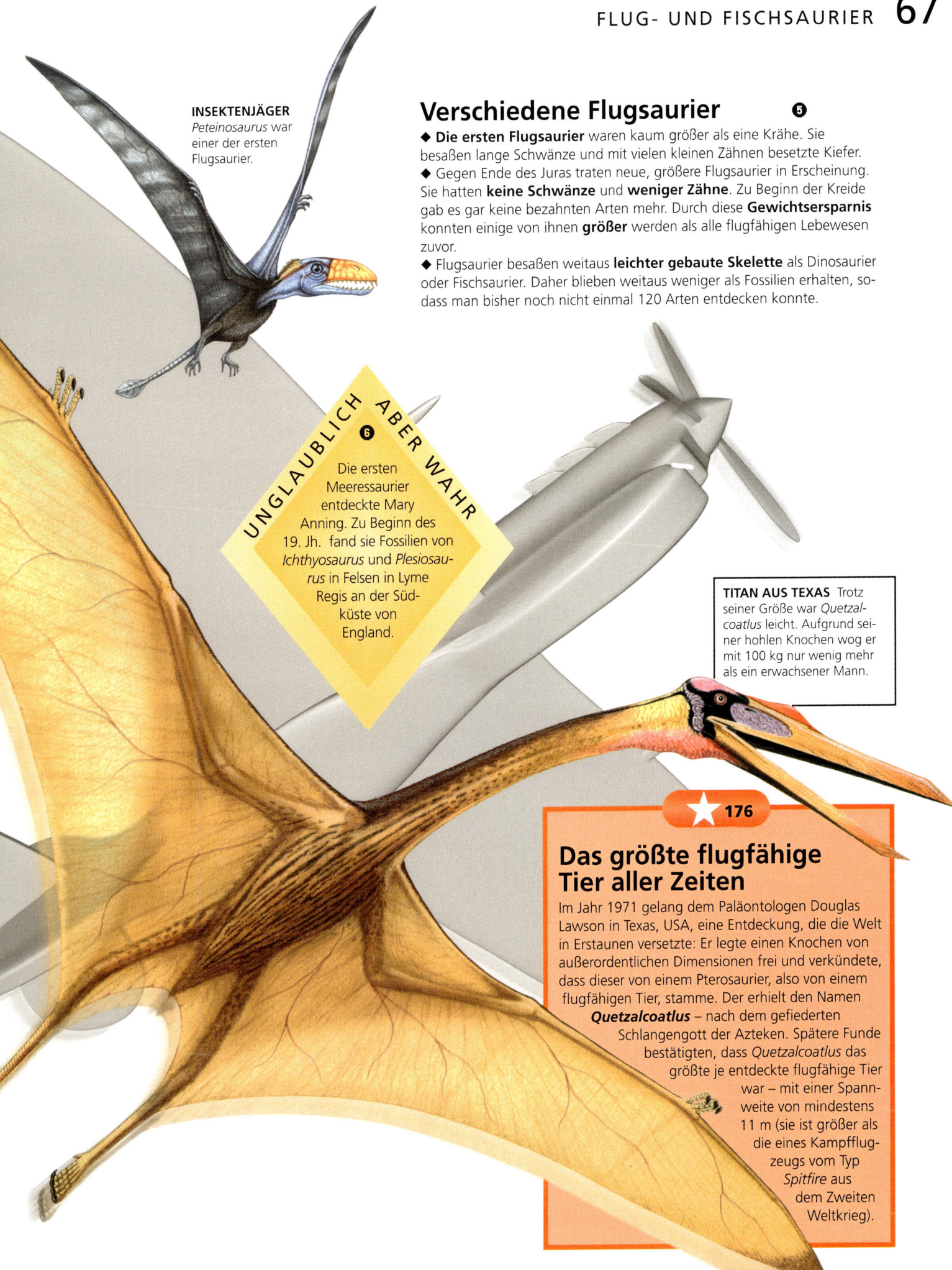

INSEKTENJÄGER
Peteinosaurus war einer der ersten Flugsaurier.

Verschiedene Flugsaurier ❺

◆ **Die ersten Flugsaurier** waren kaum größer als eine Krähe. Sie besaßen lange Schwänze und mit vielen kleinen Zähnen besetzte Kiefer.

◆ Gegen Ende des Juras traten neue, größere Flugsaurier in Erscheinung. Sie hatten **keine Schwänze** und **weniger Zähne**. Zu Beginn der Kreide gab es gar keine bezahnten Arten mehr. Durch diese **Gewichtsersparnis** konnten einige von ihnen **größer** werden als alle flugfähigen Lebewesen zuvor.

◆ Flugsaurier besaßen weitaus **leichter gebaute Skelette** als Dinosaurier oder Fischsaurier. Daher blieben weitaus weniger als Fossilien erhalten, sodass man bisher noch nicht einmal 120 Arten entdecken konnte.

UNGLAUBLICH ABER WAHR ❻
Die ersten Meeressaurier entdeckte Mary Anning. Zu Beginn des 19. Jh. fand sie Fossilien von *Ichthyosaurus* und *Plesiosaurus* in Felsen in Lyme Regis an der Südküste von England.

TITAN AUS TEXAS Trotz seiner Größe war *Quetzalcoatlus* leicht. Aufgrund seiner hohlen Knochen wog er mit 100 kg nur wenig mehr als ein erwachsener Mann.

⭐ **176**

Das größte flugfähige Tier aller Zeiten

Im Jahr 1971 gelang dem Paläontologen Douglas Lawson in Texas, USA, eine Entdeckung, die die Welt in Erstaunen versetzte: Er legte einen Knochen von außerordentlichen Dimensionen frei und verkündete, dass dieser von einem Pterosaurier, also von einem flugfähigen Tier, stamme. Der erhielt den Namen *Quetzalcoatlus* – nach dem gefiederten Schlangengott der Azteken. Spätere Funde bestätigten, dass *Quetzalcoatlus* das größte je entdeckte flugfähige Tier war – mit einer Spannweite von mindestens 11 m (sie ist größer als die eines Kampfflugzeugs vom Typ *Spitfire* aus dem Zweiten Weltkrieg).

Andere prähistorische Tiere

Wichtige Fakten ❶

◆ **Leben** gibt es schon sehr lange in der 4,6 Mrd. Jahre alten Geschichte der Erde und Tiere, nämlich seit mindestens 500 Mio. Jahren. In dieser Zeit sind unzählige Arten entstanden und wieder verschwunden.
◆ **Die ersten Tiere** waren Wirbellose. Die meisten hatten bizarre Formen. Einige dieser Tiere, wie Quallen, gibt es heute noch.

◆ Den **ersten Wirbeltieren** (Fischen) folgten Amphibien und Reptilien. Vor den Dinosauriern gab es primitivere Riesenreptilien (*Dimetrodon*).
◆ Das Aussterben der Dinosaurier hinterließ eine Lücke, die durch Vögel und Säugetiere ausgefüllt wurde. Krokodile z. B., die es schon zu Lebzeiten der Dinosaurier gab, schafften es gemeinsam mit den neuen dominanten Gruppen zu überleben.

Die ersten Tiere ❷

STEINSPIRALE
Ammoniten zählen zu den bekanntesten Fossilien. Sie existierten über 300 Mio. Jahre lang, bevor sie am Ende des Mesozoikums ausstarben.

Die ersten Lebewesen entstanden vor über 3 Mrd. Jahren vor den ersten Dinosauriern. Die meiste Zeit war die Erde nur von **einzelligen Organismen** wie Bakterien bevölkert. Vor 550 Mio. Jahren, zu Beginn des Paläozoikums, kam dann aber eine überwältigende Vielfalt mariner Wirbelloser hinzu.

Eine der erfolgreichsten Gruppen waren die **Trilobiten** oder Dreilapper, bodenbewohnende Tiere, die wie Asseln aussahen, aber 70 cm lang wurden. Sie spalteten sich in Tausende unterschiedlicher Formen auf, waren aber zu Beginn des Mesozoikums alle wieder ausgestorben. Eine weitere erfolgreiche Gruppe, die **Ammoniten,** überlebten bis weit ins Mesozoikum. Ihre nächsten Verwandten, Kopffüßer wie das Perlboot (*Nautilus pompilius*) und Kalmare, leben heute noch. Die ersten Landbewohner waren ebenfalls Wirbellose – Weichtiere und Vorfahren der heutigen Gliederfüßer (siehe Seite 92).

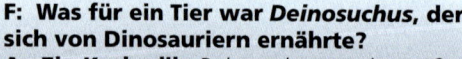
Stichfrage ❸

F: **Was für ein Tier war** *Deinosuchus*, **der sich von Dinosauriern ernährte?**
A: **Ein Krokodil.** *Deinosuchus* war das größte Krokodil, das je existierte. Er lebte in der Kreidezeit in Nordamerika. Angesichts seiner Länge von 15 m und seines Gewichts von 2 t hätte selbst *Tyrannosaurus rex* Fersengeld gegeben. *Deinosuchus* taucht in dem Computerspiel zum Film *Jurassic Park II: Vergessene Welt* auf.

 ⭐ 40

Säbelzahn!

Säbelzahnkatzen gehörten zu den gefürchtetsten Räubern aller Zeiten. Die ersten kleinen Arten traten vor rund 5 Mio. Jahren in Erscheinung und entwickelten sich im Lauf von 3 Mio. Jahren zu wahren Riesen. Der noch bis vor 11 000 Jahren in Nordamerika verbreitete *Smilodon* war deutlich größer als ein Tiger. Seine dolchartigen Eckzähne, mit denen er seine Beute erstickte, waren über 18 cm lang.

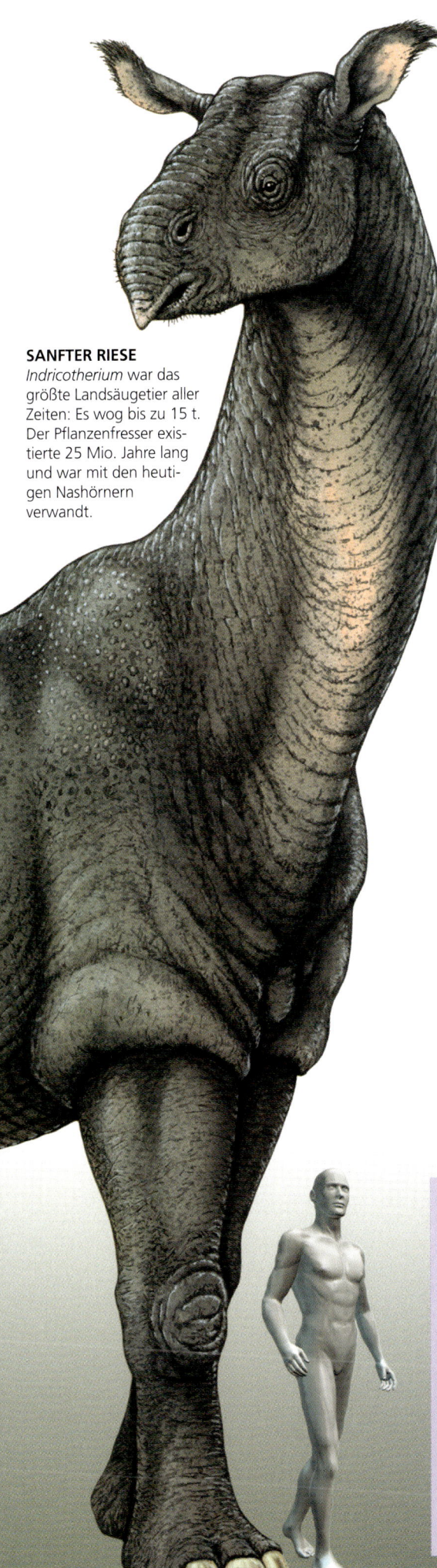

SANFTER RIESE
Indricotherium war das größte Landsäugetier aller Zeiten: Es wog bis zu 15 t. Der Pflanzenfresser existierte 25 Mio. Jahre lang und war mit den heutigen Nashörnern verwandt.

Das Zeitalter der Säugetiere ❹

Nach dem Aussterben der Dinosaurier übernahmen die Säugetiere die Vorherrschaft. Sie hatten bereits seit 170 Mio. Jahren existiert, brachten aber nun **völlig neue Formen** hervor. Anstelle der riesigen Pflanzen fressenden Dinosaurier entstanden Brontotherien, Chalicotherien und Elefanten. Zu den Fleischfressern gehörten Creodontier (Urraubtiere) wie *Hyaenodon,* der die Größe eines kleinen Nashorns erreichte. Noch größer war *Andrewsarchus,* mit einer Länge von 5 m das längste Fleisch fressende Landsäugetier aller Zeiten. Den Platz der Fischsaurier nahmen Wale wie *Basilosaurus* ein.

Erste Vögel ❺

Die ersten Vögel entstanden vor ungefähr 150 Mio. Jahren während des Juras. Aus Fossilien gefiederter Dinosaurier aus China schloss man, dass die Vögel aus Fleisch fressenden Dinosauriern hervorgingen. Vier solche Dinosaurier sind bekannt: *Sinosauropteryx* (gefunden 1996), *Protarchaeopteryx* (gefunden 1997) sowie *Caudipteryx* und *Cofuciusornis* (gefunden 1998). **Der älteste bekannte echte Vogel**, *Archaeopteryx,* wurde 1861 in Bayern entdeckt. Nach Aussterben der Dinosaurier entwickelten sich viele neue Vogelformen:

Höchster	Schwerster	Größter Räuber	Größter Flugfähiger
Riesenmoa *Dinornis maximus* 3,7 m	*Dromornis Dromornis stirtoni* 500 kg	Riesenkranich *Phorusracos longissimus* 2,5 m hoch	Riesenneuweltgeier *Argentavis magnificens* 6 m Flügelspannweite
Der Riesenmoa lebte bis vor relativ kurzer Zeit in Neuseeland. Er wurde kurz nach der Ankunft der ersten Menschen vor etwa 1000 Jahren ausgerottet.	*Dromornis* lebte in Zentralaustralien. Er entwickelte sich vor etwa 15 Mio. Jahren und überlebte bis vor 25 000 Jahren.	Bis die Säbelzahnkatzen vor 2 Mio. Jahren von Nord- nach Südamerika vordrangen, waren dort die Riesenkraniche die größten Räuber.	Der prähistorische Geier segelte von vor 2 Mio. bis vor 18 000 Jahren über die Pampas Südamerikas und wog vermutlich um die 80 kg.

Eiszeitriesen ❻

In den vergangenen 2 Mio. Jahren gab es mindestens vier Eiszeiten. Die jüngste endete vor 10 000 Jahren mit dem **Aussterben** zahlreicher meist ziemlich großer Lebewesen. Das **Wollnashorn** (*Coelodonta antiquus*) und der **Höhlenbär** (*Ursus spelaeus*) z. B. verschwanden in dieser Zeit. Beide waren deutlich größer als ihre heutigen Verwandten. Ein weiteres Opfer, der **Riesenhirsch** (*Megaloceros*), war so groß wie ein Elch, aber mit einem viel größeren, bis zu 3,7 m breiten, ausladenden Geweih. **Mammuts** überlebten als Zwergformen auf isolierten arktischen Inseln bis vor 4000 Jahren.

UNGLAUBLICH ABER WAHR ❼

Mit 15 m Länge war *Megalodon* der **größte räuberische Hai** aller Zeiten. *Megalodon* bedeutet Großer Zahn – der Name könnte kaum passender sein: Einige der heute 16 Mio. Jahre alten Zähne sind 17 cm lang.

Polartiere

Land aus Schnee und Eis ❶

◆ **In der Arktis** weichen die Bäume zunehmend der niedrigen Vegetation der Tundra. Diese erstreckt sich bis zu den Küsten des Nordpolarmeeres und liegt im Winter unter einer dicken Schneedecke verborgen.
◆ Weite Teile der **Antarktis** sind das ganze Jahr über mit Schnee bedeckt. Hier gibt es keine Tundra, keine Landsäugetiere und nur wenige Brutvögel. Wie in der Arktis wandern die meisten Bewohner mit Einbruch des Winters ab.

NORDPOL
Die auf dem Nordpolarmeer treibenden Eiskappen reichen im Winter bis an die Küsten Kanadas, Grönlands und Russlands.

SÜDPOL
Die Eisdecke der Antarktis ist teilweise über 4 km dick und erstreckt sich über die Landfläche und Teile des Meeres.

Nord-Süd-Verteilung ❷

Die meisten Tiere der Polargebiete leben entweder nur in der Arktis oder der Antarktis. Wenige leben in beiden Gebieten.

Arktis	Antarktis
Alk	Albatros
Buckelwal	Buckelwal
Eisbär	Krabbenesser
Grauwal	Krill
Grönlandwal	Pinguin
Narwal	Riesensturmvogel
Rentier (Karibu)	Ross-Robbe
Schwert- oder Killerwal	Schwert- oder Killerwal
Walross	Seeleopard
Weißwal (Beluga)	Weddellrobbe

Sommerliche Fülle ❸

◆ Die meisten Tiere der Polargebiete leben dort nur im Sommer. Wenn der Winter kommt, ziehen sie in wärmere Gebiete.
◆ Der Polarsommer ist zwar nur kurz, aber sehr produktiv. 24 Stunden Sonnenschein innerhalb des Polarkreises lassen die Tundrapflanzen gedeihen, die wiederum die Nahrungsgrundlage für zahlreiche **Kleinsäuger** wie Berglemminge und **Brutvögel** bilden.
◆ Während der sommerlichen Blüte des pflanzlichen oder **Phytoplanktons** (Algen) explodiert in den Polarmeeren das tierische Leben. In der Antarktis steigt die Zahl der **Krillkrebse** (*Euphausia superba*), in der Arktis das tierische oder **Zooplankton,** das z. B. riesige Schwärme von Heringen (*Clupea harengus*) anlockt. Diese wiederum bilden die Nahrung für nomadische Seevögel und Meeressäuger wie Grauwale (*Eschrichtius oustus*).

Riesen im Eis ❹

Die **größten** Tiere leben in den Polargebieten, so auch der **Blauwal** (*Balaenoptera musculus*) und der **Südliche See-Elefant** (*Mirounga leonina*). Große Säugetiere können besser Wärme speichern als kleine, weil sie im Verhältnis zu ihrer Körpermasse eine kleinere Oberfläche aufweisen. Der **Eisbär** (*Ursus maritimus*) ist das größte landlebende Raubtier und kann mehr als 1 t wiegen.

Das raue Klima und das reichliche Nahrungsangebot ließen auf der zu Alaska zählenden Insel Kodiak die größten **Braunbären** (*Ursus arctos*) der Welt entstehen. Sie sind zwar kleiner als Eisbären, wiegen aber immer noch 750 kg.

WAHRE RIESEN
Wenn er sich auf die Hinterbeine stellt, kann ein Eisbär bis zu 3,4 m hoch werden.

 **610**

Winterkleid

Das **Alpenschneehuhn** (*Lagopus mutus*) ist eines von vielen Tieren, die ein weißes Winterkleid tragen. Der **Polarfuchs** (*Alopex lagopus*) und der **Schneehase** (*Lepus timidus*) sind im Sommer braun und somit in der schneefreien Tundralandschaft besser getarnt. Das **Hermelin** (*Mustela erminea*) ist im Winter bis auf die schwarze Schwanzspitze völlig weiß.

Ständiger Wohnsitz im Eis

Einige wenige Tierarten leben ihr Leben lang in Polnähe. **Polarfuchs, Eisbär** und **Grönlandwal** (*Balaena mysticetus*) trifft man das ganze Jahr über in der Arktis an, ebenso einige Robbenarten. Am Südpol überwintern männliche **Kaiserpinguine** auf dem antarktischen Eisschelf und brüten die Eier aus, während die Weibchen den Winter im Meer verbringen. Unter dem Eis lebt das **südlichste Säugetier** der Erde, die Weddellrobbe (*Leptonychotes weddelli*). Diese Robben halten sich unter Wasser auf, sind aber als Lungenatmer auf Luft angewiesen. Zum Atemholen halten sie mit ihren Zähnen Löcher im Eis frei.

❺

PFEIFKÜNSTLER
Belugas oder Weißwale (*Delphinapterus leucas*) kommunizieren durch Pfeiftöne miteinander.

Stichfrage

❻

F: Wo ist es kälter, in der Arktis oder in der Antarktis?
A: In der Antarktis ist es viel kälter. Während die Temperaturen am Nordpol auf bis zu − 62 °C fallen, können sie am Südpol sogar − 88 °C betragen.

Kälteschutz

❼

◆ Insekten und einige Polarfische produzieren mithilfe von Glykoproteinen **Frostschutzmittel**, sodass ihr Körper bei sehr niedrigen Temperaturen nicht gefriert.
◆ Möwen und Meeressäugetiere speichern Wärme durch ein **Gegenstrom-Wärmeaustauscher-System** in Füßen bzw. Flossen. So bleiben diese auch bei niedrigen Temperaturen funktionsfähig.
◆ Viele Seevögel und Meeressäuger haben eine dicke **Fettschicht** (Blubber). Diese isoliert so gut, dass die Innentemperatur einer Robbe 42 °C über der Temperatur der Hautoberfläche liegen kann.
◆ Eisbären haben neben ihrem dicken Pelz und der Fettschicht eine **schwarze Haut**. Ihre Haare sind wie Glasröhrchen, sie erscheinen lediglich aufgrund der Lichtbrechung und Reflexion weiß.

120 cm

Kaiserpinguin *Aptenodytes patagonica*
Größte Pinguinart und größter Meeresvogel. Brütet im Winter auf dem antarktischen Kontinent.

Pinguine

❽

Pinguine leben im Meer und kommen zum Brüten an die Küste. Die größeren, am besten isolierten Arten leben in der Antarktis und auf den subantarktischen Inseln, die kleineren weiter nördlich.

90 cm

Zügelpinguin
Pygoscelis antarctica
Brütet auf den nördlichsten Halbinseln der Antarktis und den subantarktischen Inseln

60 cm

Zwergpinguin
Eudyptula minor
Die kleinste Pinguinart lebt vor Südaustralien und Neuseeland.

30 cm

Die Ziffer oder der Stern nach einer Frage verweisen auf die Informationskästen rechts.

Waldbewohner

Wälder der Welt ❶

◆ Einst bedeckten Wälder weite Teile der Erdoberfläche. Noch heute gibt es große zusammenhängende Waldgebiete, die wir in **drei Haupttypen** unterteilen:
◆ **Tropische Regenwälder** befinden sich in der Äquatorregion. Nirgendwo gibt es eine so große Anzahl von Lebewesen und Biomasse (Gewicht von Lebewesen pro Flächeneinheit).

◆ In der gemäßigten Zone nördlich und südlich der Tropen erstreckt sich ein Gürtel aus **Laubwäldern.** Im Norden bestehen sie aus Laubbäumen, im Süden sind die Bäume immergrün.
◆ **Nadelwälder** gibt es nur auf der Nordhalbkugel. Diese artenärmeren Waldtypen dehnen sich bis zur Tundra aus. Die Bäume behalten ihre nadelförmigen Blätter das ganze Jahr über.

In luftiger Höhe ❷

Die meisten baumlebenden Tiere schlafen im Geäst, manche in dauerhaften Behausungen. **Eichhörnchen** *(Sciurus vulgaris)* verbringen die Nacht in Nestern, die man Kobel nennt. Insekten jagende **Fledermäuse** hängen am Tag kopfüber in hohlen Baumstämmen. Kletternde Nagetiere wie **Haselmäuse** *(Muscardinus avellanarius)* kuscheln sich in Baumhöhlen.

HÄUSLEBAUER Spechte wie dieser Gelbbauchsaftlecker *(Sphyrapicus varius)* zimmern sich Nisthöhlen in Bäumen, die später anderen Tieren als Zuhause dienen.

Wälder aus Gras ❸

Bambus ist das höchste Gras der Welt und bedeckt im Südwesten Chinas ganze Berghänge. Hier lebt der **Große Panda** *(Ailuropoda melanoleuca).* Er ernährt sich fast ausschließlich von Bambus und nur gelegentlich von Vögeln oder Kleinsäugern. Der Panda teilt seine Heimat mit einer seltenen Affenart, der **Goldstumpfnase** *(Rhinopithecus roxellanae),* die ebenfalls mit Vorliebe Bambus frisst.

GUT IM GRIFF Anders als Bären kann der Große Panda mit seinen Pfoten greifen.

Fortbewegung im Geäst ❹

Für das Leben in den Bäumen sind spezielle **Anpassungen** erforderlich. Kleinsäuger wie **Hörnchen** besitzen stark gebogene Krallen, mit denen sie Halt an der Rinde finden. **Affen** dagegen können sich mit ihren langen Fingern gut an Ästen festhalten. **Laubfrösche** und **Geckos** wiederum finden durch Haftpolster an ihren Zehen Halt. Bei den Fröschen geschieht dies durch Ansaugen, bei den Geckos durch mikroskopisch kleine Haken.

FÜNFTE EXTREMITÄT Südamerikanische Klammeraffen besitzen Greifschwänze, mit denen sie sich an Ästen festhalten.

Augen nach vorn ⭐ 516

Um im Geäst schnell voranzukommen, müssen die Tiere Entfernungen gut abschätzen können. Bei den meisten Baumbewohnern wie Affen sind die Augen direkt nach vorn gerichtet. Das ermöglicht ihnen das so genannte binokulare oder räumliche Sehen, bei dem sich die beiden Gesichtsfelder überlappen.

Fliegen ohne Flügel ❺

Viele Tiere gelangen durch Gleitflug von Baum zu Baum. Auf diese Weise müssen sie nicht auf den Boden herabklettern, wo ihnen vielleicht Feinde auflauern. Gleitflieger sind z. B. der Flugfrosch, Schmuckbaumschlangen, Flugdrachen und mehrere Säugetierarten.

NACHTFLUG Der Kurzkopfgleithörnchenbeutler *(Petaurus breviceps)* lebt in Australien und Papua-Neuguinea. Das Beuteltier ernährt sich von Insekten und Nektar.

Stockwerke ❻

In den meisten Wäldern gibt es zwei Stockwerke: Die Baumkronen und den Waldboden. **Tropische Tieflandsregenwälder** lassen sich allerdings in **fünf Stockwerke** unterteilen, von denen jedes eine charakteristische Tierwelt aufweist. Die größte Zahl von Arten bewohnt das Kronendach, darunter die meisten Fruchtfresser. Einzelne Urwaldriesen bieten Nistmöglichkeiten und Ausgucke für Räuber der Lüfte wie Adler, während die Krautschicht die Heimat von Lebewesen ist, die sich überwiegend von dem ernähren, was von oben herabfällt. Die mittlere Baum- und die Strauchschicht bieten Blattfressern wie Faultieren eine sichere Zuflucht. Außerdem leben hier Krallenaffen und es gibt gut versteckte Nistmöglichkeiten für Waldvögel.

Urwaldriesen 36 m

Kronendach 24 m

Mittlere Baumschicht 15 m

Strauchschicht 5 m

Krautschicht 1 m

Graslandbewohner

Wo es Grasländer gibt ❶

◆ **Grasländer** liegen zwischen Wüsten und Waldgürteln. Hier gibt es so viel Niederschlag, dass Gräser, aber keine Bäume wachsen.
◆ Grasländer stehen hinsichtlich der Tierdichte an zweiter Stelle hinter den Wäldern. Hier finden die Tiere das ganze Jahr über reichlich Nahrung. Diese Gebiete beheimaten die

größten und **schnellsten** Landsäugetiere der Erde, darunter die Mehrheit der im Rudel jagenden Raubtiere.
◆ Am ausgedehntesten sind die Grasländer in Afrika, Asien und Südamerika. Leider werden es immer weniger, weil sich diese Gebiete leicht in Ackerland umwandeln lassen.

GUT GEPANZERT Das 2 t schwere Panzernashorn *(Rhinoceros unicornis)* ist durch seine Größe wie durch seine dicke Haut gut vor Feinden geschützt.

Dickhäuter ❷

Durch ihre gewaltige Körperfülle sind einige Pflanzenfresser **unangreifbar.** So können sie auch **ihre Jungen** besser **schützen,** denen ihr Lebensraum so gut wie keine Deckung bietet. Die heutigen Riesen der Grasländer sind Nachfahren der vor 2 Mio. Jahren lebenden riesigen Pflanzenfresser. Damals herrschte ein goldenes Zeitalter für Säugetiere, das mit der letzten großen Eiszeit zu Ende ging. Danach breiteten sich die Wälder immer mehr aus und die Grasländer gingen zurück.

Schnell, schneller, am schnellsten ❸

Unter den Tieren der Grasländer befinden sich auch die schnellsten Läufer der Erde. Der afrikanische **Gepard** *(Acinonyx jubatus)* erreicht Geschwindigkeiten von über 96 km/h. Einige seiner Beutetiere wie **Springböcke** *(Antidorcas marsupialis)* können ebenfalls über 90 km/h schnell laufen. Die **Gabelhornantilope** *(Antilocapra americana)* der nordamerikanischen Prärien hält den Geschwindigkeitsrekord über Langstrecken (siehe Seite 40). Selbst Vögel der Grasländer erreichen Laufgeschwindigkeiten, die olympische Sprinter in den Schatten stellen. Der Schnellste ist der Strauß *(Struthio camelus)* mit über 72 km/h.

GROSSE SPRÜNGE Viele Gazellen und Antilopen wie diese Impalas *(Aepyceros melampus)* aus Süd- und Ostafrika verwirren ihre Verfolger durch hohe Sprünge.

Tödliche Konkurrenz ❹

In Grasebenen ist es viel schwerer, sich an Beutetiere anzupirschen. Deshalb hat sich hier die **Jagd in der Gruppe** bewährt. Oft herrscht unter den Rudeljägern erbitterte Konkurrenz. **Revierstreitigkeiten** zwischen Art-

ALLE GEGEN EINEN Ein Rudel Afrikanischer Wildhunde hat eine Tüpfelhyäne von ihrem Clan getrennt und greift sie an.

genossen enden mitunter mit Blutvergießen, manchmal sogar mit dem Tod. Löwen *(Panthera leo)*, Afrikanische Wildhunde *(Lycaon pictus)* und Tüpfelhyänen *(Crocuta crocuta)* stehlen sich nicht nur gegenseitig die Beute, sondern bringen sich im Kampf um das Futter auch um. Die extreme Aggression erfüllt durchaus ihren Zweck: Auf diese Weise versuchen die Arten ihre eigenen Überlebenschancen zu verbessern.

Grasländer ❺

Für Grasländer gibt es unterschiedliche Bezeichnungen:

Name	Ort
Campos	Brasilien
Llanos	Venezuela und Kolumbien
Pampas	Argentinien
Prärie	Nordamerika
Savanne	Afrika
Steppe	Südosteuropa und Russland
Veld	Südafrika

Termitenvölker ❻

◆ Bei **Grasfressern** denken die meisten Menschen an Zebras oder Antilopen, dabei übertreffen Termiten ihre sichtbarer in Erscheinung tretenden Konkurrenten um ein Vielfaches. Auf 1 ha afrikanischer Savanne kann es Abermillionen dieser kleinen Insekten geben, die alle gierig nach Gras sind.
◆ Termiten **bilden die Nahrung** zahlreicher Vögel und größerer Säugetiere. In Südamerika leben der Große Ameisenbär *(Myrmecophaga tridactyla)* und mehrere Gürteltierarten von Termiten. In Indien ernährt sich der drittgrößte Bär der Welt, der Lippenbär *(Ursus ursinus)*, von fast nichts anderem.
◆ Auch das Erdferkel *(Orycteropus afer)* und der Erdwolf *(Proteles cristatus)* sind Termitenfresser.

INSEKTENHOCHHÄUSER Das Foto zeigt Termitenhügel im australischen Outback. Weltweit gibt es zehnmal mehr Termiten als Menschen.

★ 63

Zähe Beute

Kaffernbüffel *(Syncerus caffer caffer)* mit einer Schulterhöhe von 1,5 m und einem Gewicht von 800 kg sind in der Lage, angreifende Löwen zu töten. Die Büffel sind die **einzigen Wildrinder Afrikas**. Eine Zwergform, der Rot- oder Waldbüffel *(Syncerus caffer nanus)*, lebt in den tropischen Regenwäldern von Westafrika und im Kongobecken.

Stichfrage ❼

F: In den Grasländern welches Kontinents leben Nandus und Mähnenwölfe?
A: Südamerika. Der langbeinige Mähnenwolf *(Chrysocyon brachyurus)* macht als Einzelgänger vor allem Jagd auf Nagetiere. Der Nandu *(Rhea americana)* frisst Gras und Insekten und ist der drittgrößte Vogel der Welt.

Wüstenbewohner

Heiß und trocken ❶

◆ Wüsten sind Orte, an denen jährlich weniger als 150 mm Niederschlag fällt. Wüstentiere kommen entweder ganz ohne Flüssigkeit aus, oder sie speichern das Wasser, das sie finden.
◆ In der Wüste ist es heiß. Ihre Bewohner haben Eigenschaften oder Fertigkeiten entwickelt, um ihre Körpertemperatur konstant zu halten.

◆ In der **ältesten Wüste** der Welt, der afrikanischen **Namibwüste,** leben mehr Arten, die nur hier und nirgendwo sonst vorkommen (endemische Arten), als in allen anderen Wüsten.
◆ Die **größte Wüste** der Welt ist die **Sahara,** gefolgt von der Australischen und der Arabischen Wüste.

Abtauchen ❷

Räubern kann man **entgehen,** indem man sich versteckt – aber die Wüste bietet nicht viel Deckung. Manche Tiere lösen das Problem, indem sie einfach im Sand verschwinden. Der **amerikanische Mojave-Fransenzehenleguan** *(Uma scoparia)* gräbt sich bei drohender Gefahr in den Sand ein. Aber dort lauern ebenfalls Räuber, die auf der Suche nach Beute gleichsam durch den Sand tauchen.

ÜBERRASCHUNGSANGRIFF Ein Wüstengoldmull *(Eremitalpa granti)* hat eine Heuschrecke erbeutet. Der Mull ortet die Beute, indem er Vibrationen im Sand nachgeht.

Große Ohren, große Baue ❸

◆ Säugetiere halten im Gegensatz zu Reptilien und Wirbellosen ihre Körpertemperatur dauernd weitgehend konstant, was in der Wüste besonders schwierig ist:
◆ Viele haben große Ohren, über die sie überschüssige Wärme ableiten, z. B. der nordamerikanische **Kitfuchs** *(Vulpes macrotis).*
◆ Fast alle graben Baue, in die sie sich tagsüber vor der Sonne zurückziehen. Die meisten Kleinsäuger kommen nur bei Nacht hervor, um Nahrung zu suchen. Für Räuber sind die großen Ohren dann von doppeltem Nutzen: So können sie ihre Beute besser orten.

RADARSCHÜSSELN Der Fennek *(Fennecus zerda)* lebt in Arabien und in der nördlichen Sahara. Im Verhältnis zu seiner Körpergröße hat er die größten Ohren aller Raubtiere.

20

Starker Trinker

Ein durstiges **Dromedar** (Camelus dromedarius) kann in nur 10 Minuten ein Drittel seines eigenen Körpergewichts trinken. Wenn das Tier plötzlich große Mengen Wasser aufnimmt, schwellen seine eiförmigen Blutzellen zu Kugeln an. Der einzelne Höcker enthält Fett-, nicht Wasserreserven.

Leben ohne Wasser ❹

Weil in der Wüste Wasser Mangelware ist, haben die hier lebenden Tiere gelernt, ohne Wasser auszukommen. Die meisten Wüstenreptilien, aber auch einige Säugetiere, decken ihren gesamten Flüssigkeitsbedarf über die Nahrung. Nagetiere wie die australischen **Australmäuse** (Pseudomys spp.), die nordamerikanischen Taschenspringer oder **Känguruatten** (Dipodomys spp.) sowie die afrikanischen und asiatischen **Springmäuse** (Dipodidae) können ebenso ohne Wasser überleben wie verschiedene Wüstenantilopen, z. B. die **Mendesantilope** (Addax nasomaculatus), die **Arabische Oryx** (Oryx leucoryx) und die **Dorkasgazelle** (Gazella dorcas).

Vorsicht, heiß!

Es ist schwer, sich im Sand fortzubewegen, zumal, wenn er, wie in der Wüste, brennend heiß ist. Da die meisten Wüstenreptilien tagsüber aktiv sind, müssen sie aufpassen, sich am Sand nicht zu verbrennen. Manche Echsen wie der nordamerikanische **Gitterschwanzleguan** (Callisaurus draconoides) rennen flink auf den Hinterfüßen von Schattenfleck zu Schattenfleck. Zwei Schlangenarten haben das Seitenwinden als Fortbewegungsmöglichkeit entwickelt: die **Seitenwinderklapperschlange** (Crotalus cerastes) aus Nordamerika und die afrikanische **Hornviper** (Cerastes cerastes).

HOCH DAS BEIN Die Sandechse (Meroles anchietae) aus der Namib hebt abwechselnd die Füße, um sich nicht zu verbrennen.

❺ **KURZKONTAKT** Durch Seitenwinden können sich Wüstenschlangen bei geringstmöglichem Bodenkontakt fortbewegen.

NICHTTRINKER Wie viele andere Wüstenantilopen kann der Südafrikanische Spießbock (Oryx gazella) überleben, ohne zu trinken, indem er seinen gesamten Flüssigkeitsbedarf über die Nahrung deckt. Er lebt in der Namibwüste in Südwestafrika.

UNGLAUBLICH ABER WAHR

❻ Die Schwarzkäfer in der sehr trockenen Wüste **Namib** trinken täglich. Sie stellen sich dazu bei Nacht so auf den Kopf, dass der vom Meer aufkommende Nebel an ihrem Körper kondensiert und ihnen direkt in den Mund läuft.

Gebirgstiere

In luftigen Höhen ❶

◆ Im Gebirge ist es äußerst schwierig, zu überleben: Die dünne Luft, niedrige Temperaturen und spärliche Vegetation stellen die Tiere vor eine große Herausforderung.
◆ Mit zunehmender Höhe nimmt die Zahl der Tiere ab. Oberhalb der Baumgrenze kommt fast nur noch eine Tierart pro Nische vor, sodass es dort fast keine Nahrungskonkurrenz gibt. Oberhalb der Alpintundra existiert kaum noch Leben.
◆ Es erfordert einiges Geschick, sich im Gebirge fortzubewegen. Das beherrschen nur versierte Kletterer. Pflanzenfresser sind hier weitaus häufiger als Fleischfresser: In den meisten Gebirgen dominieren Schafe und Ziegen.

Gipfelstürmer ❷

Große Raubtiere sind selten im Gebirge. Der **Schneeleopard** oder Irbis (*Panthera uncia*) ist die einzige alpine Großkatze. Er ist so groß wie sein Verwandter aus dem Tiefland, verbringt die Nächte in Felshöhlen und macht sich in der Morgendämmerung auf die Jagd. In Nord- und Südamerika jagt der **Puma** (*Felis concolor*) in Höhen bis zu 5800 m. Unterarten des **Braunbären** (*Ursus arctos*) kommen in Gebirgen Eurasiens und Nordamerikas vor. Die einzige Bärenart Südamerikas, der **Brillenbär** (*Tremarctos ornatus*), lebt in den Anden.

Gebirgsinseln ❸

Die meisten Gebirgsregionen sind isoliert. Deshalb wandern die wenigsten Tierarten, die sich dort entwickelt haben, in andere Gebirgsregionen. Die einzige alpine Rinderart der Welt, der **Yak** (*Bos grunniens*), beschränkt sich auf den Himalaja, die **Schneeziege** (*Oreamnos americanus*) kommt nur in den Rocky Mountains vor. Doch viele dieser Tierarten haben Verwandte in anderen Gebirgen. So hat das europäische **Alpenmurmeltier** (*Marmota marmota*) Vettern in Nordamerika, z. B. das Eisgraue und das Gelbbäuchige Murmeltier (*M. caligata* und *M. flaviventris*).

SELTENE SCHÖNHEIT Der Schneeleopard kommt nur im Himalaja und im Altaigebirge in der Mongolei vor. Weil er wegen seines Pelzes illegal gejagt wird, gibt es nur noch um die 5000 Tiere.

Im flachen Gelände berühren die Afterklauen nicht den Boden.

Beim Klettern verleihen sie zusätzlichen Halt.

Trittfest ❹

Schafe und **Ziegen** sind fast ausschließlich Bergbewohner. Die **Gämse** (*Rupicapra rupicapra*) findet man ebenso in europäischen Gebirgen wie den Steinbock. Letzterer kommt auch in Nordostafrika sowie im westlichen Himalaja vor. In Sibirien und Nordamerika sind drei Unterarten des Dickhornschafs (*Ovis canadensis*) anzutreffen, während in den Gebirgen Zentralasiens der **Himalaja-Tahr** (*Hemitragus jemlahicus*) lebt.

GUTER HALT Steinböcke besitzen an der Hinterseite der Füße Afterklauen mit weichen, konkaven Polstern, die ihnen beim Klettern Halt geben. Afterklauen treten bei den meisten Paarhufern auf, werden aber nur von Steinböcken genutzt.

❺

KÖNIG DER ANDEN
Der Andenkondor ist der
größte Greifvogel der Welt.

Höhenflug

Viele Gebirgsvögel **ernähren sich
von Aas.** Auf der Nordhalbkugel suchen **Kolkraben** (Corvus corax) die Berghänge
nach toten Tieren ab und sind oft die Ersten an einem Kadaver. Ihnen folgen noch
größere Aasfresser: der **Bartgeier** (Gypaetus barbatus) in Eurasien und der mittlerweile äußerst seltene **Kalifornische Kondor** (Gymnogyps californianus) im Südwesten der USA. In den Gebirgen Südamerikas patrouilliert der **Andenkondor**
(Vultur gryphus), der über eine Flügelspannweite von 3 m verfügt.

Starke Winde prägen das Leben im Gebirge. Kleine Vögel halten sich deshalb
in Bodennähe auf. Der **Mauerläufer** (Tichodroma muraria) klettert zwischen
den Felsen herum und sucht mit seinem langen
Schnabel in Ritzen nach Insekten.

★ 635

Dünne Luft

Gebirgsluft ist viel dünner als die Luft auf
Meereshöhe. Trotzdem leidet das **Vikunja**
(Vicugna vicugna) aus den Anden nie unter
Atemnot. Wie viele Gebirgssäuger hat es besonders viele rote Blutkörperchen, die Sauerstoff transportieren: 14 Mio./mm³ Blut, verglichen mit 5 Mio./mm³ beim Menschen.

IMPOSANTES GEHÖRN Der Nubische
Steinbock (Capra nubiana) ist eine
von sieben Steinbockarten. Beide
Geschlechter tragen Hörner, aber die
der Männchen sind deutlich größer.

Tierische Höhenrekorde **❻**

Höhenrekord Singvögel
Alpendohle (Pyrrhocorax
graculus) 8235 m

Höhenrekord Amphibien
Erdkröte (Bufo bufo)
8000 m

Höhenrekord Spinnen
Mount-Everest-Springspinne
(Euophrys everestensis) 6700 m

Höhenrekord Säugetiere
Großohriger Pika (Ochtona
macrotis) 6130 m

Höhenrekord Raubtiere
Schneeleopard (Panthera
uncia) 6000 m

Höhenrekord Fische
Tibet-Schmerle (Triplophysa
tenuicauda) 5200 m

Höhenrekord Schlangen
Himalaja-Grubenotter (Agkistrodon himalayanus) 4900 m

Höhenrekord Skorpione
Himalaja-Skorpion (Chaerilius
insignis) 4000 m

Höhenrekord Krokodile
Keilkopf-Glattstirnkaiman (Paleosuchus trigonatus), in 1300 m
Höhe in Venezuela beobachtet

Tiere der Binnengewässer

Leben im Wasser ❶

◆ Die Binnengewässer der Welt beinhalten ganz unterschiedliche Lebensräume, in denen viele verschiedene Tiere leben. Trotzdem besitzen diese so manches gemeinsame Merkmal. Einige dieser Merkmale findet man auch bei Meerestieren.
◆ Die meisten Wassertiere besitzen **Kiemen,** mit denen sie Sauerstoff aus dem Wasser filtern.

◆ Fast alle aktiven Schwimmer besitzen **Flossen;** Tiere, die teils an Land und teils im Wasser leben, haben stattdessen Schwimmhäute. Manche besitzen zusätzlich noch einen **abgeflachten Schwanz** als Schwimmhilfe. Trotz der vielen Gemeinsamkeiten weisen die Süßwasserbewohner große Unterschiede auf.

Wasserinseln ❷

Zu den stehenden Gewässern zählt man winzige Tümpel, aber auch riesige Binnenmeere. Viele hier lebende Tiere kommen auch in Fließgewässern vor, andere sind auf stehende Gewässer angewiesen. Die meisten **Amphibien** legen ihre Eier in Seen und Teichen ab, ebenso zahlreiche **Insekten** wie Libellen und Wasserkäfer.
   Viele Seen sind völlig von anderen Gewässern abgeschnitten. In ihnen leben Arten, die nirgends sonst vorkommen. So beherbergt der ostafrikanische **Tanganjikasee** über 300 spezielle Fischarten und der russische **Baikalsee** die ausschließlich im Süßwasser lebende Baikalrobbe (Pusa sibirica).

★ 212
Kurzlebig

Eintagsfliegen, die zur Insektenordnung Ephemeroptera („kurzlebige Flügel") gehören, sind nur kurze Zeit erwachsen. Nachdem sie zwei Jahre als Larve in Fließgewässern gelebt haben, verwandeln sie sich in flugfähige Tiere, paaren sich und sterben – und das alles an einem Tag.

Starke Strömung ❸

Das Leben in den Oberläufen der Flüsse ist ein ständiger Kampf mit der Strömung. Die hier lebenden **Fische** sind entweder kräftige Schwimmer wie die Forelle (Salmo trutta) oder klein genug wie die Groppe oder Mühlkoppe (Cottus gobio), um zwischen Steinen Schutz zu finden. **Insektenlarven** haben Krallen an den Füßen, damit sie nicht weggespült werden. Die des Wassermünzenkäfers können sich sogar saugnapfartig an Kieseln festheften.

UNTERWASSERJÄGER Die Wasseramsel (Cinclus cinclus) jagt am Boden schnell fließender Bäche nach Larven.

Mündungsgebiete ❹

An den Mündungen vieler Ströme bilden sich Flussdeltas. Die hier vorherrschenden Schlammflächen sind die Heimat vieler Wirbelloser wie **Sandwürmer**, die die Nahrung für **Wattvögel** bilden.

Leben in den Unterläufen

Da sich Flüsse auf ihrem Weg ins Meer verbreitern, leben hier größere Tiere als in den Oberläufen. Dazu zählen auch die meisten der weltweit 23 Krokodilarten, zu denen auch der **Mississippi-Alligator** *(Alligator mississippiensis)* und die südamerikanischen **Kaimane** gehören. Andere Riesen der Flüsse sind Fische wie der **Arapaima** *(Arapaima gigas)* aus dem Amazonas oder das 3 t schwere **Flusspferd** *(Hippopotamus amphibius)*, das **größte Süßwassertier der Welt**.

FLUSSWOLF
Der in Südamerika *lupo rio* genannte Riesenotter *(Pteronura brasiliensis)* wird 2,5 m lang und ist damit der größte Otter der Welt.

Bäume auf Stelzen

In den Flussdeltas der Tropen wachsen **Mangroven** – immergrüne Bäume, die Salzwasser tolerieren. Die Mangrovesümpfe dienen vielen Meeresfischen zur Eiablage, manche Arten leben auch dauerhaft hier. **Winkerkrabben** *(Uca spec.)* sind hier ebenso häufig anzutreffen wie **Schlammspringer** (Familie *Periophthalmidae*). Letztere fühlen sich an Land genauso wohl wie im Wasser.

KLETTERNDE FISCHE Schlammspringer klettern an Mangroveschösslingen hoch. Diese Fische besitzen Kiemen, nehmen aber auch über die Haut Sauerstoff auf.

FISCHSPEZIALIST Der Ganges-Gavial *(Gavialis gangeticus)* aus Indien wird bis zu 6 m lang.

Stichfrage

F: Auf welchem Kontinent leben Piranhas?
A: In Südamerika. Es gibt über 50 Piranha-Arten. Die meisten ernähren sich von Früchten oder Fischschuppen, nur der berüchtigte Rote Piranha *(Serrasalmus nattereri)* frisst ausschließlich Fleisch. Normalerweise jagt er Fische, tötet aber auch größere Tiere. Als 1981 in Brasilien eine Fähre kenterte, fielen ihm über 300 Menschen zum Opfer.

Meeresbewohner

Größter Lebensraum ❶

◆ Meere bedecken **71 %** der Erdoberfläche und beherbergen eine größere Artenvielfalt als alle Lebensräume an Land zusammen. Sie lassen sich grob in vier Regionen einteilen:
◆ Die **Küste** ist die Heimat der bekanntesten Meerestiere. Den meisten von ihnen macht es nichts aus, wenn sie eine Zeit lang auf dem Trockenen sitzen müssen.

◆ **Küstengewässer** liegen oberhalb des Kontinentalschelfs und erstrecken sich bis zu 500 km vor der Küste.
◆ Hinter dem Kontinentalschelf liegt die **Hochsee**. Außer Plankton gibt es hier nur wenige tierische Bewohner.
◆ Die **Tiefsee** liegt unterhalb der Hochsee. Sie ist ein Bereich, in den kein Licht vordringt.

Leben in Küstengewässern ❷

Zwischen der Küste und der Hochsee liegen die Küstengewässer. Sie sind relativ flach und beherbergen eine riesige Anzahl an Meerestieren. Hier gibt es die meisten **Korallenriffe**, die von Myriaden riffbewohnender Fische und anderer Tiere bewohnt werden. Korallen und Tange wie Kelp gedeihen gut, weil sie die **Energie des Sonnenlichts** nutzen können (siehe auch S. 87). Weiter draußen wird das Wasser tiefer und immer weniger Licht gelangt bis auf den Meeresboden. Zu den **Säugetieren der Küstengewässer** zählen z. B. Tümmler und Robben. Auch **Seevögel** wie Pinguine, Alke, Kormorane, Tauchenten und Möwen haben hier ihre Jagdgründe.

UNTERWASSERGARTEN Die verzweigten Strukturen dieses australischen Riffs sind Seefächer – Kolonien aus Korallenpolypen mit flexiblem Skelett, das sich in der Strömung hin und her bewegt.

Gezeitenwechsel

Die **Küste** gehört zu den rauesten marinen Lebensräumen. Die hier lebenden Tiere werden von Meerwasser umspült und sind Sonne und Brandung ausgesetzt. Viele Küstenbewohner finden **Halt an Felsen.** Einige, wie Miesmuscheln und Seepocken, sind sessil (festsitzend), d. h. sie leben stets am gleichen Fleck. Andere, wie Napf- und Strandschnecken, bewegen sich nur langsam über die Felsen, verlieren dabei jedoch nie den Halt. Die meisten Küstenbewohner ernähren sich entweder als **Filtrierer** oder von Filtrierern. Andere, wie die Strandkrabbe, verzehren auch das, was von der Flut angespült wird.

❸
ALGENFRESSER Die Meerechse (*Amblyrhynchus cristatus*) ist die einzige im Meer lebende Echse.

Tiefseetaucher ❹

Ab 200 m Tiefe dringt kein Sonnenlicht mehr auf den Grund. Da zuerst das Licht im roten Wellenlängenbereich verschwindet, haben viele Räuber das Farbensehen verlernt. Dafür sind viele der hier lebenden Tiere rot gefärbt und damit praktisch unsichtbar. Manche produzieren **ihr eigenes Licht,** damit sie etwas sehen können. Andere besitzen riesige Augen – die lichtempfindlichsten hat der Tiefseekrebs *Gigantocypris*.

GROSSMAUL Der Viperfisch *(Chauliodus danae)* hat ein riesiges Maul und lange Zähne, mit denen er Beute fängt.

⭐ 101

Sich treiben lassen

Im Meer bildet **Plankton** die Basis der **Nahrungskette Meer**. Die in Oberflächennähe treibenden mikroskopisch kleinen Algen (Phytoplankton) produzieren mehr Sauerstoff als alle Landpflanzen zusammen und bieten Milliarden planktonischen Tieren (Zooplankton) Nahrung. Von diesen ernähren sich wiederum Filtrierer wie Korallen, Fische und Blauwale.

Stichfrage ❺

F: In welchem Ozean leben Rote oder Blaurückenlachse?
A: Im Pazifik. Blaurückenlachse *(Oncorhynchus nerka)* laichen in Flüssen, leben aber später überwiegend im Meer. Die Männchen sind silbrig, aber zur Geschlechtsreife werden sie rot. Nach dem Ablaichen sterben die Lachse und reichern das Wasser mit Nährstoffen für ihre Nachkommen an.

Das offene Meer ❻

Die **Hochsee** ist der bei weitem **größte marine Lebensraum,** aber auch der leerste, weil die Nahrung sehr ungleichmäßig verteilt ist. Die hier lebenden Tiere bezeichnet man als pelagisch. Sie sind sehr beweglich und erreichen hohe Geschwindigkeiten. Hier leben auch die **schnellsten aller Fische,** die Fächerfische, Marlins *(Makaira spec.)* und der Gelbflossentunfisch *(Thunnus albacares)*, die alle über 75 km/h schnell schwimmen können.

ÜBERRASCHEND SCHNELL
Trotz seiner enormen Größe kann der Blauwal *(Balaena musculus)* über 30 km/h schnell schwimmen.

Klassifikation der Tiere

Die Ziffer oder der Stern nach einer Frage verweisen auf die Informationskästen rechts.

Stammbaum der Tiere ❶

Das heute verwendete System zur **Klassifikation der Lebewesen** erdachte 1758 der schwedische Naturforscher Carl von Linné, der sich **Carolus Linnaeus** nannte. Linnés Systematik ermöglichte es den Zoologen, einen detaillierten Stammbaum des Tierreichs zu erstellen, der aufzeigt, wie eng verschiedene Tiergruppen miteinander verwandt sind. Jede Art erhält einen **wissenschaftlichen Namen,** der den Wissenschaftlern etwas über das Tier und die Beziehung zu seinen nächsten Verwandten verrät.

Wissenschaftliche Namen ❷

Jede Tierart der Erde hat ihren eigenen zweiteiligen wissenschaftlichen (lateinischen) Namen. So lautet z. B. die Bezeichnung für den **Tiger** *Panthera tigris*. Die **erste Namenshälfte** bezeichnet die Gattung des Tieres und wird immer groß geschrieben. Die nächsten Verwandten einer Tierart tragen denselben Gattungsnamen – in diesem Fall *Panthera*. Er gilt für alle Großkatzen. Die **zweite Namenshälfte** ist der Artname. Manchmal erinnert er an den Wissenschaftler, der die Art entdeckte, oder teilt etwas über das betreffende Tier mit. So bedeutet z. B. der lateinische Name des Sikahirsches, *Cervus nippon*, „Hirsch aus Japan".

Stammbäume verstehen ❸

Dieser Stammbaum zeigt, wie die großen Tiergruppen miteinander verwandt sind. Stark vereinfacht kann man die Tiere in zwei Hauptgruppen einteilen: in die Wirbellosen und die Chordatiere.

Wirbellose machen 95 % aller Tiere aus. Zu ihnen zählen Schwämme, Korallen, Quallen, Würmer, Weichtiere, Stachelhäuter, Krebstiere, Spinnentiere, Tausendfüßer und Insekten. **Chordatiere** lassen sich in Manteltiere, Schädellose und Wirbeltiere untergliedern. Fast alle heute lebenden Chordatiere sind **Wirbeltiere**, die sich auf fünf Gruppen aufteilen: Säugetiere, Vögel, Reptilien, Amphibien und Fische.

Chordatiere

Hierunter versteht man Tiere mit einer Rückensaite oder Chorda. Sie entstanden vor rund 530 Mio. Jahren aus marinen Wirbellosen.

Wirbeltiere

Alle Wirbeltiere besitzen eine Wirbelsäule und ein Innenskelett. Es existieren rund 48 000 Arten.

Vögel

Vögel besitzen Federn und legen hartschalige Eier. Es gibt ungefähr 9000 Arten.

Reptilien

Reptilien besitzen Lungen und eine beschuppte Haut. Man weiß von 6000 Arten.

Säugetiere

Säugetiere säugen ihre Jungen und sind meist behaart. Es gibt über 4000 Arten.

Mischformen

Manteltiere und Schädellose sind weder Wirbeltiere noch Wirbellose. Im Gegensatz zu Wirbeltieren besitzen sie keine Knochen, aber eine Rückensaite oder Chorda, die sie von den niederen Tieren unterscheidet. Heute gibt es noch drei Formen von Manteltieren: Seescheiden, Appendikularien und Salpen. Die 20 Arten der Schädellosen, zu denen auch das Lanzettfischchen gehört, ähneln alle Fischlarven.

Wirbellose

Wirbellose besitzen keine Wirbelsäule und kein Innenskelett. Bisher wurden viele Millionen Arten entdeckt.

Manteltiere, Schädellose

Hierzu zählen Chordatiere ohne Innenskelett (siehe Mischformen oben).

Amphibien

Amphibien besitzen als Larven Kiemen, als Erwachsene Lungen. Es sind über 400 Arten bekannt.

Fische

Fische besitzen Kiemen und können meist nur im Wasser atmen. Man kennt rund 25 000 Arten.

Ebenen der Klassifikation

Das Tierreich wird in Stämme eingeteilt, die sich wiederum in kleinere Gruppen gliedern. Jede Tierart wird klassifiziert wie folgt:

Reich
Animalia (Tiere)

Stamm
Chordata (Chordatiere)

Klasse
Mammalia (Säugetiere)

Ordnung
Carnivora (Raubtiere)

Familie
Felidae (Katzen)

Gattung
Panthera (Großkatzen)

Art
Panthera tigris (Tiger)

Unterart
Panthera tigris altaica
(Sibirischer Tiger)

SIBIRISCHER TIGER *Panthera tigris altaica* ist eine von acht Unterarten des Tigers (von denen bereits drei ausgestorben sind). [4]

Die fünf Reiche der Organismen [5]

Alle Lebewesen lassen sich einem von fünf Reichen zuordnen:
◆ **Animalia:** Hierzu gehören vielzellige Lebewesen, die sich fortbewegen können und aktiv Nahrung aufnehmen.
◆ **Protista:** Dieses Reich bilden einzellige Organismen, die ansonsten die gleichen Merkmale aufweisen wie Tiere. Hierzu gehören Geißeltierchen, Wimpertierchen und Amöben.
◆ **Plantae:** Pflanzen bilden ein Reich von Organismen, die mithilfe von Sonnenlicht eigene Nährstoffe herstellen.
◆ **Fungi:** Vertreter des Reiches Pilze können sich weder fortbewegen wie Tiere noch Nährstoffe herstellen. Deshalb leben sie auf oder innerhalb ihrer Nahrungsquelle.
◆ **Monera:** Die einfachsten Lebensformen sind einzellige Organismen ohne Zellkern wie Bakterien. Sie werden einem eigenen Reich zugeordnet.

Stichfrage
[6]

F: Welche Wirbeltiere gehören zur Klasse *Aves*?
A: Vögel. *Aves* ist das lateinische Wort für Vögel, der Singular lautet *Avis*. Dieses Wort ist die Wurzel von Fremdwörtern wie Aviatik (Luftfahrtwesen) oder Avionik (Wissenschaft und Technik elektronischer Luftfahrtgeräte).

Niedere Tiere

Unten auf der Leiter ❶

◆ Das **primitivste Tier** ist ein mariner Organismus namens *Trichoplax adhaerens*. Er wurde 1883 in einem Aquarium in Österreich entdeckt, misst nur 3 mm und ist im Grunde nur eine flache Scheibe aus identischen Zellen. Zunächst hielt man *Trichoplax* für die Larve eines komplexeren Tieres, bis man 1971 den eigenen Stamm Placozoen (*Placozoa*) begründete.

◆ Eine Stufe höher als die Placozoen steht der Stamm Schwämme (*Porifera*). Wie *Trichoplax* besitzen auch **Schwämme** kein Gewebe, aber verschiedene Zellschichten. Die meisten haben ein Skelett aus winzigen nadelförmigen Mineralablagerungen, so genannte *Spiculae*. Schwämme saugen Wasser durch ihre poröse Oberfläche ein und filtrieren Nahrungspartikel heraus.

Welt der Würmer ❷

Es gibt mehr Wurmarten als Wirbeltiere: insgesamt über 65 000, darunter **das längste Tier der Erde,** der Lange Schnurwurm (*Lineus longissimus*) aus der Nordsee, der bis zu 55 m lang werden kann. Aber auch einige der kleinsten und verbreitetsten Tiere gehören hierzu: die Nematoden oder Fadenwürmer. Als Würmer bezeichnete Tiere finden sich in acht verschiedenen Tierstämmen.

Tierstamm	Name	Merkmale
Acanthocephala	Kratzer	1,5 mm bis 5 m lange Darmparasiten. Verankern sich mit spitzen Haken an ihrem Wirt.
Annelida	Ringelwürmer	Hierzu gehören u.a. Regenwürmer, Sandwürmer und Blutegel. Der größte Blutegel der Welt ist die bis zu 30 cm lange Art *Haementeria ghilianii* aus dem Amazonasgebiet.
Aschelminthes oder Nemathelminthes	Rund- oder Schlauchwürmer	Dieser Stamm umfasst auch Tiere wie die Rädertiere, die nicht zu den Würmern zählen. Zu den Rundwürmern zählen parasitische und nicht parasitische Arten.
Echiurida	Igelwürmer	Im Schlamm eingegrabene Meereswürmer mit langem Rüssel, mit dem sie kleine Fische erbeuten
Nemertini	Schnurwürmer	Meerestiere der Hochsee
Pentastomida	Pentastomiden	Leben in den Atemwegen und in der Lunge von Wirbeltieren. Die meisten kommen in den Tropen vor.
Plathelminthes	Plattwürmer	Hierzu gehören die frei lebenden Strudelwürmer sowie Bandwürmer und Saugwürmer (Egel). Strudelwürmer haben ein enormes Regenerationsvermögen: Teilt man ein solches Tier in zwei Hälften, so wachsen daraus zwei vollständige Tiere heran. Saugwürmer und Bandwürmer leben parasitisch, Letztere können bis zu 12 m lang werden.
Sipunculida	Spritzwürmer	Ausschließlich marin. Leben in Sand und Schlamm

TÖDLICHE GEFAHR Eine Seewespe vor Australien. Quallen bestehen zu 95 % aus Wasser.

Quallen ❸

◆ Quallen bilden im Tierreich eine **eigene Klasse,** die *Scyphozoa*, die jedoch zum **gleichen Stamm** gehört wie Korallen und Seeanemonen, zu den **Nesseltieren (Cnidaria).** Es gibt ungefähr 200 Quallenarten. Zunächst leben sie als **Polypen** festsitzend auf Felsen oder einem anderen Untergrund, später entwickeln sich daraus **frei im Wasser treibende Tiere,** die **Medusen.**

◆ Quallen haben Tentakel mit Nesselzellen. Damit töten sie ihre Beute. **Die giftigste** ist die Australische Würfelqualle oder Seewespe (*Chironex fleckeri*). Sie kommt vor der Nordküste Australiens und in Teilen Südostasiens vor und ist für den Menschen tödlich.

MAHLZEIT! Zum Beutefang strecken Seeanemonen ihre Tentakel aus. Wenn sie angegriffen werden, ziehen sie sie ein.

Seeanemonen ❹

◆ Es gibt rund 4000 Arten von Seeanemonen. Ihr Durchmesser reicht von wenigen Zentimetern bis zu über 1 m. Sie kommen in Küstengewässern von den Polen bis in die Tropen vor, leben festsitzend im Sand oder auf Felsen und ernähren sich von Fischen und anderen Meeresorganismen, die sie mit ihren Tentakeln erbeuten. Diese sind mit Nesselzellen (Nematozysten) besetzt. Seeanemonen gehören der gleichen Tierklasse an wie die Korallen, beide sind Blumentiere *(Anthozoa)*.
◆ Wie Korallen können sich Seeanemonen entweder geschlechtlich oder ungeschlechtlich vermehren. Bei der ungeschlechtlichen Vermehrung knospen winzige Klone.

 973

Wurmriesen

Die **größten Regenwürmer** der Welt werden im Schnitt 1,36 m lang – bei einem Durchmesser von 2 cm –, können aber auch 6,7 m Länge erreichen. Diese Riesenregenwürmer *(Microchaetus rappi)* stammen aus Südafrika.

Stichfrage ❻

F: Welcher im Meer treibende Jäger ist nach einem altertümlichen Kriegsschiff benannt?
A: Die Portugiesische Galeere bzw. Seeblase *(Physalia physalis)* sieht zwar aus wie eine Qualle, ist aber eine Gemeinschaft aus verschiedenen Einzeltieren (Nesseltieren). Eines davon bildet das „Floß", die anderen sind für Beutefang, Verdauung oder Fortpflanzung zuständig.

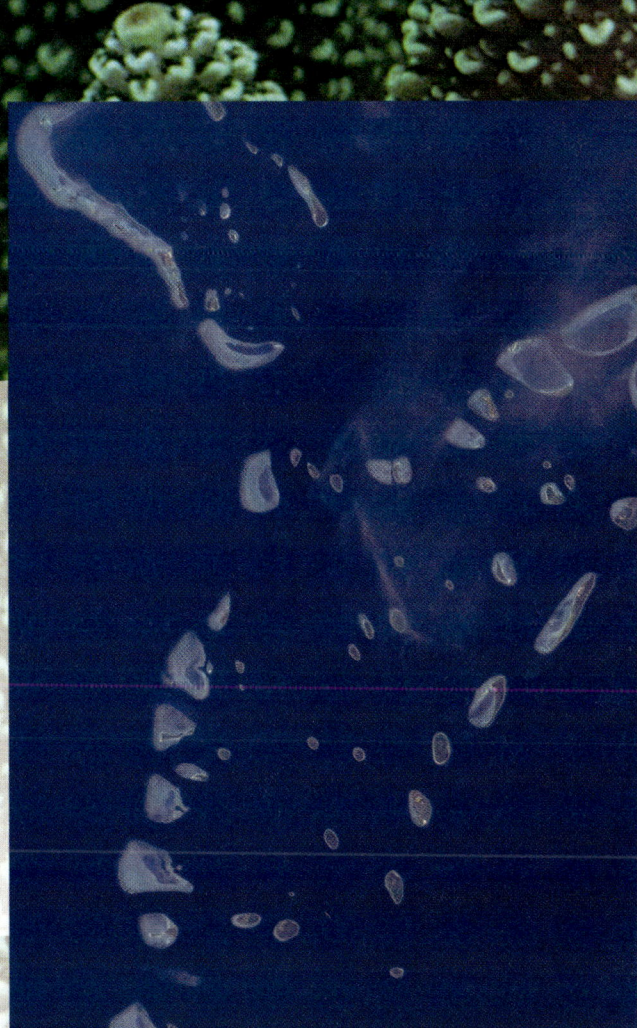

Korallen und Korallenriffe ❺

Korallenriffe sind riesige Gemeinschaften aus winzigen Einzeltieren, den **Korallenpolypen**. Diese fangen mit ihren Tentakeln Plankton. Um ihren Körper zu schützen, scheiden die meisten Korallenpolypen ein kalkhaltiges Skelett ab. Diese Skelette bilden in ihrer Masse die Korallenriffe.
In den Polypen tropischer Riffe leben Millionen einzelliger **Algen**. Diese stellen mithilfe des Sonnenlichts durch Photosynthese Kohlenhydrate her, die den Polypen als Ergänzung ihrer Nahrung dienen. In den 1990er-Jahren fand man jedoch am Grund des Nordatlantiks riesige, von den Polypen ganz ohne Algen gebildete Riffe.

HINTERGRUNDBILD Korallenriffe bestehen aus den Kalkskeletten von Steinkorallen. Weichkorallen, eine andere Korallenform, leben solitär und scheiden keine Kalkskelette ab.

VOM ALL AUS GESEHEN Korallen sind die einzigen Tiere, die Land schaffen, z. B. diese Pazifikinseln oder das berühmte Große Barriereriff vor der Ostküste Australiens.

Weichtiere, Stachelhäuter

Wichtige Fakten ❶

◆ Es gibt über 50 000 Arten von **Weichtieren.** Sie bilden den Stamm der **Mollusken.** Stachelhäuter bilden den Stamm *Echinodermata*.

◆ **Weichtiere** wie Muscheln sind Wirbellose mit hoch entwickeltem Blutgefäß- und Nervensystem. Ihr Körper ist weich und unsegmentiert und sie pflanzen sich geschlechtlich fort.

◆ Die meisten Weichtiere sind mit einem so genannten Mantel bedeckt. Dieser produziert das Mineral Kalziumkarbonat (Kalk), aus dem die Schale gebildet wird.

◆ **Stachelhäuter** wie Seesterne sind die einzigen Tiere mit radiärsymmetrischem (fünfstrahligem) Körperbauplan ohne Kopf.

Schnecken und Sepien

Da Weichtiere kein Skelett besitzen, ist ihre Körpergestalt veränderlich und hat eine große **Formenvielfalt** hervorgebracht.

Zu den einfachsten gehören **Muscheln** *(Bivalvia),* wasserlebende Tiere mit einer Schale aus zwei Hälften, die über ein Scharnier verbunden sind. Die meisten leben sessil (festsitzend) als Filtrierer. Einige wenige wie Kammmuscheln sind nicht sessil und können sich durch Klappbewegungen ihrer Schalen rückwärts im Wasser fortbewegen.

Die bekanntesten Weichtiere sind die **Schnecken** *(Gastropoda),* die sich in Nackt- und Gehäuseschnecken unterteilen. Ihre Fortbewegung erfolgt auf einem einzelnen verbreiterten Fuß. Zur Ernährung besitzen sie eine Raspelzunge oder *Radula.* **Kopffüßer** *(Cephalopoda)* sind die am höchsten entwickelten Weichtiere wie Tintenfische (Sepien), Kalmare und Kraken. Charakteristisch für die Kopffüßer sind ihre mit Saugnäpfen besetzten Fangarme. Kraken besitzen acht Fangarme, Kalmare und Tintenfische zehn.

❷

JUNGER RIESE
Der Atlantische Riesenkalmar *(Architeuthis dux)* ist der größte Wirbellose der Welt. Dieses 3 m lange Prachtexemplar wurde vor der Küste Schottlands gefangen.

Sprechende Namen ❸

Name	Bedeutung
Bivalvia	„Zwei Klappen". Zu den *Bivalvia* gehören alle Muscheln.
Cephalopoda	„Kopffüße"
Echinodermata	„Stachelige Haut"
Gastropoda	„Magenfüße". Die *Gastropoda* umfassen alle Nackt- und Gehäuseschnecken.
Nudibranchia	„Nackte Kiemen"

Stichfrage ❹

F: Welche Muscheln produzieren die wertvollsten Perlen?
A: Austern. Perlen bilden sich, wenn Sandkörner unter die Schale geraten und von Perlmutt umhüllt werden. Die größte natürliche Perle der Welt wog 6,4 kg und wurde von einer Glatten Riesenmuschel *(Tridacna derasa)* gebildet.

Zwitter und Geschlechtsumwandlung ❺

Alle Weichtiere pflanzen sich geschlechtlich fort, manche verdoppeln jedoch die Chance, ihre Gene weiterzugeben, indem sie zugleich männlich und weiblich (Zwitter) sind. Vier Fünftel aller Weichtierarten zählen zu den Schnecken, von denen viele Zwitter sind, darunter auch die **Weinbergschnecke** *(Helix pomatia)*. Manche Weichtiere, u. a. die **Gemeine Napfschnecke** *(Patella vulgata)*, sind zunächst männlich und werden später weiblich. Das ist insofern sinnvoll, als größere Individuen mehr Eier produzieren können als kleinere. Auf die Menge der erzeugten Spermien dagegen hat die Körpergröße wenig Einfluss.

AUF GROSSEM FUSS
Die Echte Achatschnecke *(Achatina achatina)* aus Afrika ist das größte landlebende Weichtier. Das bisher größte Individuum maß stolze 39 cm.

Sterne und Stacheln ❻

◆ Zu den **Stachelhäutern** *(Echinodermata)* zählen Seesterne, Schlangensterne, Seegurken, Seeigel und Seelilien.
◆ **Seesterne** haben dicke Arme, die von einer zentralen Scheibe ausgehen. Ambulakralfüßchen dienen der Fortbewegung.
◆ Die Arme von **Schlangensternen** sind sehr dünn. Sie ernähren sich von Plankton, **Seegurken** oder sich zersetzendem Material.
◆ **Seeigel** sind Allesfresser, besitzen ebenfalls Ambulakralfüßchen und sind mit Stacheln bedeckt.
◆ Die meisten **Seelilien** sind Filtrierer und leben festsitzend am Meeresboden.

UNGLAUBLICH ABER WAHR ❼

Zu den **farbenprächtigsten** Weichtieren gehören die **Nacktkiemerschnecken** *(Nudibranchia)* der tropischen Meere. Sie besitzen kein Gehäuse, schützen sich aber mithilfe von Nesselzellen erbeuteter Nesseltiere.

⭐ **765**

Gute Abwehr

Seegurken oder Seewalzen sind harmlos aussehende, wurstförmige Tiere, die über den Meeresboden kriechen. Werden sie jedoch von einem Räuber angegriffen, wenden sie ihm ihr Hinterteil zu und schleudern ihm ihren Enddarm oder sogar ihre gesamten Eingeweide entgegen.

Korallenkiller ❽

In den letzten Jahrzehnten waren das Große Barriereriff und andere Korallenriffe des Indopazifiks massiven Angriffen von Seesternen ausgesetzt. Der 40 cm große **Dornenkronenseestern** *(Acanthaster planci)* ist der natürliche Feind der Korallen. Nach Ansicht mancher Biologen ist dessen Massenauftreten Teil eines natürlichen Zyklus, andere führen es auf Eingriffe des Menschen zurück: Der Hauptfeind des Dornenkronenseesterns ist das Pazifische Tritonshorn *(Charonia tritonis)*, eine Meeresschnecke, die durch Sammler stark dezimiert wurde.

GUT BEWAFFNET Der Dornenkronenseestern hat viele Giftstacheln.

Insekten

Wichtige Fakten ❶

◆ Insekten sind die erfolgreichste Tiergruppe der Erde: Bislang wurden über **1 Mio. Arten** identifiziert.

◆ Alle Insekten haben gemeinsame Merkmale, so etwa ein **Antennenpaar** und drei paarige Mundwerkzeuge.

◆ Der **Körper von Insekten** ist dreiteilig in Kopf, Brust und Hinterleib gegliedert. Die Brust besteht wiederum aus drei Segmenten, an denen jeweils ein Beinpaar sitzt. Der Hinterleib umfasst elf beinlose Segmente.

◆ Fast alle Insekten besitzen zwei **Flügelpaare**.

Fakten und Zahlen zu Insekten ❷

Längstes	Schwerstes	Kleinstes	Schnellstes (an Land)
Riesenstabschrecke *Pharnacia kirbyi* 33 cm	Goliathkäfer *Goliathus goliath* 100 g	Zwergwespen Familie *Mymaridae* 0,2 mm	Amerikan. Großschabe *Periplaneta americana* 5,4 km/h

IMKERTRADITION Die heutigen Bienenzüchter führen eine Tradition fort, die schon die Alten Ägypter kannten.

Insekt und Mensch ❸

Die Klasse *Insecta* umfasst einige für den Menschen nützliche Arten – aber weitaus mehr, die ihm Schaden zufügen. So stellen **Bienen** Honig her und die **Raupen von Seidenspinnern** (*Bombyx mori*) Seide. Doch **Kornkäfer** (*Sitophilus granarius*) fallen über Getreidevorräte her und **Kleidermotten** (*Tineola bisselliella*) zerstören nur allzu oft Textilien und Pelze.

Auch die meisten Landwirtschaftsschädlinge sind Insekten. Viele von ihnen, so etwa der **Holzwurm** (*Anobium punctatum*) bzw. **die Larve des Gemeinen Nagekäfers**, oder die **Totenuhr** (*Xestobium rufovillosum*) sowie Trockenholztermiten (*Incisitermes minor*) zerstören Möbel und Gebäude.

Abgehoben ❹

Insekten waren **die ersten flugfähigen Tiere**. Die ältesten Insektenfossilien sind über 350 Mio. Jahre alt. Erst 50 Mio. Jahre zuvor hatten die ersten Tiere das Land besiedelt. Zu den ersten Insekten gehörte auch das **größte flugfähige Insekt überhaupt,** die Riesenlibelle (*Meganeura monyi*) mit einer Flügelspannweite von 75 cm.

Fast alle heutigen Insekten besitzen Flügel, auch Ohrwürmer, Schaben, Heuschrecken, Gottesanbeterinnen und Käfer. **Die schnellsten Flieger** sind australische Libellen der Art *Austrophlebia costalis*, die 58 km/h erreichen können.

★ 705

Gut zu Fuß

Jeder, der schon einmal eine **Schabe** gesehen hat, weiß, wie schnell diese Tiere sind. Sie können pro Sekunde das 50fache ihrer Körperlänge zurücklegen – beim Menschen wären das 330 km/h. Bei Höchstgeschwindigkeit läuft eine Schabe nur auf ihren beiden Hinterbeinen, der Vorderkörper ist aufgerichtet.

Verschiedene Lebensstadien ❺

Alle Insekten machen eine Verwandlung durch, die man als **Metamorphose** kennt. **Schmetterlinge** verändern sich bis zur Unkenntlichkeit: Die als Raupen bezeichneten Larven wandeln sich zu Puppen, aus denen die geflügelten Tiere schlüpfen. Einen ähnlichen Prozess durchlaufen **Käfer** (rechts). Für Insektenlarven gibt es unterschiedliche Bezeichnungen: Wasserlebende Larven mit Beinen bezeichnet man als **Nymphen,** die Larven mancher Käfer als **Engerlinge** und Fliegenlarven nennt man **Maden.**

Erwachsene Käfer können über ein Jahr leben.

Nach drei Wochen heftet sich die Larve z. B. an ein Blatt und verpuppt sich.

Marienkäfer legen 200 Eier.

Daraus schlüpfen Larven.

Mörderisch! ❻

Einige tödliche Krankheiten werden von Insekten übertragen.

Krankheit	Überträger
Beulen-pest	Rattenfloh *Nosopsyllus fasciatus*
Malaria	Malariamücken *Anopheles spec.*
Schlaf-krankheit	Tsetsefliege *Glossina spec.*
Gelb-fieber	Gelbfiebermücken *Aedes spec.*

Allgegenwärtig: Käfer ❼

Ein Drittel aller Insektenarten sind Käfer – über 370 000 wurden bisher entdeckt. Es gibt Riesen wie den südamerikanischen Herkuleskäfer *(Dynastes hercules)* – mit einer Länge von 19 cm der längste Käfer der Welt –, aber auch Federflügler (Familie *Ptiliidae*), die kleiner sind als dieser Punkt. Käfer leben in praktisch allen Lebensräumen an Land und im Süßwasser. Die einzigen „käferfreien" Orte sind die Meere und die polaren Eiskappen. Die erfolgreichsten Käfer sind die Rüsselkäfer (Familie *Curculionidae*) mit über 60 000 Arten – das sind mehr als alle landlebenden Wirbeltiere zusammen.

Giganten im Käferreich
Goliathkäfer wiegen mehr als dreimal so viel wie eine Hausmaus und sind 8 Mio. Mal schwerer als der kleinste Käfer.

WÜSTENSCHWARM ❾
Afrikanische Wüstenschrecken *(Schistocerca gregaria)* zählen zu den verheerendsten Insekten. Wie Wanderheuschrecken schwärmen sie nach Regen aus und fallen über die üppige Vegetation her.

Stichfrage ❽

F: Wie alt wurde das älteste Insekt?
A: 47 Jahre. Ein Prachtkäfer der Art *Buprestis aurulenta* schlüpfte in einem Haus in Südengland aus einer Holztreppe – und zwar 47 Jahre nachdem die Treppe errichtet worden war. Diese Käferart kommt nur in Nordamerika vor. In England schlüpfte der Käfer deshalb, weil die Treppe aus importiertem Kiefernholz gebaut worden war. Der Käfer lebte nach dem Schlüpfen noch einige Monate.

Spinnentiere, Tausendfüßer

Wichtige Fakten ❶

◆ Spinnentiere und Tausendfüßer gehören zur Gruppe der **Gliederfüßer** (Arthropoda), Wirbellose mit einem starren Außenskelett.
◆ Der Körper der **Spinnentiere** (Arachnida) ist zweiteilig; der vordere Teil (Prosoma) trägt zwei paarige Körperanhänge – Scheren oder Taster und Kieferfühler – sowie vier Beinpaare.

◆ Die meisten Spinnentiere leben von anderen Gliederfüßern. Zu den Spinnentieren gehören **Spinnen, Skorpione, Milben** und **Zecken.**
◆ Die **Tausendfüßer** (Myriapoda) besitzen nur ein Antennenpaar und ihr Körper ist in zahlreiche Segmente untergliedert. Hundertfüßer haben pro Segment ein, Doppelfüßer zwei Beinpaare.

Fakten und Zahlen ❷

Spinnen

Größte (Beinspanne)	**Kleinste (Beinspanne)**
Riesenvogelspinne *Theraphosa blondi* 9 cm	Eine Symphytognathide *Anapistula caecula* 0,46 mm

Skorpione

Längster	**Kleinster**
Indischer Waldskorpion *Heterometrus swannerdami* 29 cm	*Microbothus pusillus* 1,3 cm

Fakten und Zahlen ❹

Hunderfüßer

Längster	**Die meisten Beine**
Bissiger Scolopender *Scolopendra morsitans* 33 cm	*Himantarum gabrielis* 354

Tausendfüßer

Längster	**Die meisten Beine**
Afrikanischer Riesenschnurfüßer *Graphidostreptus gigas* 28 cm	*Illacme plenipes* 750

Kiefer, Scheren

Skorpione und **Walzenspinnen** kommen in den Tropen vor. Walzenspinnen sind keine eigentlichen Spinnen, sondern bilden eine eigene Ordnung (Solifugae). Ihre Mundwerkzeuge sind die größten aller landlebenden Wirbellosen. Im Verhältnis zu ihrer Körpergröße können sie damit fester zubeißen als alle anderen Tiere.

Skorpione sind wie die Walzenspinnen aktive Jäger. Sie fangen ihre Beute mit ihren Scheren und lähmen oder töten sie, wenn nötig, mit Gift aus ihrem Stachel am Schwanzende.

SCHNELL UND BISSIG Mit 16 km/h sind Walzenspinnen die schnellsten Wirbellosen an Land. ❸

Hundert- und Doppelfüßer ❺

Hundertfüßer (Chilopoda) und Doppelfüßer (Diplopoda) haben mehr Beine als alle anderen Tiere. Die Mindestzahl bei einem Doppelfüßer beträgt 24, alle Hundertfüßer haben mindestens 15 Paare. Kein Tausendfüßer hat aber wirklich 1000 Füße, und nur wenige Hundertfüßer haben genau 100. Doppelfüßer ernähren sich von pflanzlichem Material, Hundertfüßer dagegen sind aktive Jäger. Der schnellste ist der südeuropäische Spinnenläufer (Scutigera coleoptrata) mit 1,8 km/h.

LASS MICH IN RUHE! Riesentausendfüßer wie diese Art aus Madagaskar (unten) leben oberirdisch und entkommen Räubern, indem sie eine übel riechende Flüssigkeit ausscheiden.

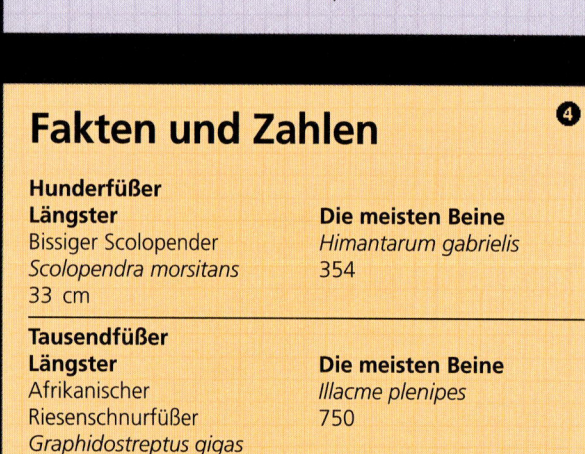

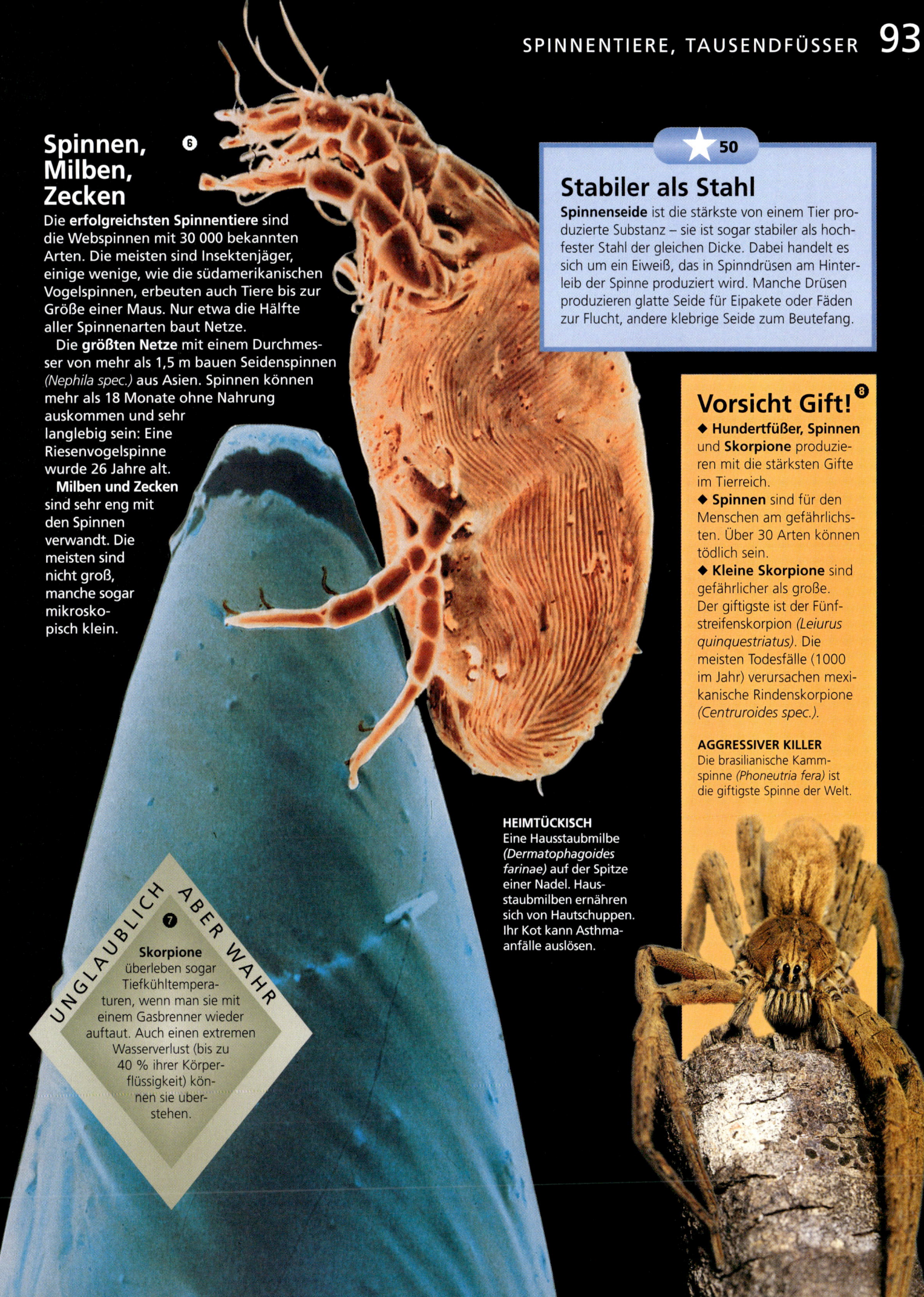

Spinnen, Milben, Zecken ❻

Die **erfolgreichsten Spinnentiere** sind die Webspinnen mit 30 000 bekannten Arten. Die meisten sind Insektenjäger, einige wenige, wie die südamerikanischen Vogelspinnen, erbeuten auch Tiere bis zur Größe einer Maus. Nur etwa die Hälfte aller Spinnenarten baut Netze.

Die **größten Netze** mit einem Durchmesser von mehr als 1,5 m bauen Seidenspinnen *(Nephila spec.)* aus Asien. Spinnen können mehr als 18 Monate ohne Nahrung auskommen und sehr langlebig sein: Eine Riesenvogelspinne wurde 26 Jahre alt.

Milben und Zecken sind sehr eng mit den Spinnen verwandt. Die meisten sind nicht groß, manche sogar mikroskopisch klein.

★ 50

Stabiler als Stahl

Spinnenseide ist die stärkste von einem Tier produzierte Substanz – sie ist sogar stabiler als hochfester Stahl der gleichen Dicke. Dabei handelt es sich um ein Eiweiß, das in Spinndrüsen am Hinterleib der Spinne produziert wird. Manche Drüsen produzieren glatte Seide für Eipakete oder Fäden zur Flucht, andere klebrige Seide zum Beutefang.

Vorsicht Gift! ❽

◆ **Hundertfüßer, Spinnen** und **Skorpione** produzieren mit die stärksten Gifte im Tierreich.

◆ **Spinnen** sind für den Menschen am gefährlichsten. Über 30 Arten können tödlich sein.

◆ **Kleine Skorpione** sind gefährlicher als große. Der giftigste ist der Fünfstreifenskorpion *(Leiurus quinquestriatus)*. Die meisten Todesfälle (1000 im Jahr) verursachen mexikanische Rindenskorpione *(Centruroides spec.)*.

AGGRESSIVER KILLER
Die brasilianische Kammspinne *(Phoneutria fera)* ist die giftigste Spinne der Welt.

HEIMTÜCKISCH
Eine Hausstaubmilbe *(Dermatophagoides farinae)* auf der Spitze einer Nadel. Hausstaubmilben ernähren sich von Hautschuppen. Ihr Kot kann Asthmaanfälle auslösen.

UNGLAUBLICH ABER WAHR ❼

Skorpione überleben sogar Tiefkühltemperaturen, wenn man sie mit einem Gasbrenner wieder auftaut. Auch einen extremen Wasserverlust (bis zu 40 % ihrer Körperflüssigkeit) können sie überstehen.

Krebstiere und Verwandte

Wichtige Fakten ❶

◆ Krebstiere sind Wirbellose und gehören zu den *Crustacea*, der **zweitgrößten Klasse** des Tierreichs nach den Insekten.
◆ Die meisten Krebstiere **leben im Wasser.**
◆ Krebstiere besitzen zwei paarige Antennen und drei Paar Mundwerkzeuge.

◆ Ihr Körper ist untergliedert in Kopf, Brust und Hinterleib, Kopf und Brust sind jedoch meist miteinander verschmolzen.
◆ Die **Larven** vieler Krebstiere sind oval und unsegmentiert. Man kennt sie auch unter der Bezeichnung **Naupliuslarven.**

Fakten und Zahlen über Krebstiere ❷

Größtes (Beinspanne)	Schwerstes	Kleinstes	Schnellstes (an Land)
Japanische Riesenkrabbe	Amerikanischer Hummer	Wasserfloh	Reiterkrabbe
Macrocheira kaempferi	*Homarus americanus*	*Alonella spec.*	*Ocypode spec.*
3,7 m	20 kg	0,25 mm	7 km/h

Essbare Krebstiere ❸

Auf der Speisekarte stehen häufig Krebstiere, aber nur einige Dutzend der 38 000 bekannten Arten werden gegessen. Zu den bekanntesten zählen der **Taschenkrebs** (*Cancer pagurus*) und natürlich der **Europäische Hummer** (*Homarus vulgaris*). Weitere Beispiele sind **Flusskrebse, Gießergarnelen** (Tiger Prawns bzw. *Penaeus spec.*) und **Scampi** (Kaisergranat bzw. *Nephrops norvegicus*).

★ 99
Asseln

Asseln sind die erfolgreichsten aller landlebenden Krebstiere. Bemerkenswerterweise besitzen sie statt Lungen Kiemen und sind daher auf Feuchtigkeit angewiesen. Asseln ernähren sich von Pflanzenresten und leben in Falllaub und unter verrottenden Baumstämmen. Die Weibchen tragen ihre Eier in einer Bruttasche auf der Körperunterseite mit sich herum.

RIECHANTENNEN Asseln nutzen ihre Antennen nicht als Fühler – sie nehmen damit Düfte wahr.

STRANDPARTIE Anders als marine Krebstiere, die ihre Eier im Wasser ablegen, kommen Pfeilschwanzkrebse zum Ablaichen an Land.

Legendär: Lebende Fossilien

Die **Pfeilschwanzkrebse** oder **Schwertschwänze** haben seit über 150 Mio. Jahren praktisch unverändert überlebt. Sie bilden eine eigene Tierklasse, die *Merostomata*, was in der Übersetzung so viel wie „gegliederte Münder" bedeutet. ❹

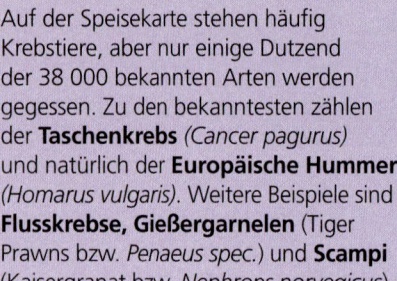

Scherenklappern ❺

Krabben, Hummer, Langusten und **Garnelen** gehören zur Ordnung der Zehnfußkrebse (*Decapoda*, was wörtlich „zehn Füße" bedeutet). Tatsächlich haben sie jedoch acht Füße, weil die beiden anderen zu Scheren umgebildet sind.

◆ **Hummer** und **Langusten** leben im Meer. Zu ihnen gehören die schnellsten aller Krebstiere. Große Langusten können ihren Feinden mit einer Geschwindigkeit von 29 km/h entkommen.

◆ Anders als Hummer und Langusten können **Krabben** nicht vorwärts, sondern nur seitwärts laufen.

◆ **Garnelen** sind die zahlreichsten Zehnfußkrebse. Sie leben in Salz- und Süßwasser.

UNGLAUBLICH ABER WAHR ❻

Einige **Fangschreckenkrebse** (*Squilla spec.*) töten ihre Beute durch Boxhiebe. Diese sind so kräftig, dass man die Tiere nicht in Aquarien halten kann: Sie würden nach kurzer Zeit das Glas durchschlagen und entkommen.

An Land und im Meer ❽

Krebstiere haben praktisch alle Lebensräume der Erde besiedelt. Man findet sie in den tiefsten Tiefen der Meere und den trockensten Wüsten. Rote Tiefseegarnelen und Flohkrebse leben am Boden des Marianengrabens in 10 900 m Tiefe, Rückenschaler (*Triops spec.*) sogar unter sengender Sonne im australischen Outback.

Was die Arten- und Individuenzahl angeht, mögen Insekten zahlreicher sein, aber an Masse werden sie von den Krebstieren übertroffen. Die garnelenähnlichen **Krillkrebse** (*Euphausia superba*) bilden die Grundlage des gesamten Ökosystems der Antarktis: Alle Tiere von Fischen über Pinguine bis zu den größten Walen ernähren sich von ihnen.

INSELKLETTERER Der Palmendieb oder Kokosnusskrebs (*Birgus latro*) aus dem Indopazifik kann bis zu 4 kg wiegen und ist damit das größte landlebende Krebstier.

Stichfrage ❼

F: Welche Krebstiere sitzen am Körper von Walen und an Schiffsrümpfen?

A: Seepocken. Einst hielt man Seepocken für Weichtiere, sie sind jedoch näher mit Krebsen verwandt als mit Muscheln. Seepocken verankern sich mit dem Kopf an anderen Objekten und filtrieren mit ihren gefiederten Beinen Nahrung aus dem Wasser.

Fische 1

Wichtige Fakten ❶

◆ Fische werden in **drei Klassen** unterteilt. In der ersten Klasse, *Agnatha,* findet man mit den Kieferlosen die primitivsten Wirbeltiere. Die zweite Klasse, *Chondrichthyes,* umfasst Knorpelfische, zu denen Haie, Rochen und Chimären gehören. In der dritten Klasse, *Osteichthyes,* sind sämtliche Knochenfische vereint.

◆ **Die Kieferlosen** besitzen weder Schuppen noch Kiefer. Ihre Kiemenöffnungen sind rund, das Maul ist saugnapfartig und mit kleinen spitzen Zähnen ausgestattet.

◆ **Knorpelfische** zeichnen sich durch kleine, zähnchenartige Schuppen und ein Knorpelskelett aus, das durch kleine Knochenplatten verstärkt wird. Wie die Kieferlosen besitzen sie – anders als Knochenfische – keine Schwimmblase.

◆ **Knochenfische** sind die artenreichste Fischgruppe. Ihr Skelett ist knöchern und die meisten Arten atmen mithilfe von Kiemen. Knochenhechte, Schlangenkopffische, Lungenfische, Flösselhechtverwandte und Kiemenschlitzaale besitzen primitive Lungen.

Zahlen und Fakten

Walhai 18 m

Knorpelfische

Längster	Schwerster	Kürzester	Schnellster
Walhai	Walhai	Eindornzwerghai	Kurzflossenmako
Rhincodon typus	*Rhincodon typus*	*Squaliolus laticaudus*	*Isurus oxyrinchus*
18 m	21 t	25 cm	88,5 km/h

Knochenfische

Längster	Schwerster	Kürzester	Schnellster
Riemenfisch	Mondfisch	Zwerggrundel	Indopazifischer Fächerfisch
Regalecus glesne	*Mola mola*	*Trimmatom nanus*	*Istiophorus platypterus*
17 m	2235 kg	8,8 mm	109 km/h

Kieferlose ❸

Die kieferlosen Fische umfassen nur **45 Arten. Schleimaale** oder **Inger** leben am Grund von Meeren außerhalb der Tropen. Sie sind effektive Aasfresser, machen aber nachts Jagd auf marine Wirbellose. Sie besitzen nur winzige, unter der Haut liegende Augen und finden ihre Nahrung mithilfe tastempfindlicher Barteln um ihr Maul herum. Die anderen Kieferlosen sind die parasitischen **Neunaugen**, die sich an anderen Fischen festsaugen, die Haut durchraspeln und sich von deren Blut ernähren.

BLUTSAUGER Das europäische Flussneunauge (*Lampetra fluviatilis*) parasitiert an Fischen wie Forellen und Lachsen.

Alles über Haie ❹

Haie sind die erfolgreichsten Räuber der Meere. Die 368 Arten bewohnen fast alle marinen Lebensräume – Korallenriffe und Polarmeere, Hochsee und Tiefsee. Einige wenige Arten leben im Brackwasser, zwei sogar in Flüssen. Der **Ganges-Hai** (*Glyphis gangeticus*) kommt im Ganges und Hooghly in Indien vor, der **Stierhai** oder Gemeine Grundhai (*Carcharhinus leucas*) in großen Strömen wie dem Amazonas, Sambesi oder Mississippi.

Zu den Haien zählen die größten heute noch lebenden Tiere nach den Walen. Die größte Art, der **Walhai**, ernährt sich ausschließlich von Plankton. Praktisch alle anderen Arten sind aktive Jäger. Die meisten Haie verfügen über extrem saure Magensäfte und können fast alles verdauen, sogar Knochen. Einige, wie der **Tigerhai** (*Galeocerdo cuvier*), neigen dazu, leblose Objekte zu verschlucken.

★ 896

Zahnloser Riese

Wie sein Verwandter, der Walhai, ist auch der 10 m lange
Riesenhai (Cetorhinus maximus)
ein zahnloser Planktonfresser.
Riesenhaie leben in kühleren
Gewässern als Walhaie, so auch
vor der Küste Großbritanniens.

Hai-Angriffe ❺

Insgesamt sind 368 Hai-Arten
bekannt. 42 Arten haben bereits
Menschen angegriffen – elf
davon mit tödlichem Ausgang.
Wie Untersuchungen gezeigt
haben, handelte es sich bei drei
Viertel aller Wunden um Bisse,
mit denen die Fische ihre Opfer
nur auf Distanz halten wollten,
und nicht um Jagdattacken.

Hai	Angriffe	†
Weißer Hai	254	67
Tigerhai	83	29
Stierhai	69	17
Sandtigerhai	39	2
Kl. Schwarzspitzenhai	26	0
Grundhai	22	5
Hammerhai	18	0
Blauhai	15	3
Schwarzspitzenriffhai	14	0
Kurzflossenmako	13	2
Gr. Schwarzspitzhai	13	0
Zitronenhai	10	0
Karibischer Riffhai	10	0
Kupfer-/Bronzehai	9	0
Ammenhai	8	0
Grauer Riffhai	7	0
Sandbankhai	5	0
7-kiemiger Kammzahnhai	5	0
Hochseeweißflossenhai	4	0
Wobbegong	4	0
Schwarzhai	3	1
Leopardenhai	3	1
Seidenhai	2	0
Weißspitzenriffhai	2	0
Silberspitzenhai	2	0
Galapagos-Hai	1	1
Ganges-Hai	1	1
Australischer Hundshai	1	0
Ausstecherhai	1	0
Makohai	1	0
Heringshai	1	0
Bogenstirnhammerhai	1	0
Dornhai	1	0

† Angriffe mit tödlichem Ausgang
Aufzeichnungen 1580–2000

SEITENBLICKE Der Bogenstirn-
Hammerhai kann über 4 m
lang werden, greift aber nur
selten Menschen an. Schulen
dieser Haie können mehrere
Hundert Tiere umfassen.

Rochen ❻

Es gibt über 400 Rochenarten. Wie bei den Haien leben auch
hier die größten Arten in der Hochsee und ernähren sich von
Plankton. Die größten, die **Riesenmantas** (Manta birostris),
bewohnen tropische Gewässer und können von Flossenspitze
zu Flossenspitze eine Spannweite von 7 m aufweisen.

Die meisten Rochen leben räuberisch, manche töten ihre
Beute sogar mit Stromstößen. Der **Schwarze Zitterrochen**
(Torpedo nobiliana) kann Stromstöße von 220 V austeilen.
Ebenfalls zu den Rochen zählen so bizarre Geschöpfe wie
Sägefische (Pristis spp.) und **Geigenrochen** (Rhina spp.). Die
Kiemenöffnungen liegen bei Rochen auf der Körperunterseite.

STACHELSCHWANZ Der Amerikanische Stechrochen (Dasyatis americana) lebt in den Küstengewässern von New Jersey bis Brasilien.

Die Ziffer oder der Stern nach einer Frage verweisen auf die Informationskästen rechts.

QUIZ-FRAGE

ANTWORT

Fische 2

Fische auf der Speisekarte ❶

Fischart	Vorkommen	Weitere Informationen
Sardellen *Engraulis spec.*	Zentralatlantik, Südost-pazifik und Ind. Ozean	Kleine Hochseefische, die riesige Schwärme bilden
Atlantischer Lachs *Salmo salar*	Nordpolarmeer und Nord-atlantik, Flüsse und Seen	Laicht im Süßwasser. Zucht in Schott-land, Norwegen, Kanada und Chile
Kabeljau/Dorsch *Gadus morhua*	Nordsee, Nordostatlantik, Nordostpazifik	Bodenfisch, der in bis zu 600 m Tiefe anzutreffen ist
Gemeine Seezunge *Solea solea*	Mittelmeer, Ostatlantik, einschließlich Ärmelkanal	Plattfisch, der häufig im Ärmelkanal gefangen wird
Schellfisch *Melanogrammus aeglefinus*	Nordsee, Nordatlantik	Bodenfisch, nach dem Kabeljau der wichtigste Fisch im Atlantik
Heilbutt *Hippoglossus hippoglossus*	Nordsee, Nordatlantik	Bewohner großer Tiefen, größter Plattfisch, bis zu 2,5 m lang
Hering *Clupea harengus*	Nordatlantik	Geräucherte Heringe nennt man Bücklinge.
Makrele *Scomber spec.*	Ind. Ozean, Atlantik, Pazifik	Hochseefische, die große Schulen bilden
Seeteufel *Lophius spec.*	Nordatlantik	Bodenfisch der Tiefsee, auch als Anglerfisch bekannt
Scholle *Pleuronectes platessa*	Mittelmeer, Ostatlantik von Marokko bis Island	Häufigster kommerziell genutzter Fisch im Nordatlantik
Regenbogenforelle *Salmo gairdneri*	Flüsse, Seen und Küstengewässer	Aus dem westlichen Nordamerika in viele andere Länder eingeführt
Roter Schnapper *Lutjanus campechanus*	Karibik, Golf von Mexiko, westlicher Zentralatlantik	Vor Puerto Rico in Fischzucht-anlagen gezüchtet
Dornhai *Squalus acanthias*	Gemäßigte und kalte Küstengewässer weltweit	Häufigste Haiart der Welt
Sardine oder **Pilchard** *Sardina pilchardus*	Europäische Küstengewässer	Sardinen sind die jungen, Pilchards die ausgewachsenen Fische.
Seebarsch *Dicentrarchus labrax*	Mittelmeer, Ostatlantik von Marokko bis Schottland	Kann bis zu 1 m lang werden
Rochen *Raja batis*	Nordsee und Gewässer vor Island	Mit einem Gewicht bis zu 113 kg längster und schwerster europ. Rochen
Schwertfisch *Xiphias gladius*	Warme Meere weltweit	Einzelgängerischer Räuber der Hochsee, kann 4,9 m lang werden
Forelle *Salmo trutta*	Flüsse, Seen und Küsten-gewässer in Nordeuropa	In Fließgewässern als Bachforelle, in stehenden als Seeforelle bekannt
Tunfisch *Thunnus spec.*	Warme Meere weltweit	Stromlinienförmiger, Schulen bildender Raubfisch. Der Größte (*Thunnus thynnus*) kann 700 kg schwer werden.
Steinbutt *Scophthalmus maximus*	Mittelmeer und Schwarzes Meer, Ostatlantik	Plattfisch

WALLER
Der riesige Süßwasser-fisch lebt in Flüssen in ganz Europa.

Fische mit Barthaaren ❷

Ein Zehntel aller bekannten Fischarten zählt zu den fast weltweit verbreiteten **Welsen.** Charakteristisch sind die tastempfindlichen, schnurrhaarähnlichen Barteln um das Maul herum. Welse sind überwiegend bodenbewohnende Räuber und Aasfresser, die ihre Nahrung mithilfe ihres Tastsinns finden. Die Mehrzahl der Welse lebt im Süßwasser. Die Gruppe umfasst auch den **größten Süßwasser-fisch** – den europäischen Flusswels oder Waller (*Silurus glanis*). Ein im 19. Jh. im russischen Dnjepr gefangenes Exemplar wog 336 kg und war 4,6 m lang.

Plattfische ❸

◆ Filetiert sehen Plattfische genauso wie andere Fische aus. Während diese durch Seitwärtsbewegungen ihres Körpers und Schwanzes schwimmen, machen Plattfische wellenförmige Bewegungen von oben nach unten.

◆ Plattfischlarven ähneln nach dem Schlüpfen noch ganz normalen Fischen, im Lauf ihres Wachstums wandert jedoch ein Auge auf die andere Körperseite.

◆ Plattfische sind marine räuberische Bodenbewohner. Die meisten sind gut getarnt und verstecken sich unter Sand oder Schlamm, sodass nur noch die Augen herausschauen.

Fische in der Luft ❹

Viele Oberflächenfische entkommen ihren Feinden durch Sprünge. **Fliegende Fische** (Familie *Exocoetidae*) können sich bis zu 40 Sekunden in der Luft halten und dabei 400 m weit gleiten. **Flughähne** (Ordnung *Dactylopteriformes*) legen ebenfalls größere Strecken über den Wellen zurück wie auch der **Halbschnäbler** (*Euleptorhamphus velox*). All diese Fische leben in tropischen Meeren und gleiten auf ihren ausgebreiteten vergrößerten Brustflossen durch die Luft, die sie beim Schwimmen eng an den Körper anlegen.

400 m

Aale ❺

◆ Mit ihrem langen Körper ähneln Aale den Schlangen. Sie sind jedoch im Gegensatz zu Schlangen und allen Knochenfischen mit Ausnahme der Welse völlig unbeschuppt.

◆ Weltweit gibt es über 500 Aalartige, in Lebensräumen von Sümpfen bis zu Korallenriffen und der Tiefsee. Alle Aale leben räuberisch, die meisten ernähren sich von anderen Fischen.

◆ Viele marine Aale sind sesshaft: Röhrenaale stecken mit dem Hinterteil im Sand, Muränen lauern ihrer Beute in Felsspalten auf und Meeraale verbringen den Tag in Löchern und gehen nachts auf Jagd.

UNGLAUBLICH ABER WAHR ❻

Anglerfische locken ihre ahnungslose Beute mit ihrem Köder (siehe S. 53) in Reichweite, um dann in einer 6000stel Sekunde zuzuschnappen – das ist eine der schnellsten Bewegungen im gesamten Tierreich.

⭐ 364

Seepferdchen & Co.

Seepferdchen sind Fische. Sie leben in Küstengewässern, wo sie sich mit ihrem Greifschwanz an Wasserpflanzen festhalten. Wie ihre Verwandten, die **Seenadeln** und **Fetzenfische** (siehe Bild), saugen sie Beutetiere mit ihrem röhrenförmigen Maul ein. Die Weibchen legen ihre Eier in eine Bruttasche am Bauch des Männchens, das die Jungen „zur Welt bringt". Seepferdchen sind mit den Stichlingen verwandt, die eine ähnliche Panzerung aus in der Haut eingelagerten Knochenplättchen besitzen.

GUT GETARNT Der Große Fetzenfisch (*Phycodurus eques*) ahmt mit seinem Aussehen im Wasser treibende Algen nach.

Stichfrage ❼

F: Welcher Fisch galt seit Millionen von Jahren als ausgestorben, bis 1938 ein Exemplar gefangen wurde?
A: Der Komoren-Quastenflosser (*Latimeria chalumnae*). Diese Art ist die einzige Überlebende der Ordnung *Coelacanthiformes* (Quastenflosser).

Amphibien

Wichtige Fakten ➊

◆ Mitglieder der **Wirbeltierklasse** *Amphibia* sind als Amphibien oder Lurche bekannt.
◆ Die meisten Amphibien **legen Eier,** die zur Entwicklung auf Feuchtigkeit angewiesen sind.
◆ Amphibien besitzen eine weiche, **dünne Haut,** die oft feucht oder schleimig ist.

◆ Erwachsene Amphibien sind **Lungenatmer** und können Sauerstoff aus dem Wasser aufnehmen.
◆ Ausgewachsen haben die meisten Amphibien **vier Füße** mit Schwimmhäuten oder Haftscheiben zum Klettern.
◆ Erwachsene Amphibien sind **aktive Jäger.**

Formen von Amphibien ➋

Die Klasse Amphibien umfasst drei Ordnungen:
◆ **Anura** (Froschlurche): Frösche und Kröten. Sie sind als Erwachsene schwanzlos und ihre Hinterbeine sind deutlich länger als die Vorderbeine.
◆ **Urodela** (Schwanzlurche): Salamander und Molche. Vier gleich lange Gliedmaßen und ein Schwanz.
◆ **Apoda** („ohne Füße"): Blindwühlen – beinlose Amphibien in den Tropen, die Regenwürmern ähneln

Die Atmung von Amphibien ➌

Entwicklungsgeschichtlich stehen Amphibien zwischen Fischen und Reptilien. Hinsichtlich ihrer Atmung zeigen sie Merkmale von beiden Gruppen. Ihre Larven sind wasserlebend und atmen mithilfe von **Kiemen.** Aus diesen entwickeln sich **Lungen,** sodass die Tiere an Land atmen können. Die meisten Amphibien sind auch zur **Hautatmung** befähigt: Die Haut von Fröschen, Molchen, Salamandern und Blindwühlen ist porös und die Sauerstoffaufnahme erfolgt über ein Netzwerk feiner Blutkapillaren unter der Haut.

FLUSSBEWOHNER Der Hellbender oder Amerikanische Riesensalamander (*Cryptobranchus allegianus*), ein Schwanzlurch, wird bis zu 75 cm lang. Er verlässt das Wasser kaum und atmet nur über seine Haut.

Stichfrage ➍

F: Welcher Inselstaat ist die Heimat der zweitgrößten Amphibien?
A: Japan. Der Japanische Riesensalamander (*Andria japonicus*) wird mit einem Gewicht von 40 kg und einer Länge von 1,5 m fast ebenso groß wie sein chinesischer Verwandter.

Amphibien: Zahlen und Fakten ➎

Frösche und Kröten		
Längste(r) (Beine gestreckt)	**Schwerste(r)**	**Kürzeste(r) (Beine gestreckt)**
Ochsenfrosch	Goliathfrosch	Kuba-Zwergfrosch
Rana catesbeiana	*Conraua goliath*	*Sminthillus limbatus*
91,5 cm	3,65 kg	2,9 cm
Schwanzlurche		
Längster	**Schwerster**	**Kürzester**
Chinesischer Riesensalamander	Chinesischer Riesensalamander	Palmensalamander/ Mexikan. Pilzzungens.
Andrias davidianus	*Andrias davidianus*	*Bolitoglossa mexicana*
1,8 m	65 kg	2,5 cm

Fleisch muss es sein ➏

◆ Alle erwachsenen Amphibien sind **Fleischfresser,** jagen aber Beutetiere, die sehr viel kleiner sind als sie selbst. Nur der Goliathfrosch erbeutet andere Wirbeltiere. Der Surinam-Hornfrosch (*Ceratophrys cornuta*) hat ein so großes Maul, dass er Beutetiere seiner eigenen Größe verschlingen kann.
◆ Manche Kaulquappen sind **Pflanzenfresser.** Die Kaulquappen des europäischen Grasfrosches (*Rana temporaria*) ernähren sich in den ersten Wochen von Wasserpflanzen.

Metamorphose ❼

Amphibien sehen als Jungtiere völlig anders aus als Erwachsene. Zunächst leben Amphibien als freischwimmende Larven oder Kaulquappen und atmen mithilfe von Kiemen. Später entwickeln sich Lungen. **Frösche und Kröten** besitzen beim Schlüpfen noch keine Beine, aber einen Schwanz. Nach einigen Wochen wachsen ihnen Hinterbeine, dann Vorderbeine, und schließlich geht der Schwanz verloren. **Molche** sehen beim Schlüpfen aus wie kleine Erwachsene, aber auch sie besitzen Kiemen, die sich zurückbilden. Die meisten **Salamander** und **Blindwühlen** legen ihre Eier außerhalb des Wassers ab und die Jungen machen ihre Metamorphose bereits vor dem Schlüpfen durch. Einige wenige Blindwühlen und Salamander gebären auch lebende Junge.

154

Ein Riesensatz

Die größten Sätze eines Frosches machte eine der kleinsten Arten. Bei einem Frosch-Weitsprungwettbewerb in Kalifornien sprang 1975 „Ex Lax", ein südafrikanischer Graslandfrosch der Art *Ptychadaena oxyrhynchus*, 5,35 m weit. Da diese Frösche nur 6,5 cm lang werden, sprang „Ex Lax" 80-mal weiter als seine Körperlänge.

Vorsicht, tödlich! ❽

Die **Pfeilgift-** oder **Baumsteigerfrösche** aus dem tropischen Amerika produzieren die stärksten Nervengifte im gesamten Tierreich. Am gefährlichsten ist das Gift des Gelben Blattsteigers *(Phyllobates terribilis)*. Obschon lediglich 3,5 cm groß, besitzt ein erwachsener Frosch genügend Gift, um fast 1000 Menschen zu töten. Durch seine leuchtende Färbung zeigt er seine Gefährlichkeit an.

WAFFENFÄHIG Das Erdbeerfröschchen liefert den Indianern Mittelamerikas Pfeilgift.

GUTER VATER Blaue Pfeilgiftfrösche *(Dendrobates azureus)* bewachen die Eier ihrer Partnerin bis zum Schlüpfen der Jungen.

GROSSER KLEINER *Der Goldbaumsteiger wird 6 cm lang.*

ZWEIFARBIG Die meisten Gelbgebänderten Pfeilgiftfrösche *(Dendrobates leucomelas)* sind schwarz mit orangegelber Zeichnung, manche haben auch blaue Streifen.

Die Ziffer oder der Stern nach einer Frage verweisen auf die Informationskästen rechts.

QUIZ-FRAGE
ANTWORT

★ 70	**B: Leistenkrokodil** ★
185	**Krokodil** ❷❸❹❻
188	**Schlange** ❶❷❻
393	**C: Netzpython** ❷
395	**D: Leistenkrokodil** ❷
397	**B: Komodowaran** ❷
399	**B: Sie gebären lebende Junge** ❸
472	**Diamant** – die Diamantklapperschlange
504	**Vor Reptilien** – griech. *herpeton* = Kriechtier
555	**Der Basilisk** – aus den Wäldern Südamerikas
736	**Komodo** (Indonesien) ❷
746	**Kobras** ❻
760	**Krokodil** ❷❸❹❻
835	**Schwarze** (Afrikas giftigste Schlange) ❷
955	*Vipera berus* – die Kreuzotter
966	**Schlange** – in beiden Hemisphären sichtbar
989	**Richtig** ❻

Reptilien

Wichtige Fakten

◆ Die Reptilien *(Reptilia)* umfassen Echsen, Schlangen, Schildkröten und Krokodile und bilden eine der Klassen der **Wirbeltiere.**
◆ Alle Reptilien sind **wechselwarm,** besitzen Lungen und sind Luftatmer.
◆ Reptilien haben eine trockene **Haut** mit wenigen oder gar keinen Drüsen.

◆ Reptilien legen **dotterreiche Eier** mit weicher, lederartiger Schale.
◆ Mit Ausnahme der Schlangen erfolgt die Fortbewegung bei Reptilien mit **vier seitlich am Körper sitzenden Beinen.**
◆ Die Vertreter der Ordnung Echsen und Schlangen *(Squamata)* stoßen ihre Haut ab.

Reptilien: Fakten und Zahlen

Schlangen			
Längste	**Schwerste**	**Kürzeste**	**Schnellste**
Netzpython	Anakonda	Martinique-Schlankblindschlange	Schwarze Mamba
Python reticulatus	*Eunectes murinus*	*Leptotyphlops bilineata*	*Dendroaspis polylepis*
10 m	225 kg	11 cm	19 km/h
Echsen			
Längste	**Schwerste**	**Kürzeste**	**Schnellste**
Komodowaran	Komodowaran	Jaragua-Zwerggecko	Schwarzleguan
Varanus komodoensis	*Varanus komodoensis*	*Sphaerodactylus ariasae*	*Ctenosaura* species
3,1 m	165 kg	1,8 cm	35 km/h
Krokodile			
Längstes	**Schwerstes**	**Kürzestes**	**Schnellstes**
Leistenkrokodil	Leistenkrokodil	Brauen-Glattstirnkaiman	Australien-Krokodil
Crocodylus porosus	*Crocodylus porosus*	*Paleosuchus palpebrosus*	*Crocodylus johnstoni*
7 m	1115 kg	1,5 m	17 km/h
Schildkröten			
Längste	**Schwerste**	**Kürzeste**	**Schnellste (im Meer)**
Lederschildkröte	Lederschildkröte	Gewöhnl. Moschusschildkröte	Lederschildkröte
Dermochelys coriacea	*Dermochelys coriacea*	*Sternotherus odoratus*	*Dermochelys coriacea*
2,9 m	960 kg	7,6 cm	35 km/h

RIESENDOTTER Die größten Eier aller Reptilien legt der Sunda-Gavial *(Tomistoma schlegelii,* in Originalgröße abgebildet), eine Krokodilart aus Südostasien. Jedes davon ist 200 000-mal massiger als das kleinste Reptilienei der Martinique-Schlankblindschlange, das kleiner ist, als dieses kleine o.

7 cm

★ 70

Menschenfresser

Einigen Reptilien sind schon Menschen zum Opfer gefallen, z. B. dem Spitz-, Orinoko, Nil- und Sumpfkrokodil, aber auch Mohrenkaiman, Mississippi-Alligator, Anakonda, Netzpython und Komodowaran. Der **gefürchtetste Menschenfresser** ist jedoch das Leistenkrokodil – es tötet 2000 Menschen pro Jahr.

Eier und Nester

Die meisten Reptilien legen Eier, einige wenige so genannte vivipare Arten bringen aber auch lebende Junge zur Welt. Den Rekord für das **größte Gelege** von Reptilien hält mit 242 Eiern die Echte Karettschildkröte *(Eretmochelys imbricata).* Am **fruchtbarsten** ist die Suppenschildkröte, deren Weibchen bis zu 1100 Eier im Jahr legen können. Der Zeitraum von der Eiablage bis zum Schlüpfen schwankt stark zwischen den verschiedenen Arten. Die **längste Brutperiode** ist die des Nilkrokodils mit bis zu 115 Tagen.

Wo Reptilien leben ❹

Reptilien sind **wechselwarme Tiere,** d. h., ihre Körpertemperatur passt sich an ihre Umgebung an. Daher werden sie erst aktiv, wenn sie sich aufgewärmt haben. Diese Eigenschaft und die Fähigkeit, lange ohne Nahrung auszukommen, hat dazu geführt, dass sie in trocken-heißen Klimazonen stark vertreten sind. Doch nicht alle Reptilien sind auf warme Regionen beschränkt. Das am weitesten nördlich vorkommende Reptil, die Wald- oder Bergeidechse (*Lacerta vivipara*, unten), ist innerhalb des Polarkreises anzutreffen, das südlichste, ein Erdleguan namens *Liolaemus magellanicus*, lebt in Feuerland.

Stichfrage

❺

F: Welche kletternden Reptilien können ihre Augen unabhängig voneinander bewegen?
A: Chamäleons. Chamäleons sind dafür bekannt, dass sie ihre Farbe wechseln können, aber sie haben noch andere besondere Merkmale. Sie sind die einzigen Echsen mit Greifschwanz und ihre Zunge, die sie mit tödlicher Präzision ausschleudern können, ist im Verhältnis zu ihrer Körpergröße die längste aller Wirbeltiere.

Rund um die Nahrung

❻

Die meisten Reptilien sind Fleischfresser. Schlangen können lange ohne Nahrung auskommen. Die längste nachgewiesene Fastenzeit eines Wirbeltiers betrug **1189 Tage** bei einer Habu-Schlange (*Trimeresurus flavoviridis*). **Schlangen** verschlingen ihre Beute als Ganzes. Die bisher größte Beute war ein immerhin 59 kg schweres Impala, das man im Magen eines afrikanischen Felsenpythons (*Python sebae*) entdeckte. **Krokodile** erbeuten noch größere Tiere. Nilkrokodile (*Crocodylus niloticus*) hat man schon dabei beobachtet, wie sie Tiere von der Größe einer Giraffe fraßen. Pflanzen oder alles fressende Reptilien finden sich nur unter den **Echsen und Schildkröten** (*Chelonia*). Manche haben sich stark spezialisiert wie die Meerechse (*Amblyrhynchus cristatus*), die sich nur von Algen ernährt. Schlankblindschlangen dagegen fressen nur Ameisen und Termiten, die **längste Giftschlange** der Welt, die Königskobra, jagt bevorzugt andere Schlangen.

GROSSER HAPPEN
Schlangen wie diese afrikanische Eierschlange (*Dasypeltis scabra*) können Dinge schlucken, die sehr viel größer sind als ihr Mund, indem sie ihre Kiefer aushängen.

GRÖSSTES REPTIL
Das Leistenkrokodil ist das bei weitem größte lebende Reptil. Es bewohnt Flüsse in Küstenregionen von Indien bis nach Australien und wird gelegentlich sogar im Meer beobachtet. Seine Zähne können über 10 cm lang werden. Geht ein Zahn verloren, wird er durch einen neuen ersetzt.

70 cm

Vögel 1

Wichtige Fakten ❶

◆ Vögel *(Aves)* bilden die zweitgrößte Klasse der Wirbeltiere. Es gibt etwa **9000 Arten.**
◆ Vögel sind die einzigen Tiere mit Federn. Sie besitzen zwei Beine und ein Paar Flügel.
◆ Die Kiefer von Vögeln sind **zahnlos** und von einer Hornscheide, dem Schnabel, bedeckt.
◆ Ihre **Knochen** sind sehr zart und weisen Hohlräume auf – diese Gewichtsersparnis ermöglicht das Fliegen.
◆ Vögel besitzen ein vierkammeriges Herz und sind **gleichwarm**. Ihre Körpertemperatur ist etwa 3 °C höher als die von Säugetieren.
◆ Die meisten Vögel können fliegen oder sehr gut schwimmen.

Meister der Lüfte ❷

Zu den Vögeln zählen die **größten und schnellsten flugfähigen Tiere** der Erde und auch das Tier, **das die meiste Zeit in der Luft verbringt,** die Rußseeschwalbe *(Sterna fuscata)*: Zwischen Flüggewerden und Brüten bleibt sie vermutlich mindestens drei Jahre lang im Flug. Der Mauersegler *(Apus apus)* paart sich sogar im Flug.

Große Arten wie Geier und Albatrosse können ohne einen einzigen Flügelschlag über weite Strecken segeln. Der Geier schraubt sich in aufsteigender Warmluft in die Höhe, während der Albatross von den Aufwinden profitiert, die sich über den Wellenkämmen bilden. Das andere Extrem bilden Kolibris. Sie schlagen bis zu 90-mal pro Sekunde mit den Flügeln, schwirren ohne Unterstützung durch den Wind bis zu 50 Minuten lang in der Luft auf der Stelle und können als einziger Vögel **rückwärts fliegen**.

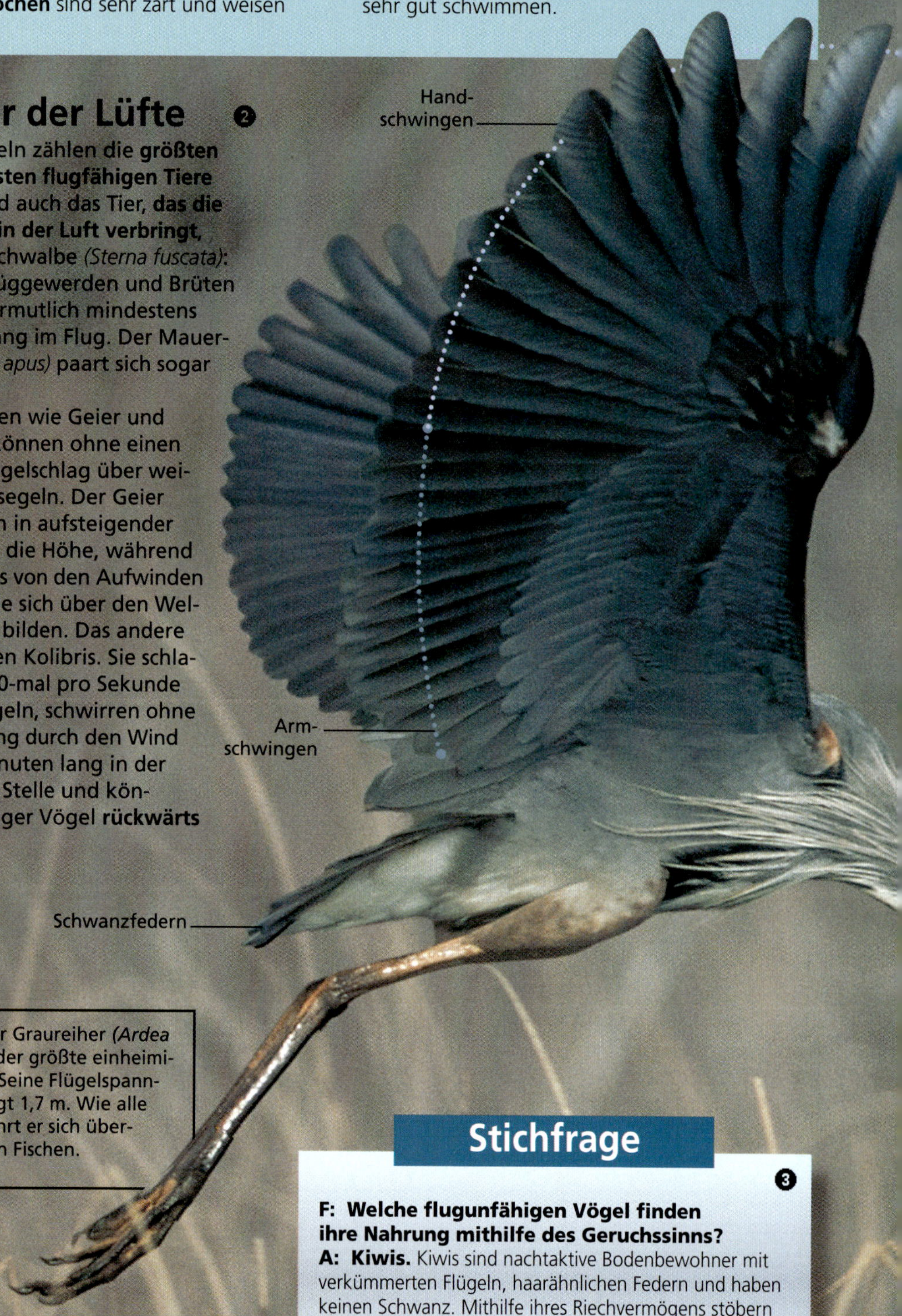

Hand-schwingen

Arm-schwingen

Schwanzfedern

ABFLUG Der Graureiher *(Ardea cinerea)* ist der größte einheimische Vogel. Seine Flügelspannweite beträgt 1,7 m. Wie alle Reiher ernährt er sich überwiegend von Fischen.

Stichfrage ❸

F: Welche flugunfähigen Vögel finden ihre Nahrung mithilfe des Geruchssinns?
A: Kiwis. Kiwis sind nachtaktive Bodenbewohner mit verkümmerten Flügeln, haarähnlichen Federn und haben keinen Schwanz. Mithilfe ihres Riechvermögens stöbern Kiwis Wirbellose auf. Wenn sie mit ihrem langen dünnen Schnabel im Boden stochern, können sie sogar Regenwürmer riechen.

WINZIGER GESELLE Der kubanische Bienenkolibri (*Mellisuga helenae*, in Lebensgröße abgebildet) ist der kleinste Vogel der Welt.

Fakten und Zahlen über Vögel ❹

Größte Flügel- spannweite	Größter	Schwerster	Schwerster flugfähiger	Schnellster Flieger
Wanderalbatros	Strauß	Strauß	Riesentrappe	Wanderfalke
Diomedea exulans	*Struthio camelus*	*Struthio camelus*	*Ardeotis kori*	*Falco peregrinus*
3,6 m	2,75 m	160 kg	19 kg	350 km/h

Eier ❺

Nicht alle Vögel legen gleich viele Eier. Das **größte bekannte Gelege** umfasste 28 Eier und stammte von einer Virginia-wachtel (*Colinus virginianus*). Die **kürzeste Brutzeit** haben Blut-schnabelweber (*Quelea quelea*) – ihre Küken schlüpfen bereits nach 10 Tagen.

Die **größten Eier** legt der Strauß, die bisher schwers-ten wogen immerhin 2,3 kg. Den Rekord für das **kleinste Vogelei** hält be-zeichnenderweise einer der kleins-ten Vögel: Die Zwergelfe (*Melli-suga minima*) von der Karibikinsel Jamaika.

Ei der Zwergelfe (Originalgröße)

9 mm

Klassifikation der Vögel ❻

Vögel werden in 27 verschiedene Ordnungen eingeteilt. Die größte (*Passeriformes*) enthält mehr als die Hälfte aller Arten.

Ordnung	Gebräuchlicher Name	Artenzahl
Anseriformes	Enten, Gänse, Schwäne	148
Apodiformes	Segler, Kolibris	388
Apterygiformes	Kiwivögel	3
Caprimulgiformes	Schwalme, Ziegenmelker	94
Casuariiformes	Kasuare, Emus	4
Charadriiformes	Alken, Watvögel, Möwen, Raubmöwen	294
Ciconiiformes	Reiher, Störche, Flamingos	120
Coliiformes	Mausvögel	6
Columbiformes	Taubenvögel	305
Coraciiformes	Eisvögel, Nashornvögel	190
Cuculiformes	Kuckucke, Turakos	147
Falconiformes	Greifvögel	271
Galliformes	Hühnervögel, Hoatzins	251
Gaviiformes	Seetaucher	4
Gruiformes	Kraniche, Rallen, Trappen	197
Passeriformes	Sperlingsvögel (ein-schließlich aller Singvögel von Zaunkönigen bis zu Krähen).	Rund 5400
Pelecaniformes	Pelikane, Tölpel	59
Piciformes	Spechte, Bartvögel, Tukane	400
Podicipediformes	Lappentaucher	21
Procellariiformes	Albatrosse, Sturmvögel, Sturmschwalben	91
Psittaciformes	Papageivögel	315
Rheiformes	Nandus	2
Sphenisciformes	Pinguine	18
Strigiformes	Eulen	130
Struthioniformes	Strauße	1
Tinamiformes	Steißhühner	50
Trogoniformes	Trogons, darunter der Quetzal (*Pharomachrus mocinno*)	35

Straußenei (Originalgröße)

19 cm

UNGLAUBLICH ABER WAHR ❼

Kiwis legen in Relation zu ih-rer Körpergröße grö-ßere Eier als alle anderen Vögel. Ein 1,7 kg schwerer Streifenkiwi kann innerhalb von zwei Tagen zwei Eier mit je 450 g legen – das sind jeweils 26 % sei-nes eigenen Körperge-wichts.

⭐ **615**

Atmung

Die Atmung von Vögeln ist sehr effizient. Die Luft gelangt durch ihre relativ festen Lungen direkt in ein System aus Luft-säcken, die im ganzen Körper einschließlich der Knochen verteilt sind. Beim Ausatmen fließt die Luft ein zweites Mal durch die Lungen zurück, sodass ihr noch mehr Sauerstoff entzogen werden kann.

Vögel 2

Sperlingsvögel

Die Mehrzahl aller Vögel gehört zur Ordnung **Sperlingsvögel** (*Passeriformes*). Die meisten sind klein und besitzen einen Sitzfuß mit drei nach vorne und einer nach hinten gerichteten Zehe. Die Küken von Sperlingsvögeln schlüpfen blind, nackt und hilflos. Bis sie für sich selbst sorgen können, kümmern sich beide Eltern um sie.

Die Sperlingsvögel umfassen 56 Familien, darunter Schwalben, Meisen, Drosseln, Lerchen, Stelzen, Finken, Stare und Rabenvögel. Sämtliche Singvögel sind Sperlingsvögel.

❶

ALTBEKANNT
Der Haussperling (*Passer domesticus*) ist weltweit verbreitet.

Stichfrage

❷
F: Welchem schwarz-weißen Vogel sagt man nach, diebisch zu sein?
A: Der Elster. Die Elster (*Pica pica*) kommt in ganz Eurasien und im westlichen Nordamerika vor und gehört zur Familie der Rabenvögel.

Ausgerottet

❸

Der berühmteste ausgerottete Vogel ist die Dronte (*Raphus cucullatus*), auch als Dodo bekannt. Wie der Eulenpapagei oder **Kakapo** (*Strigops habroptilus*), ein großer Papagei aus Neuseeland, den es heute noch in geringer Zahl gibt, entwickelte sich die Dronte auf einer Insel (Mauritius) und **verlor dabei das Flugvermögen,** weil es keine großen landlebenden Raubtiere gab. Mit der Ankunft der Menschen und der von ihnen unbeabsichtigt eingeschleppten Ratten verschwand sie innerhalb weniger Jahrzehnte. Die letzte Dronte starb 1662.

Auch andere flugunfähige Vögel starben aus. Die elf Arten von **Moas,** riesige Verwandte des Emus, wurden im 13. Jh. von den Maori ausgerottet. Der **Madagaskarstrauß** verschwand im 17. Jh.

UNWIEDERBRINGLICH
Der Riesenalk war das nördliche Gegenstück zu den Pinguinen.

Die Haube beruhigt den Vogel und wird erst abgenommen, wenn der Falkner ihn zum Flug freilässt.

★ **530**

Falknerei

Die Kunst der Jagd mit Greifvögeln geht bis ins Jahr 2000 v. Chr. zurück und wird mancherorts noch heute praktiziert. Das Volk der Kasachen in der Mongolei verwendet z. B. Steinadler (*Aquila chrysaetos*) zur Jagd auf Füchse und andere Pelztiere. Wie viele Sportarten hat auch die Falknerei ihr eigenes Vokabular. Für männliche Vögel gibt es bestimmte Bezeichnungen: Falkenmännchen nennt man z. B. Terzel.

HANDZAHM Ein Gerfalke (*Falco rusticolus*) sitzt auf dem Schutzhandschuh eines Falkners. An den Füßen des Falken sind Riemen angebracht, die über eine Leine an einem Metallring am Handschuh befestigt sind.

Greifvögel ❹

Greifvögel ernähren sich von anderen Tieren und sind ausnahmslos **tagaktiv**. Adler, Bussarde, Weihen, Milane, Habichte und Falken sind geschickte Jäger, die ihre Beute mit den Füßen packen. Diese haben scharfe, gebogene Klauen (Krallen). Wenn die Beute tot ist, wird sie mit dem Hakenschnabel zerteilt. Alle Greifvögel verfügen über ein fantastisches Sehvermögen, eine Gruppe – die Geier – besitzt auch einen gut entwickelten Geruchssinn. Geier ernähren sich von Aas. Ihr Kopf ist meist kahl. Der **größte Greifvogel**, der Andenkondor *(Vultur gryphus)*, gehört ebenfalls zu den Geiern. Den Titel kleinster Greifvogel teilen sich Finkenfälkchen (auch Malaien-Zwergfalke, *Microhierax fringillarius)* und Weißscheitelfälkchen (auch Borneo-Zwergfalke, *M. latifrons)*, die beide aus Südostasien stammen: Keiner von ihnen ist größer als ein Star.

STURZFLUG Der Fischadler *(Pandion haliaetus)* ernährt sich nur von Fischen, die er im Sturzflug mit den Füßen im Wasser packt. Er gehört weder zu den Falken noch zu den Adlern und wurde daher in eine eigene Familie gestellt *(Pandionidae)*. Hier bringt ein Elternvogel den Jungen im Nest einen Fisch.

UNGLAUBLICH ABER WAHR ❺

Von allen Vögeln **am höchsten** flog ein Sperbergeier *(Gyps rueppellii)*. Identifiziert wurde er anhand von Federn nach dem Zusammenstoß mit einem Flugzeug in 11 277 m Höhe über der Elfenbeinküste.

Eulen ❻

ARKTISCHER JÄGER Die Schnee-Eule *(Nyctea scandiaca)* ist die am weitesten nördlich vorkommende Eulenart der Welt. Sie ernährt sich von Vögeln und Kleinsäugern, jagt aber bei Tag.

◆ Eulen sind keine Greifvögel. Sie sind **Fleischfresser** und die meisten **jagen bei Nacht**. Alle haben große, nach vorn gerichtete Augen.
◆ Eulen können ihren Kopf um bis zu 270 ° drehen.
◆ Eulen haben ein gutes Gehör und können ihre Beute allein anhand von Geräuschen aufspüren.
◆ Die **verbreitetste Art** ist die Schleiereule *(Tyto alba)*, die **größte** der Europäische Uhu *(Bubo bubo)*, die **kleinste** der Elfenkauz *(Micrathene whitneyi)* aus Nordamerika.

Fliegende Fahnen ❼

14 Nationen haben Vögel auf ihren Nationalflaggen, bei sechs davon ist es ein Adler.

	Land	Vogel
 Albanien	Albanien	Doppelkopfadler
	Dominica	Kaiseramazone
	Ecuador	Andenkondor
	Ägypten	Adler
 Dominica	Fidschi	Taube
	Guatemala	Quetzal
	Kasachstan	Adler
	Kiribati	Fregattvogel
 Kiribati	Mexiko	Adler (und Klapperschlange)
	Moldawien	Adler
	Papua-Neuguinea	Raggiparadiesvogel
	Uganda	Kronenkranich
 Papua-Neuguinea	Sambia	Adler
	Simbabwe	Großer Simbabwevogel (mythologisch)

Die Ziffer oder der Stern nach einer Frage verweisen auf die Informationskästen rechts.

Vögel 3

Wildgeflügel ❶

Hierzu zählen Wassergeflügel und jagdbare Hühnervögel. Letztere sind schlechte Flieger und leben meist am Boden.

Familie	Beispiele
Anatidae Enten, Gänse, Schwäne (145 Arten)	Stockente (*Anas platyrhynchos*) Kanadagans (*Branta canadensis*) Höckerschwan (*Cygnus olor*)
Meleagrididae Truthühner (2 Arten)	Wildtruthahn (*Meleagris gallopavo*) Pfauentruthahn (*Agriocharis ocellata*)
Numididae Perlhühner (10 Arten)	Helmperlhuhn (*Numidia meleagris*) Geierperlhuhn (*Acryllium vulturinum*)
Phasianidae Fasane (165 Arten)	Fasan (*Phasianus colchicus*) Bankivahuhn (*Gallus gallus*)
Tetraonidae Raufußhühner (18 Arten)	Birkhuhn (*Lyrurus tetrix*) Auerhuhn (*Tetrao urogallus*)

RAUFUSSHUHN Hier ein Moorschneehuhn

★ 740

In die Sonne

Die nach ihrer Brillen-zeichnung benannten südafrikanischen **Brillen-pinguine** (*Spheniscus demersus*) kommen bei Küstenorten und am Rand der Namib an Land. Sie brüten an der Küste und auf vorgelagerten Inseln. Der **Galapagos-Pin-guin** (*Spheniscus mendi-culus*) lebt am Äquator und ist damit die am weitesten nördlich verbreitete Pinguinart.

UNGLAUBLICH ABER WAHR ❷

Die für Decken und Kissen verwendeten **Eiderdaunen** stammen aus den Nestern von Eider-enten (*Somateria mollissima*). Die Tiere zupfen die Daunen aus dem Brustgefieder und isolieren damit das Nest.

Markante Vögel ❸

Marke	Produkte
Adler	Schreibmaschinen
Falke	Socken
Pelikan	Füller, Tinten-patronen
Schwan	Stabilo-Stifte
Uhu	Klebstoff

Logo	Firma/Organisation
Adler	Fernet-Branca
Eule	Ullstein Verlag
Kranich	Lufthansa
Taube	Friedensbewegung

HEIMKEHR Ein Kaptölpel *(Morus capensis)* kehrt vom Fischfang zu seiner Brutkolonie zurück. Diese Art stößt im Sturzflug auf ihre Beute herab.

Wanderer über den Meeren ❹

Mehr als 200 Vogelarten verbringen die meiste Zeit im Flug über dem Meer. Tölpel, Sturmschwalben, Sturmvögel und Alke suchen die Wellen nach Fischen und anderer Beute ab. Manche Vögel, wie Seeschwalben, stoßen im Sturzflug auf ihre Beutetiere im Wasser herab, andere, wie Möwen, greifen sie von der Wasseroberfläche. Wieder andere, wie die Kormorane, tauchen nach ihnen.

Schnabelformen ❺

Die Schnäbel von Vögeln sind **modifizierte Kiefer**, die von einer dünnen Hornschicht bedeckt sind. Die ersten Vögel besaßen noch Zähne, die sie aber im Lauf der Evolution zur Gewichtsersparnis und zur Reduktion des Energieverbrauchs beim Fliegen verloren.

Die unterschiedlichen Formen und Größen der Schnäbel spiegeln die Ernährung der Vögel wider. Schnäbel von Allesfressern wie Krähen sind relativ einfach gebaut und vielseitig einsetzbar, solche von Watvögeln wie dem Großen Brachvogel *(Numenius arquata,* unten links) sind lang, dünn und eignen sich zum Stochern im Schlamm. **Den längsten Schnabel** hat der australische Brillenpelikan *(Pelecanus conspicillatus,* unten): Er misst bis zu 47 cm und fasst einschließlich dem Kehlsack dreimal mehr als sein Magen.

FILTRIERER Den Roten Flamingos *(Phoenicopterus ruber ruber,* rechts) dient der Schnabel als Sieb, mit dem sie winzige Organismen aus dem Wasser filtrieren.

Flugunfähige Seevögel ❻

Einige Seevögel haben sich so an das Leben im Wasser angepasst, dass sie ihr Flugvermögen verloren haben. **Pinguine** haben einen gemeinsamen Vorfahren mit den Albatrossen, büßten die Fähigkeit zu fliegen aber schon vor mindestens 30 Mio. Jahren ein. Andere Seevögel haben das Flugvermögen erst viel später verloren. Der **Galapagos-Kormoran** *(Nannopterum harrisi)* ist der einzige Vertreter seiner Ordnung *(Pelecaniformes),* der nicht fliegen kann.

Säugetiere

Wichtige Fakten ❶

◆ Säugetiere bilden die Wirbeltierklasse *Mammalia.* Sie umfasst die größten und bekanntesten Tiere und nicht zuletzt auch uns selbst. Es gibt über **4000 Arten.**
◆ Säugetiere besitzen Milchdrüsen und ernähren ihre Jungen mit **Muttermilch.**
◆ Sie sind **gleichwarm** und **Lungenatmer.**
◆ Die meisten Säugetiere leben an Land,

drei Ordnungen – die Waltiere (*Cetacea*), die Robben (*Pinnipedia*) und die Seekühe (*Sirenia*) – sind wasserlebend.
◆ Fledertiere (*Chiroptera*) sind neben den Vögeln die einzigen flugfähigen Wirbeltiere.
◆ Alle Säugetiere besitzen **Haare** – mit Ausnahme von Delphinen, die sie irgendwann in ihrer Evolution verloren haben.

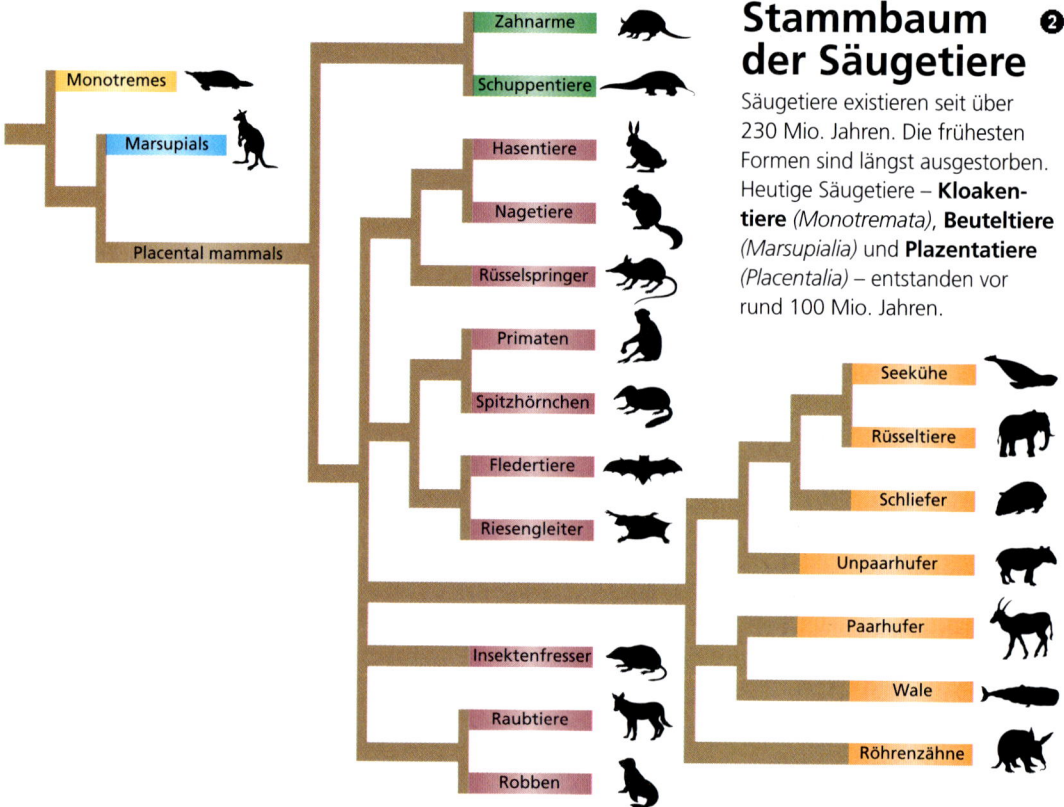

Stammbaum der Säugetiere ❷

Säugetiere existieren seit über 230 Mio. Jahren. Die frühesten Formen sind längst ausgestorben. Heutige Säugetiere – **Kloakentiere** (*Monotremata*), **Beuteltiere** (*Marsupialia*) und **Plazentatiere** (*Placentalia*) – entstanden vor rund 100 Mio. Jahren.

Säugetierzähne

Säugetiere sind die einzigen Tiere, die verschiedene Zahntypen aufweisen. Im Gegensatz zu Fischen, Amphibien und

Reptilien, deren Zähne praktisch alle identisch sind, besitzen Säugetiere eine jeweils festgelegte Anzahl von drei unterschiedlichen Zahntypen: **Schneidezähne** (*Incisivi*), **Eckzähne** (*Canini*) und **Backenzähne** (Molaren). ❸

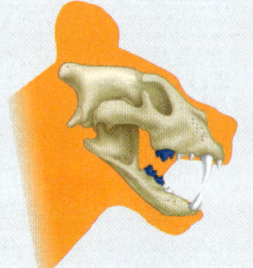

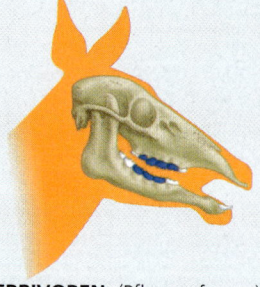

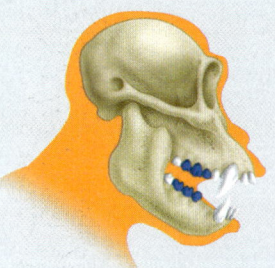

CARNIVOREN (Fleischfresser) haben lange, gebogene Eckzähne (Fangzähne) zum Packen ihrer Beute. Die Backenzähne gleichen einer scharfen „Brechschere".

HERBIVOREN (Pflanzenfresser) ernähren sich nur von pflanzlichem Material. Die als Mahlzähne ausgebildeten Backenzähne zerkleinern die Nahrung.

OMNIVOREN (Allesfresser) wie Schimpansen nehmen eine sehr abwechslungsreiche Kost zu sich. Daher sind ihre Zähne nicht so spezialisiert.

DICHTES FELL Damit überstehen Moschusochsen auch niedrigste Temperaturen.

Haare ❹

Wie Vögel sind Säugetiere **gleichwarm** (endotherm), d. h., sie können ihre Körpertemperatur unabhängig von der Umgebung kontrollieren. Dabei hilft ihnen die Behaarung, weil die Haare eine isolierende Luftschicht bilden. Dadurch geht keine Wärme verloren und die Säugetiere brauchen weniger Nahrung (Nahrung ist der „Brennstoff", den Säugetiere abbauen, um Energie und Wärme zu produzieren).

UNGLAUBLICH ABER WAHR ❺

Der Mensch ist das einzige wirklich **zweibeinige** Säugetier. Einige andere Arten können sich zwar auf den Hinterbeinen fortbewegen, aber keine tut dies ausschließlich. Am häufigsten ist dies noch bei Kängurus der Fall.

Muttermilch ❻

Alle Säugetiere ernähren ihre Jungen mit Muttermilch, einer Aufzuchtnahrung, die den gesamten Nährstoffbedarf eines Jungtiers deckt. Die Milch nährt aber nicht nur, die Mutter liefert ihren Jungen damit auch Antikörper gegen Krankheiten, die sie selbst schon erworben hat, und immunisiert sie.

Säugetiere bekommen pro Wurf zwischen einem und 31 Junge. Die verschiedenen Arten weisen unterschiedlich viele Zitzen auf: von 2 bei Tieren wie Primaten bis hin zu 29 beim Großen Tanrek (Tenrec ecaudatus) von Madagaskar.

FAMILIENBANDE
Säugetiere haben eine enge Bindung zu ihren Jungen. Junge Grizzlybären wie diese bleiben bis zu 4 Jahren bei ihrer Mutter.

⭐ 401

Gute Schwimmer

Delphine und **Tümmler** sehen zwar fischähnlich aus, sind aber nicht näher mit Fischen verwandt als wir. Ihr ähnliches Aussehen ist ein Beispiel für konvergente Evolution – sie haben sich einfach nur optimal an das Wasser angepasst, genau wie die Fische.

Fakten und Zahlen über Säugetiere ❼

Größtes	Größtes an Land	Kleinstes	Kleinstes an Land
Blauwal	Afrikanischer Elefant	Hummelfledermaus	Etruskerspitzmaus
Balaenoptera musculus	Loxodonta africana	Craseonycteris thonglongyai	Suncus etruscus
200 t	12 t	1,7–2 g	1,5–2,5 g

Beutel- und Kloakentiere

Wichtige Fakten ❶

◆ **Beuteltiere** bilden die Säugetierordnung *Marsupialia*. Rund drei Viertel der **266 Arten** leben in Australien.

◆ Beuteltierjunge sind bei der Geburt wenig entwickelt und wachsen in einem Beutel heran.

◆ **Kloakentiere** bilden die eigene Ordnung *Monotremata*, die nur drei Arten umfasst.

◆ Die Kloakentiere sind die primitivsten heute noch lebenden Säugetiere. Sie bringen keine lebenden Jungen zur Welt, sondern legen weichschalige **Eier.**

◆ Kloakentiere besitzen zwar Milchdrüsen, aber keine Zitzen. Die Jungen lecken die **Muttermilch** direkt aus dem Fell um die Milchdrüsen.

Fakten und Zahlen ❷

Beuteltiere	
Größtes	**Kleinstes**
Rotes Riesenkänguru	Nördliche Flachkopf-beutelmaus
Macropus rufus	*Planigale ingrami*
Bis zu 1,8 m hoch und 90 kg schwer	12 cm lang und 4,5 g schwer

Kloakentiere	
Größtes	**Kleinstes**
Langschnabeligel	Schnabeltier
Zaglossus bruijini	*Ornithorhynchus anatinus*
Bis zu 90 cm lang und 10 kg schwer	Bis zu 75 cm lang und 2,4 kg schwer

Nachahmer ❸

Die australischen Beuteltiere haben im Lauf der Evolution fast alle Nischen ausgefüllt, die anderenorts von Plazentatieren (siehe S. 110) eingenommen werden. Es gibt einen Beutelmaulwurf, Beutelmäuse, Beutelmarder, aber auch Gegenstücke zu Gazellen und Antilopen: **Wallabys** und **Kängurus.**

Bis vor 30 000 Jahren gab es auch noch größere Beuteltiere. Der australische Räuber *Thylacoleo carnifex* ähnelte einem Löwen, der Pflanzenfresser *Diprotodon* wurde so groß wie ein Nashorn. In Südamerika lebte die Gattung *Thylacosmilus,* die Beuteltierversion der Säbelzahnkatzen.

PLAZENTATIER
Europäischer Maulwurf
(Talpa europaea)

PLAZENTATIER
Langschwanztarek
(Microgale longicaudata)

BEUTELTIER
Beutelmull
(Notoryctes typhlops)

BEUTELTIER
Stachelnasenbeutler
(Echymipera spec.)

⭐ 886

Frühgeburt

Die Jungen von Kängurus und anderen Beuteltieren kommen nach einer Tragzeit von nur wenigen Wochen sehr unterentwickelt zur Welt. Die Babys der meisten Arten krabbeln nach der Geburt direkt in den Beutel der Mutter und beginnen zu saugen; bei Arten ohne Beutel suchen die Jungen eine Zitze und umklammern diese fest mit dem Mund, sodass sie fest verankert sind und nicht abfallen können.

KLEINER HÜPFER Dieses Rote Riesenkänguru ist etwa 3 Wochen alt und bleibt noch einige Monate im Beutel.

Weit verbreitet [4]

Beuteltiere gibt es in vielen Teilen der Welt. Mehrere Arten der baumlebenden **Kuskuse** kommen in Indonesien vor, die 65 Arten von Opossums oder Beutelratten aber ausschließlich in Amerika. Die meisten sind auf Südamerika beschränkt, doch das Verbreitungsgebiet des **Nordopossums** (Didelphis virginiana) reicht bis nach Kanada. Opossums weisen die kürzeste Tragzeit aller Säugetiere auf: Bei einigen Arten wie beim **Yapok** (Chironectes minimus) dauert sie nur 12 Tage.

Nahrung [5] und Ernährung

Unter den Beuteltieren gibt es Fleisch-, Pflanzen- und Allesfresser. Die größten Beutler, die **Kängurus**, ernähren sich von Gras. Zu den Raubbeutlern gehören die Beutelmarder (Dasyurus spec.) und der **Beutelteufel** (Sarcophilus harrisii). Der **Beutelwolf** oder Tasmanische Tiger (Thylacinus cynocephalus) ist mit ziemlicher Sicherheit ausgestorben.

IM EUKALYPTUSBAUM Koalas und Riesengleitbeutler (Petauroides volans) fressen nur Eukalyptusblätter.

GROSSE SÄTZE [7]
Ein Östliches Graues Riesenkänguru (Macropus giganteus) hüpft durch den australischen Busch. Diese Spezies ist die zweitgrößte Beuteltierart.

Stichfrage [8]

F: Wie viele Beuteltiere stammen aus Neuseeland?
A: Keine. Anders als in Australien kommen in Neuseeland von Natur aus keine Beuteltiere vor – nur eingeführte. Die Nischen, die anderswo Beutel- oder Säugetiere besetzen, werden hier von Vögeln wie dem Kiwi ausgefüllt.

Eier legende Säugetiere [6]

Die drei Arten der **Kloakentiere** stammen aus Australasien. Das **Schnabeltier** bewohnt Flüsse in Australien und Tasmanien und jagt mit seinem tastempfindlichen Schnabel Krebse und andere Wirbellose. Die beiden **Schnabeligelarten** fressen Ameisen und Termiten.

UFERBEWOHNER Ein Schnabeltier kommt aus seinem Bau. Männliche Tiere haben an den Hinterbeinen einen Giftstachel.

Zahnarme

Wichtige Fakten ❶

◆ Die Ameisenbären, Gürtel- und Faultiere Südamerikas gehören zu der Ordnung Zahnarme **(Edentata)**. Aber nur Ameisenbären haben keine Zähne. Auch Erdferkel und Schuppentiere in Afrika und Asien ernähren sich von Ameisen.

◆ **Faultiere** leben in tropischen Regenwäldern. Es gibt fünf Arten in zwei Gattungen.

◆ **Gürteltiere** leben im Tiefland und ernähren sich vor allem von Wirbellosen.

◆ Das **Erdferkel** ist der einzige Vertreter der Ordnung *Tubulidentata* (Röhrenzähner). Es besitzt ausschließlich Backenzähne.

◆ **Schuppentiere** (*Pholidota*) kommen in sieben Arten in Afrika, Indien und Südostasien vor.

KEIN STRESS
Dreifinger-Faultiere sind leichter als Zweifinger-Faultiere.

Faultiere ❷

◆ Faultiere sind die **langsamsten Säugetiere** der Erde. Am langsamsten ist das Dreifinger-Faultier *(Bradypus tridactylus)* mit einer Höchstgeschwindigkeit von 4,6 m/min.

◆ Faultiere halten sich fast nur in Bäumen auf und kommen nur alle paar Tage zur Kotabgabe auf den Boden herab. Ein Grund für ihre Trägheit ist ihre nährstoffarme Ernährung. Sie fressen nur Blätter, die andere Säugetiere nicht verdauen können, weil sie giftig sind.

Schuppentiere ❸

Sie ähneln Ameisenbären und Gürteltieren, sind aber nicht mit ihnen verwandt. Die **baumbewohnenden** Säugetiere ernähren sich von Ameisen und Termiten und besitzen eine lange, klebrige Zunge. Ihr Körper ist auch gepanzert, hat aber überlappende Hornschuppen, die von Zeit zu Zeit ersetzt werden.

GUT GESCHÜTZT Eingerollt bietet ein Schuppentier Räubern kaum eine Angriffsfläche.

Das afrikanische Erdferkel

Mit seiner langen Schnauze und den hasenartigen Ohren zählt das **Erdferkel** zu den eigenartigsten Säugetieren Afrikas. Es ist nachtaktiv und scheu, sodass man es kaum zu Gesicht bekommt, obwohl es 2 m lang und schwerer als ein Mensch wird.

NACHTSCHWÄRMER Das Erdferkel *(Orycteropus afer)* bleibt tagsüber im Bau.

Ameisenbären ❹

Mit seinen gewaltigen Krallen bricht der **Große Ameisenbär** *(Myrmecophaga tridactyla)* Termitenhügel auf und leckt mit seiner rund 60 cm langen Zunge deren Bewohner auf. Er kann bis zu 30 000 Termiten am Tag verschlingen.

Der Große Ameisenbär ist ein Bewohner der argentinischen Pampas und repräsentiert die größte von drei Arten. Die anderen beiden, der **Tamandua** *(Tamandua mexicana)* und der **Zwergameisenbär** *(Cyclopes didactylus)* sind kletternde Waldbewohner mit Greifschwanz. Wie der Name schon sagt, ist der Zwergameisenbär die kleinste Art und findet mit nur 15 cm Länge sogar auf einer Hand Platz.

Gürteltiere ❺

◆ Der Name Gürteltier bezieht sich auf die mit Hautfalten verbundenen Binden zwischen Schulter und Beckenschild.
◆ Es gibt 20 Arten, vom kleinsten, dem nur 85 g schweren **Gürtelmull** *(Chlamyphorus truncatus)* bis hin zum 50 kg wiegenden **Riesengürteltier** *(Priodontes maximus)*.
◆ Außer dem **Neunbindengürteltier** *(Dasypus novemcinctus)*, das in den USA vorkommt, leben alle in Süd- und Mittelamerika.

Stichfrage ❻

F: Welche baumlebenden Säugetiere hängen mit dem Rücken nach unten im Geäst?
A: Faultiere. Sie richten sich nur auf, wenn sie an Baumstämmen hoch oder herab klettern oder sich auf dem Boden fortbewegen. Zum Fressen, Schlafen, zur Paarung und sogar zur Geburt hängen sie im Geäst.

AUF WANDERSCHAFT Ein Großer Ameisenbär überquert einen Fluss. Beim Schlafen deckt sich der Ameisenbär mit seinem Schwanz zu.

Fledertiere, Insektenfresser

Wichtige Fakten ❶

◆ Fledertiere und Insektenfresser bilden die beiden größten Säugetierordnungen nach den Nagetieren, die **Chiroptera** und die **Insectivora.** Die Fledertiere untergliedern sich in zwei Unterordnungen: Fleisch fressende und kleine Frucht fressende Fledermäuse *(Microchiroptera)* und Flughunde *(Megachiroptera)*.
◆ **Fledertiere** sind die einzigen Säugetiere, die aktiv fliegen können. Es gibt über 950 Arten.

◆ **Insektenfresser** haben kegelförmig zugespitzte Backenzähne. Nicht alle der 400 Arten ernähren sich von Insekten. Sie besitzen eine lange Schnauze und bekrallte Füße.
◆ **Spitzhörnchen** und **Riesengleiter** bilden eigene Ordnungen *(Scandentia* und *Dermoptera)*: Erstere haben lange buschige Schwänze und bekrallte Finger, Letztere gleiten auf zwischen den Extremitäten gespannten Flughäuten.

Geschöpfe der Nacht ❷

Fledertiere sind fast ausschließlich nachts aktiv. Über 80 % der Fledertiere ernähren sich von Insekten, manche erbeuten auch größere Tiere wie Frösche und Nager. Das auch als Fischerfledermaus bekannte Große Hasenmaul *(Noctilio leporinus)* lebt ausschließlich von Fischen, die es mit seinen bekrallten Hinterfüßen aus dem Wasser fischt.

Die Frucht fressenden Flughunde *(Megachiroptera)* sind die größten Fledertiere. Der größte ist der Indische Riesenflughund *(Pteropus giganteus)* mit einem Gewicht von bis zu 1,6 kg und einer Flügelspannweite von bis zu 2 m.

AUF FISCHFANG Fischerfledermäuse leben in den Regenwäldern Süd- und Mittelamerikas. Sie finden ihre Beute anhand von Kräuselungen an der Wasseroberfläche. Fledermausflügel sind dünne Hautmembranen zwischen dem Körper und vier verlängerten Fingern. Der fünfte, stummelartige Finger endet in einer gebogenen Kralle.

★ **12**

Vampirfledermäuse

In Südamerika gibt es drei Arten von Vampirfledermäusen. Zwei davon ernähren sich vom Blut schlafender Vögel. Eine, der Gemeine Vampir *(Desmodus rotundus)*, greift Säugetiere (und Menschen) an. Vampire ritzen die Haut ihrer schlafenden Opfer an und lecken das Blut mit der Zunge auf. Ihr Speichel enthält einen Gerinnungshemmer.

BLUTRÜNSTIG Der Gemeine Vampir muss alle 24 Stunden die Hälfte seines Körpergewichts an Blut aufnehmen.

❸ BABYBOOM
Der Streifen-
tanrek ist schon
mit 3 Wochen
geschlechtsreif.

Insektenfresser

◆ Insektenfresser sind kleine Säugetiere,
die sich vor allem von Wirbellosen ernähren. Hierzu gehören **Maulwürfe, Des-
mane, Spitzmäuse, Igel, Tanreks** und
Schlitzrüssler.
◆ Der größte Insektenfresser ist der
1,4 kg schwere **Große Rattenigel**
(Echinosorex gymnurus) aus Südostasien,
der kleinste die nur 1,5 g wiegende
Etruskerspitzmaus (Suncus etruscus).

Spitzhörnchen ❹

Die einst zu den Insektenfressern
oder den Primaten gerechneten
Spitzhörnchen werden heute
in eine eigene Ordnung gestellt. Sie sind auf dem Boden ebenso zu Hause wie
im Geäst und bewohnen
Wälder in Indien und Süd-
ostasien. Sie sind Verwandte
jener Säugetiere, die mit den
Dinosauriern lebten.

PRIMITIVES AUSSEHEN Das Tana
(Tupaia tana) lebt auf Borneo und
Sumatra und ist wie alle Spitzhörn-
chen ein Allesfresser.

Stichfrage
❻

**F: Gehören Riesengleiter zu den Fledertieren
oder zu den Primaten?**
A: Weder noch. Sie werden in eine eigene Ordnung
gestellt, die Dermoptera (lat. für „Hautflügel"). Sie leben
in Regenwäldern, sind nachtaktiv und ernähren sich von
Früchten und Blättern.

Echo-Ortung ❺

Insekten fressende Fledermäuse
orten ihre Beute, indem sie hoch-
frequente Töne ausstoßen und das
zurückgeworfene Echo auswerten.
Je näher sie an ihre Beute heran-
kommen, desto schneller kommt
das Echo zurück.
   Aber nicht alle über Echo-Ortung
verfügenden Fledermäuse ernähren
sich von Insekten. Manche fressen
Früchte oder Nektar, wie die in
Mexiko beheimatete Langnasen-
fledermaus Leptonycteris nivalis.

Tunnelgräber
❼

Maulwürfe sind bei Gärtnern und
Landwirten unbeliebt. Angesichts
der oft recht großen von ihnen pro-
duzierten Maulwurfshügel sind viele
überrascht, wie klein die Maulwürfe
selbst sind. Der Europäische Maulwurf (Talpa europaea) wird z. B. nur
15 cm lang. Maulwürfe leben
weitgehend einzelgängerisch.

Maulwürfe kommen nur in
Eurasien und Nordamerika vor.
Die in Afrika verbreiteten Goldmulle
sind keine echten Maulwürfe, aber
ebenfalls Insektenfresser.

GEHEIME GÄNGE Maulwürfe begeben
sich nur zur Paarung in das Gangsystem
eines Artgenossen.

Wohnhöhle

Maulwurfs-
hügel

Nage- und Hasentiere

Wichtige Fakten ❶

◆ Hasentiere und Nagetiere gehören zwei verschiedenen Säugetierordnungen an. **Hasentiere** bilden die Ordnung *Lagomorpha,* die Hasen, Kaninchen und Pikas oder Pfeifhasen umfasst. **Nagetiere** bilden die Ordnung *Rodentia,* die in drei Unterordnungen unterteilt wird. Hasenartige und Nagetiere sind ausschließlich Pflanzenfresser.

◆ Die Unterordnung *Myomorpha* umfasst die **Mäuseverwandten** – mit bisher 1082 beschriebenen Arten mehr als ein Viertel aller Säugetiere. Die nachtaktiven, landlebenden Samenfresser verfügen über je drei Backenzähne.

◆ **Hörnchenverwandte** besitzen jeweils vier Backenzähne (Molaren) und bilden die Unterordnung *Sciuromorpha.* Hierzu gehören fast alle baumlebenden Nagetiere, aber auch boden- oder wasserlebende Arten wie Biber.

◆ Die dritte Unterordnung *Caviomorpha* enthält die **Meerschweinchenverwandten.** Dazu gehören auch die größten Nager: Stachel- und Wasserschweine.

◆ **Kaninchen** und **Hasen** bilden die Familie der *Leporidae.* Sie haben lange Ohren und Hinterläufe. Die kurzohrigen, schwanzlosen Pikas wiederum bilden die Familie *Ochotonidae.*

Die erfolgreichsten Säugetiere der Welt ❷

Fast die Hälfte aller Säugetierarten sind Nagetiere. Sie sind sehr anpassungsfähig und haben fast alle Lebensräume an Land besiedelt. Ihr Erfolg hat zwei Ursachen: Erstens können sie fast alles fressen und zweitens vermehren sie sich mit unglaublicher Geschwindigkeit. Weibliche **Berglemminge** *(Lemmus lemmus)* sind mit 14 Tagen geschlechtsreif. **Hausmäuse** *(Mus musculus)* können pro Jahr 14 Würfe mit je 6 Jungen zur Welt bringen. Nagetiere weisen eine große Formen- und Größenvielfalt auf. Zu den Nagern zählen Ratten, Mäuse, Eichhörnchen, Stachelschweine und Biber, um nur einige zu nennen. Manche Nager wie Gleithörnchen sind zum Gleitflug fähig, andere wie Kängururatten und Springhasen *(Pedestes capensis)* hüpfen auf den Hinterbeinen.

RIESENNAGER Das südamerikanische Wasserschwein oder Capybara *(Hydrochoerus hydrochaeris)* ist das größte Nagetier der Welt. Erwachsene Männchen werden bis zu 1,4 m lang.

Nager und der Mensch ❸

Nagetiere haben dem Menschen mehr Schaden zugefügt als jede andere Säugetiergruppe. Als Überträger von Typhus sowie von Flöhen, die wiederum die Pest und andere Krankheiten übertragen, haben Ratten und Mäuse mehr Todesopfer gefordert als alle Kriege der Geschichte. Die **Wanderratte** *(Rattus norvegicus)* und die **Hausmaus** stammen vermutlich aus Asien. Heute findet man sie auf jedem Kontinent.

★ 58
Pikas

Pikas oder Pfeifhasen sind die kleinsten Hasenartigen. Gebirgsbewohnende Arten pflanzen sich im Sommer fort und verbringen den Winter in ihren Bauen. Im Herbst sammeln sie Nahrungsvorräte für den Winter.

VORRATSWIRTSCHAFT Ein Nordamerikanischer Pika (*Ochotona princeps*) trägt Blätter in sein Winterlager.

Hasentiere ❺

◆ Kaninchen und Hasen sind bodenlebende Pflanzenfresser und kommen in allen Lebensräumen vom Regenwald bis hin zur Wüste vor.
◆ Hasentiere sind schnelle Läufer. Größere Arten wie der **Schneehase** (*Lepus othus*) aus Alaska können bis zu 80 km/h erreichen.
◆ Einige Hasentiere sind auch bedroht, z. B. das nur auf zwei kleinen Inseln vor Japan vorkommende **Riu-Kiu-Kaninchen** (*Pentalagus furnessi*), dessen gesamte Weltpopulation vermutlich weniger als 5000 Tiere beträgt. Das **Vulkankaninchen** (*Romerolagus diazi*) ist sogar noch seltener und lebt nur an einigen Vulkanhängen außerhalb von Mexiko-Stadt.

17 cm

WÄRMETAUSCHER Der Antilopenhase (*Lepus alleni*) hat die längsten Ohren aller Hasentiere. Er lebt in den Wüsten von Nordwestmexiko und im Süden der USA.

Liebenswerte Helden ❹

Sprechende Tiere sind schon seit jeher ein wichtiger Bestandteil von Kindergeschichten. Besonders beliebte Charaktere sind Kaninchen und Nagetiere.

Autor	Buch (erschienen)	Figur	Art
Lewis Carroll	Alice im Wunderland (1865)	Haselmaus	Haselmaus Muscardinus avellanarius
		Märzhase	Feldhase Lepus europaeus
		Weißes Kaninchen	Kaninchen Oryctolagus cuniculus
Beatrix Potter	Geschichte vom Eichhörnchen Nusper (1903)	Eichhörnchen Nusper	Eichhörnchen Sciurus vulgaris
Felix Salten	Bambi – ein Leben im Walde (1923)	Klopfer	Florida-Waldkaninchen Sylvilagus floridanus
Tor Seidler	Die Story von Monty Spinneratz (1986)	Monty Spinneratz	Wanderratte Rattus norvegicus
Kenneth Grahame	Der Wind in den Weiden (1908)	Wasserratte	Ostschermaus Arvicola terrestris

TEESTUNDE Lewis Carrolls *Alice* mit Märzhase und Haselmaus bei der Teeparty des verrückten Hutmachers.

Stichfrage ❻

F: Welche Säugetierordnung erhielt ihren Namen nach dem lateinischen Wort für „nagen"?
A: Die Nagetiere, Rodentia (von *rodere*). Ihre Zähne wachsen ein Leben lang.

Raubtiere 1

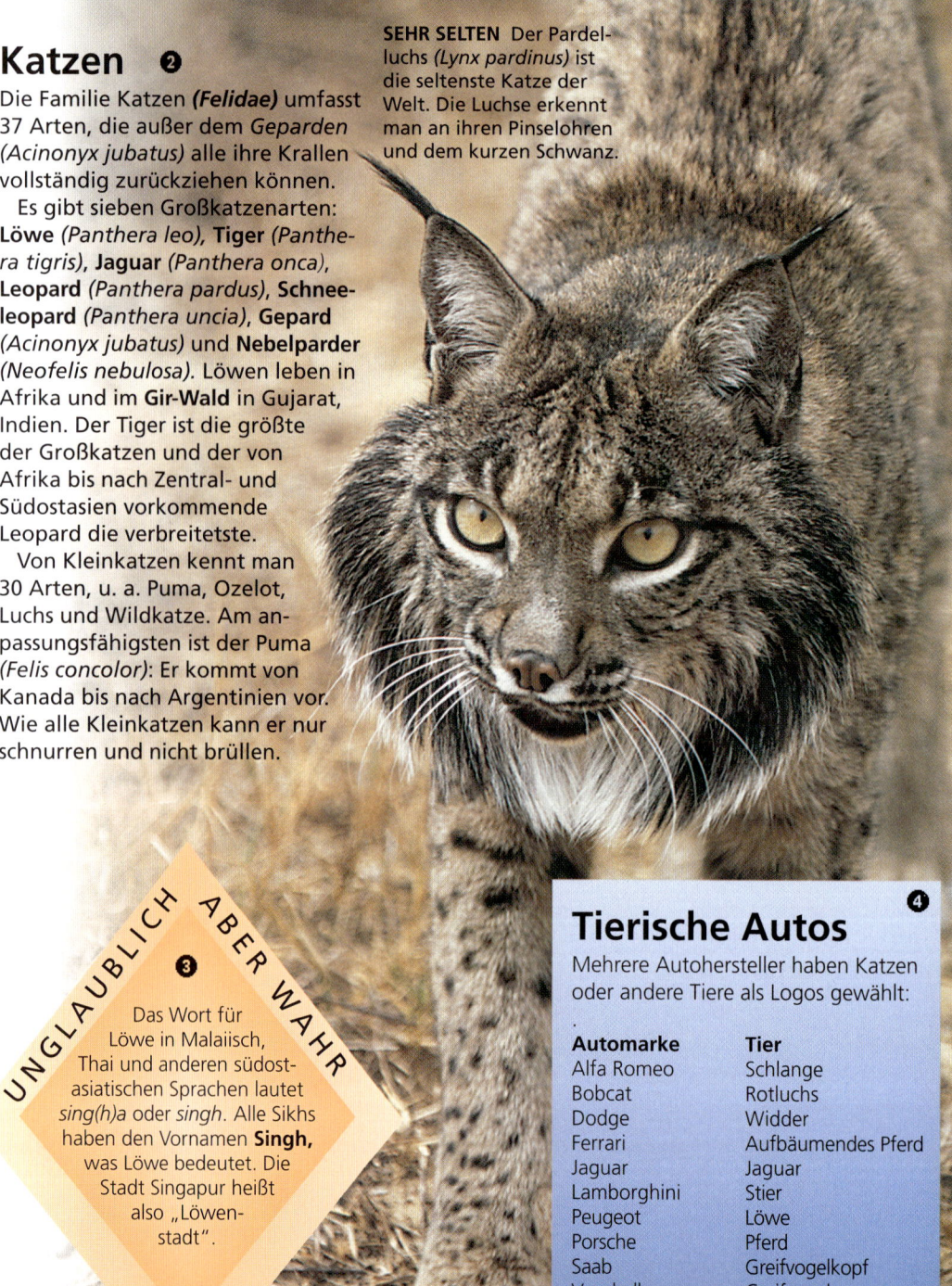

Wichtige Fakten ❶

◆ Raubtiere gehören zur Ordnung *Carnivora*. Das Wort leitet sich vom lat. *carnivorus* für Fleisch fressend ab.
◆ Die **sieben Familien** der Raubtiere verteilen sich auf zwei Unterordnungen: Die Katzenartigen (*Aeluroidea*) und die Hundeartigen (*Arctoidea*), folgende Doppelseite.
◆ **Katzen** haben an den Vorderpfoten fünf Zehen, an den Hinterpfoten vier. Die meist grazil gebauten Fleischfresser lauern ihrer Beute auf oder schleichen sich an sie heran.
◆ **Hyänen** haben längere Vorder- als Hinterbeine und wirken dadurch etwas unproportioniert.
◆ Zu den **Schleichkatzen** zählen Zibetkatzen, Ginsterkatzen und Mangusten. Sie ähneln am ehesten den ersten Raubtieren. Kennzeichen sind ein langer schlanker Körper, kurze Beine und ein langer, meist buschiger Schwanz.

Katzen ❷

Die Familie Katzen (*Felidae*) umfasst 37 Arten, die außer dem *Geparden* (*Acinonyx jubatus*) alle ihre Krallen vollständig zurückziehen können.
Es gibt sieben Großkatzenarten: **Löwe** (*Panthera leo*), **Tiger** (*Panthera tigris*), **Jaguar** (*Panthera onca*), **Leopard** (*Panthera pardus*), **Schneeleopard** (*Panthera uncia*), **Gepard** (*Acinonyx jubatus*) und **Nebelparder** (*Neofelis nebulosa*). Löwen leben in Afrika und im **Gir-Wald** in Gujarat, Indien. Der Tiger ist die größte der Großkatzen und der von Afrika bis nach Zentral- und Südostasien vorkommende Leopard die verbreitetste.
Von Kleinkatzen kennt man 30 Arten, u. a. Puma, Ozelot, Luchs und Wildkatze. Am anpassungsfähigsten ist der Puma (*Felis concolor*): Er kommt von Kanada bis nach Argentinien vor. Wie alle Kleinkatzen kann er nur schnurren und nicht brüllen.

SEHR SELTEN Der Pardelluchs (*Lynx pardinus*) ist die seltenste Katze der Welt. Die Luchse erkennt man an ihren Pinselohren und dem kurzen Schwanz.

UNGLAUBLICH ABER WAHR ❸

Das Wort für Löwe in Malaiisch, Thai und anderen südostasiatischen Sprachen lautet *sing(h)a* oder *singh*. Alle Sikhs haben den Vornamen **Singh**, was Löwe bedeutet. Die Stadt Singapur heißt also „Löwenstadt".

Tierische Autos ❹

Mehrere Autohersteller haben Katzen oder andere Tiere als Logos gewählt:

Automarke	Tier
Alfa Romeo	Schlange
Bobcat	Rotluchs
Dodge	Widder
Ferrari	Aufbäumendes Pferd
Jaguar	Jaguar
Lamborghini	Stier
Peugeot	Löwe
Porsche	Pferd
Saab	Greifvogelkopf
Vauxhall	Greifvogel

 **975**

Zoomischlinge

Löwen und Tiger sind so nahe miteinander verwandt, dass man sie kreuzen kann. Die Nachkommen werden als **Liger** bezeichnet, wenn der Vater ein Löwe, als **Tigons,** wenn der Vater ein Tiger war. Sämtliche männlichen Nachkommen sind unfruchtbar, Weibchen jedoch nicht. In japanischen und italienischen Zoos kam es auch zu Kreuzungen zwischen Löwen und Leoparden, die man als **Leopons** bezeichnet.

GENMIX Ein männlicher Tigon in einem polnischen Zoo.

Hyänen ❺

Es gibt vier Hyänenarten. Die **Tüpfel- oder Fleckenhyäne** (*Crocuta crocuta*) ist die einzige Gruppen bildende (siehe S. 59). Sie ernährt sich von Fleisch wie die **Braune Hyäne** (*Hyaena brunnea*) und die **Streifenhyäne** (*Hyaena hyaena*). Der **Erdwolf** (*Proteles cristatus*) lebt ausschließlich von Termiten und Ameisen, weshalb seine Kiefer im Gegensatz zu anderen Arten, die sogar Knochen knacken können, schwach ausgebildet sind. Außer der Streifenhyäne, die von Nordafrika über den Mittleren Osten bis nach Indien verbreitet ist, leben Hyänen nur in Afrika.

Gefährdete Großkatzen ❻

Einst teilten Löwen und Tiger Afrika und Eurasien unter sich auf, heute sind sie kaum noch verbreitet. Der **Berberlöwe** (*Panthera leo leo*), der ehemals von Marokko bis nach Ägypten vorkam, ist in freier Wildbahn ebenso ausgestorben wie der Kaplöwe (*P. l. melanochaitus*). Auch drei Unterarten des Tigers, der **Balitiger** (*Panthera tigris balica*), der **Javatiger** (*P. t. sondaica*) und der **Kaspitiger** (*P. t. virgata*), wurden völlig ausgelöscht.

Verbreitung von Löwen

Verbreitung von Tigern

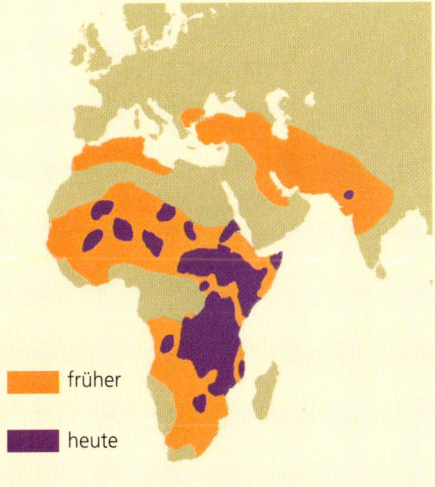

früher

heute

früher

heute

Schleichkatzen ❼

◆ Die Familie der Schleichkatzen (*Viverridae*) ist mit rund 75 Arten die größte innerhalb der Ordnung *Carnivora*.
◆ Das Größenspektrum reicht vom kleinsten Raubtier Afrikas, der **Zwergmanguste** (*Helogale parvula*, 320 g), bis zur **Afrika-Zibetkatze** (*Civettictis civetta*, 20 kg).
◆ Fast alle Schleichkatzen besitzen Duftdrüsen und werden z. T. noch heute wegen ihres Moschussekrets gejagt.
◆ Ginster- und Zibetkatzen sind nachtaktiv, Mangusten tagaktiv.

IN POSITUR Die Kleinfleck-Ginsterkatze (*Genetta genetta*) kommt von Afrika bis Südwesteuropa vor.

Raubtiere 2

Hunde ❶

Die Familie der Hunde (*Canidae*) umfasst 37 Arten, vom kleinsten, dem 1,3 kg schweren **Afghanfuchs** (*Vulpes cana*) bis zum **Wolf** (*Canis lupus*), der 103 kg erreichen kann. Hunde sind langbeinige Raubtiere mit buschigem Schwanz und gute Läufer, die auf den Zehenballen laufen. Viele der größeren Arten wie der südostasiatische **Rothund** (*Cuon alpinus*) leben in Rudeln, die ihre Beute über weite Strecken verfolgen. Die meisten **Kojoten**, **Schakale** und **Füchse** dagegen sind Einzelgänger und erbeuten Tiere, die viel kleiner sind als sie selbst.

Der heute am weitesten verbreitete Hundeartige ist der **Rotfuchs** (*Vulpes vulpes*). Sein natürliches Verbreitungsgebiet erstreckt sich über weite Teile Nordamerikas, Eurasiens und Nordafrikas. In Australien wurde er angesiedelt.

AUF DEM RÜCKZUG Der Wolf war einst das verbreitetste Raubtier der Welt. Heute ist er in vielen Teilen Europas und der USA ausgerottet und hält sich fast nur noch in unbewohnten Regionen auf.

Stichfrage ❷

F: Unter welchem Namen ist der **Järv** (*Gulo gulo*) besser bekannt?

A: **Vielfraß.** Dieser kräftige Marder lebt in den Nadelwäldern und in der Tundra der Nordhalbkugel und ist für seinen außerordentlichen Appetit bekannt. Er versucht sogar Wölfen und Bären ihre Beute streitig zu machen.

Männchen, Weibchen ❸

Bei einigen Raubtieren gibt es besondere Bezeichnungen für Männchen und Weibchen:

Tier	Männchen	Weibchen
Hunde	Rüde	Hündin
Katzen	Kater	Katze
Füchse	Fuchs	Fähe

Wassermarder ❹

◆ Otter gehören zur Familie der Marderartigen *(Mustelidae)* und sind als einzige auf das Jagen von Fischen spezialisiert. Man kennt elf Arten.

◆ Sie kommen in den Flüssen aller Kontinente mit Ausnahme von Australien und der Antarktis vor.

◆ Der größte von ihnen ist der südamerikanische **Riesenotter** *(Pteronura brasiliensis)*, der kleinste der asiatische **Zwergotter** (Aonyx cinerea), der höchstens 90 cm lang wird.

FLAUSCHIGER PELZ Der Seeotter *(Enhydra lutris)* besitzt das dichteste Fell aller Säugetiere. Er lebt vor der Westküste Nordamerikas und schläft im Wasser treibend, wobei er sich in Tang einwickelt, um nicht wegzudriften.

UNGLAUBLICH ABER WAHR ❺
Der Teddybär wurde nach dem amerikanischen Präsidenten **Theodore Roosevelt** benannt, weil er auf einem Jagdausflug im Bundesstaat Mississippi im Jahr 1902 darauf verzichtete, einen sehr alten Bär zu erlegen.

Bären ❻

Bären zählen zwar zur Ordnung *Carnivora*, sind aber Allesfresser. Die kleinste der sieben Großbärenarten, der Malaienbär *(Helarctos malayanus)*, wird nur 1,4 m lang. Der **Braunbär** hat das größte Verbreitungsgebiet.

GEDULDSPROBE Der Grizzly *(Ursus arctos horribilis)* aus Nordamerika ist eine Unterart des Braunbären. Weitere sind der Tibetbär *(U. a. pruinosus)*, der Syrische Braunbär *(U. a. syriacus)* und der Isabell-Braunbär *(U. a. isabellinus)*.

Marderartige ❼

Die Familie der Marderartigen *(Mustelidae)* umfasst Wiesel, Hermelin, Marder, Otter, Dachs, Stinktier und Nerz – alles kleine, kurzbeinige Tiere mit langem, beweglichem Körper. Der schwerste ist der Seeotter mit einem Gewicht von bis zu 45 kg. Marderartige kommen von den Polen bis zu den Tropen vor. Viele jagen Beute, die deutlich größer ist als sie selbst.

WINTERFELL Das Hermelin *(Mustela erminea)* ist der einzige Marderartige, der im Winter sein Fell wechselt.

⭐ 874

Gerissene Banditen

Mit schwarz-weißer Banditenmaske und geringeltem Schwanz sind nordamerikanische **Waschbären** *(Procyon lotor)* unverwechselbar. Diese Kleinbären sind mittlerweile auch in Mitteleuropa heimisch und geben sich offenbar mit Abfällen ebenso zufrieden wie mit ihrer natürlichen Nahrung aus Eiern und Kleintieren. Der Waschbär ist Mitglied der Raubtierfamilie der Kleinbären *(Procyonidae)* wie der nordamerikanische **Katzenfrett** *(Bassariscus astutus)* und der südamerikanische **Nasenbär** *(Nasua nasua)*.

Robben

Wichtige Fakten ❶

◆ Robben bilden die Ordnung *Pinnipedia,* lat. für „Flügelfüße". Robben sind Fleischfresser und werden daher auch als Wasserraubtiere bezeichnet. Sie werden in drei Familien unterteilt.

◆ **Seehunde** gehören zur Familie der Hundsrobben, haben keine äußeren Ohrmuscheln und ein kurzes, glattes Fell.

◆ **Seelöwen** gehören zur Familie der Ohrenrobben *(Otariidae),* haben äußere Ohrmuscheln und ein dichtes Fell. Anders als Hundsrobben können Ohrenrobben ihren Vorderkörper mit den vorderen Flossen vom Boden anheben.

◆ Die dritte Familie der **Walrosse** *(Odobenidae)* hat nackte Haut.

Fakten und Zahlen über Robben ❷

Längste	Schwerste	Häufigste	Seltenste
Südlicher See-Elefant *Mirounga leonina* 5 m	Galapagos-Seebär *Arctocephalus galapagoensis* 1,5 m	Krabbenesser *Lobodon carcinophagus* Rund 13 Mio.	Mittelmeermönchsrobbe *Monachus monachus* Rund 500

★ **323**

Bedrohte Art

Die meisten Robben leben in kalten Gewässern, **Mönchsrobben** kommen jedoch nur in subtropischen Meeren vor. Dort gerieten sie immer wieder mit dem Menschen in Konflikt. Von einst drei Arten wurde bereits eine, die Karibische Mönchsrobbe *(Monachus tropicalis),* ausgerottet. Fischer vertrieben die Tiere von den Stränden, an denen die Jungen zur Welt kamen.

NICHT IN SEINEM ELEMENT In der Antarktis gibt es von Natur aus kein Landsäugetier. Daher nimmt der Seeleopard *(Hydrurga leptonyx)* hier am ehesten die Stellung des Eisbären ein. Er ernährt sich von Pinguinen, die er gewöhnlich unter Wasser jagt, gelegentlich versucht er sein Glück aber auch auf dem Eis.

Fortpflanzung und Geburt ❸

Alle Robben kommen zur Fortpflanzung an Land. Um die Gefahren durch Räuber zu minimieren, versammeln sich die meisten an abgeschiedenen Strandabschnitten. Die Brutkolonien des **Nördlichen Seebären** (Callorhinus ursinus) in Alaska bilden mit geschätzten 900 000 Tieren die weltweit größten Ansammlungen großer Säugetiere.

Manche Robben gebären aber auch alleine. Die **Eismeer-Ringelrobbe** (Pusa hispida) geht Gefahren aus dem Weg, indem sie ihre Jungen in einer Schneehöhle zur Welt bringt. Die **Klappmütze** säugt ihre Jungen nur 4 Tage und führt sie dann ins Wasser, um sie vor Räubern zu schützen.

ÜBERFÜLLTER STRAND Hunderte von Walrossen (Odobenus rosmarus) liegen gedrängt an einem Strand am Beringmeer.

UNGLAUBLICH ABER WAHR ❹

Männliche **Klappmützen** (Cystophora cristata) drohen Rivalen, indem sie ihren Kopf aufblähen. Dazu blasen sie entweder die rote Nasenschleimhaut auf oder eine ballonartige Blase (die „Mütze") auf dem Kopf.

Wassertauglich ❺

◆ Robben entstanden vor etwa 15 Mio. Jahren aus Landraubtieren. Zunächst ähnelten sie noch sehr ihren landlebenden Verwandten, passten sich im Lauf der Zeit jedoch immer besser an das Meer an.

◆ Die heutigen Robben weisen vor allem an Schädel und Zähnen immer noch Ähn-

STOMLINIENFÖRMIG Das Verbreitungsgebiet des Kalifornischen Seelöwen (Zalophus californianus) reicht bis zu den Galapagosinseln.

lichkeiten mit ihren Vorfahren auf. Ihr Körperbau hat sich jedoch enorm verändert. **Ohrenrobben** können ihren Körper noch mit ihren Extremitäten vom Boden anheben, Hundsrobben nicht.

◆ Außerdem vermag ihr Blut extrem viel Sauerstoff aufzunehmen und Robben können ihren Stoffwechsel beim Tauchen stark drosseln. Am tiefsten taucht der **Nördliche See-Elefant** (Mirounga angustirostris): Er kann über eine Stunde lang den Atem anhalten und dabei nachweislich über 1500 m tief tauchen.

KURZ VERSCHNAUFEN Nur selten legen Weddellrobben (Leptonychotes weddelli) eine Pause auf dem antarktischen Eis ein. Sie jagen bevorzugt Kalmare und bodenlebende Fische und können dabei 550 m tief tauchen.

Huftiere

Wichtige Fakten ❶

◆ Bei allen Huftieren **(Ungulata)** ist die Zahl der funktionellen Zehen reduziert und die Zehen sind von einer Hornscheide umgeben.
◆ Die Huftiere lassen sich in **zwei Ordnungen** einteilen, in die *Perissodactyla* oder Unpaarhufer und die *Artiodactyla* oder Paarhufer. Alle sind Pflanzenfresser – mit Ausnahme von Schweinen und Pekaris, die Allesfresser sind.

◆ Zu den **Unpaarhufern** gehören ingesamt 15 Arten Nashörner, Tapire und Pferde.
◆ Die **Paarhufer** gliedern sich in drei Unterordnungen: Die Nichtwiederkäuer (*Nonruminantia*, Schweine, Pekaris und Flusspferde), die Schwielensohler (*Tylopoda*, Kamele) und die Wiederkäuer (*Ruminantia*, Hirschferkel, Hirsche, Hornträger, Giraffen und Gabelhorntiere).

Fakten und Zahlen über Huftiere ❷

Unpaarhufer

Größter	**Schwerster**	**Leichtester**
Breitmaulnashorn	Breitmaulnashorn	Bergtapir
Ceratotherium simium	*Ceratotherium simium*	*Tapirus pinchaque*
1,85 m Schulterhöhe	Bis zu 3,6 t	225 kg

Paarhufer

Größter	**Schwerster**	**Leichtester**
Giraffe	Flusspferd	Kleinkantschil
Giraffa camelopardalis	*Hippopotamus amphibius*	*Tragulus javanicus*
6 m	Bis zu 4 t	1,7–3 kg

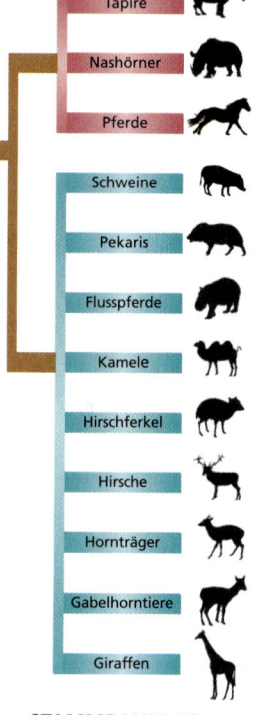

| Tapire |
| Nashörner |
| Pferde |
| Schweine |
| Pekaris |
| Flusspferde |
| Kamele |
| Hirschferkel |
| Hirsche |
| Hornträger |
| Gabelhorntiere |
| Giraffen |

STAMMBAUM Die Huftiere verteilen sich auf zwölf Familien in zwei Ordnungen. Die bei weitem größte Familie bilden die Hornträger (*Bovidae*). Sie umfassen sämtliche 110 Arten von Rindern, Antilopen, Ziegen und Schafen.

FLUSSPFERD Das Flusspferd ist nur entfernt mit den Pferden verwandt. Im Gegensatz zu seinem kleinen Verwandten, dem waldbewohnenden Zwergflusspferd (*Hexaprotodon liberiensis*), hält es sich die meiste Zeit über im Wasser auf.

Stichfrage

❸

F: Wie viele Nashornarten gibt es?
A: Fünf. Die kleinste noch lebende Art ist das Sumatranashorn, gefolgt vom Javanashorn, dem Panzernashorn und dem Spitzmaulnashorn. Am größten ist das Breitmaulnashorn.

★ 531

Fleischlieferanten

Huftiere liefern den größten Teil des **Fleisches,** das wir verzehren. Hausrinder, -schweine, -schafe und -ziegen werden in so großer Zahl gezüchtet, dass sie ihre wilden Artgenossen zahlenmäßig weit übertreffen. Allein in den USA gibt es schätzungsweise 100 Mio. Rinder und 50 Mio. Schweine.

Gehörne und Geweihe ❹

Gehörne und Geweihe dienen männlichen Huftieren zum Kämpfen, aber auch zur Abwehr von Feinden. Bei vielen Arten besitzen auch Weibchen Hörner oder Geweihe. Rinder, Antilopen, Schafe, Ziegen und Giraffen tragen dauerhafte Hörner, Hirsche werfen ihr Geweih alljährlich ab.

BLUTIGER BAST Ein Elch *(Alces alces)* kaut den Bast von seinem Geweih. Der Bast versorgt das wachsende Geweih mit Blut.

REKORDHALTER Der wilde asiatische Wasserbüffel *(Bubalus arnee,* kleines Bild unten) hat die längsten Hörner aller Säugetiere.

Herdentrieb ❺

Damit die Huftiere nicht so leicht von Raubtieren überrascht werden können, bilden die meisten Herden.

Aber nicht alle sind Herdentiere. Viele waldbewohnende Arten wie die afrikanischen **Ducker** *(Cephalophus spec.)* und das **Okapi** *(Okapia johnstoni)* leben die meiste Zeit einzelgängerisch. Sie verlassen sich auf ihre Tarnung und verhalten sich ruhig, damit sie nicht zur Jagdbeute werden.

STILLE GRÖSSE
Die Giraffe ist groß genug, um sogar Löwen abzuwehren.

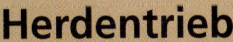

UNGLAUBLICH ABER WAHR ❻

1992 wurde in den Wäldern von Laos und Vietnam eine **neue Huftierart** entdeckt: das so genannte Vu-Quang-Rind oder Sao-la *(Pseudoryx nghetinhensis),* ein dunkelbraunes Tier mit dolchartigen Hörnern.

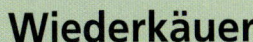

Wiederkäuer ❼

Verglichen mit Fleisch, besitzt Blattnahrung einen geringen Nährstoffgehalt. Daher haben Huftiere einen besonderen Mechanismus entwickelt, um ihre Nahrung optimal zu verwerten. Wiederkäuer besitzen einen **vierkammerigen Magen**. In der ersten Kammer, dem Pansen, beginnt der Verdauungsprozess. Hier bleibt die Nahrung mehrere Stunden, wird dann noch einmal hochgewürgt und ein zweites Mal durchgekaut. Anschließend wird sie geschluckt und weiterverdaut.

Elefanten und Verwandte

Wichtige Fakten ❶

◆ Elefanten, Schliefer und Seekühe stammen alle von den gleichen Vorfahren ab. Elefanten zählen zur Ordnung Rüsseltiere (*Proboscidea*), Schliefer bilden die Ordnung *Hyracoidea* und Seekühe die Ordnung *Sirenia*.

◆ **Elefanten** sind die größten Landtiere der Erde. Sie fressen Pflanzen, die sie mit ihrem backsteinförmigen Backenzahn zermahlen. Typisch ist der aus Nase und Oberlippe gebildete Rüssel.

◆ Heute leben noch zwei Arten von Rüsseltieren: der Afrikanische (*Loxodonta africana*) und der Asiatische Elefant (*Elephas maximus*).

◆ Vom Afrikanischen Elefanten gibt es zwei Unterarten, den Steppenelefanten (*L. a. africana*) und den Waldelefanten (*L. a. cyclotis*).

◆ **Schliefer** bilden elf, **Seekühe** vier Arten. Die Männchen der Gabelschwanzseekuh oder **Dugong** haben kurze Stoßzähne.

Was ist der Unterschied? ❷

Afrikanische und Asiatische Elefanten lassen sich leicht unterscheiden: Die Afrikaner haben größere Ohren, einen weniger abgerundeten Rücken sowie einen eckigen Kopf. Männchen (Bullen) und Weibchen (Kühe) der Afrikanischen Elefanten besitzen lange Stoßzähne, Asiatische Elefantenkühe meist gar keine. Afrikanische und Asiatische Elefanten sind nicht sehr nahe miteinander verwandt. Die Asiaten haben mehr gemeinsame Gene mit dem Mammut.

GREIFFINGER
Der Rüssel von Elefanten ist fingerartig zugespitzt: Asiatische Elefanten haben eine, Afrikanische zwei Spitzen.

Riesen des Festlands ❸

Der **Afrikanische Elefant** ist nicht nur das größte Landsäugetier der Erde, er hält auch noch eine Reihe weiterer Rekorde. So besitzt er z. B. die größten Ohren und Zähne aller Landtiere. Die Stoßzähne der Elefanten sind umgebildete Schneidezähne und können bei Afrikanischen Elefanten über 3 m lang werden. Die längste Lebensdauer unter den Landsäugetieren nach dem Menschen weist der **Asiatische Elefant** auf: Er kann 78 Jahre werden.

Legendäre Elefanten ❹

Um Elefanten ranken sich viele Legenden. Aber dass sie sich zum Sterben auf Elefantenfriedhöfe begeben oder Angst vor Mäusen haben, stimmt nicht. Doch sie haben ein sehr gutes Gedächtnis. Elefantenherden werden vom ältesten Weibchen angeführt, der so genannten **Matriarchin**. Ihr Erinnerungsvermögen, wo in der Vergangenheit Nahrung zu finden war, sichert in Dürrezeiten das Überleben.

Stichfrage

❺

F: Welches sind die größten Landsäugetiere, die Werkzeuge benutzen?
A: **Elefanten.** Sie greifen mit dem Rüssel Pflanzenteile und verscheuchen damit Fliegen oder kratzen sich. Neben Primaten sind Elefanten die einzigen Tiere, die Gegenstände nach Menschen oder anderen Tieren werfen.

★ 489

Prähistorische Dickhäuter

Die heutigen Elefanten sind die jüngsten Vertreter der uralten Gattung *Moeritherium*, die vor ungefähr 40 Mio. Jahren auftauchte. Seither entstanden mindestens 120 verschiedene Arten. Die größte, das Altmammut (*Mammuthus trogontherii*), erreichte eine Schulterhöhe von 4,5 m.

FLACHZÄHNER *Embelodon* war etwa so groß wie ein Asiatischer Elefant und lebte vor rund 20 Mio. Jahren.

UNGLAUBLICH ABER WAHR

6

Elefanten scheinen in der Lage zu sein, das Phänomen des Todes zu begreifen. Wenn ein Herdenmitglied stirbt, „trauern" die anderen Tiere und bleiben stundenlang bei dem Leichnam, um ihn zu beschützen.

GESELLIG Klippschliefer bilden Gruppen von 26 Tieren.

Schliefer ❼

◆ Schliefer sehen Elefanten überhaupt nicht ähnlich und sind doch ihre nächsten landlebenden Verwandten. Die hasengroßen Pflanzenfresser besitzen keine Krallen, sondern kleine Hufe sowie lange Schneidezähne, die sie in Auseinandersetzungen und zur Verteidigung einsetzen.
◆ Schliefer leben in Afrika und im Mittleren Osten.
◆ **Klippschliefer** (Gattung *Procavia*) leben an Felsklippen in bis zu 4200 m Höhe, **Buschschliefer** (Gattung *Heterohyrax*) in ähnlichen Lebensräumen, aber ausschließlich in Ostafrika. **Baumschliefer** (Gattung *Dendrohyrax*) sind Waldbewohner.

Seekühe ❽

Seekühe sind die größten Pflanzen fressenden Wassersäuger. Außer der Gabelschwanzseekuh **(Dugong),** die ausschließlich im Meer vorkommt, leben sie in Süß-, Brack- und Salzwasser. Die 6 m lange **Stellersche Seekuh** (*Hydrodamalis gigas*) aus der Beringsee wurde 1768 ausgerottet.

SANFTER PFLANZENFRESSER Der Nagelmanati (*Trichechus manatus*) kommt von Florida bis Brasilien vor.

DSCHUNGEL-JUMBO Afrikanische Waldelefanten sind relativ klein und wiegen selten mehr als 3 t. Vermutlich überquerte Hannibal mit diesen Elefanten die Alpen.

Waltiere

Wichtige Fakten ❶

◆ Wale, Delphine und Tümmler kommen im Wasser zur Welt und verbringen ihr gesamtes Leben dort. Als **Säugetiere** atmen sie Luft durch Lungen und gebären lebende Junge, die sie mit Muttermilch ernähren.

◆ Waltiere bilden die Ordnung *Cetacea*, die in zwei Unterordnungen aufgeteilt wird, in Zahn-wale (*Odontoceti*) und Bartenwale (*Mysticeti*).

◆ Zu den **Zahnwalen** gehören Delphine, Tümmler und Pottwale. Alle sind aktive Jäger.

◆ **Bartenwale** sind Filtrierer. Zu ihnen gehören die vier größten heute lebenden Tiere, in abstei-gender Reihenfolge: Blauwal, Finnwal (*Balaenoptera physalus*), Grönlandwal und Nordkaper.

BLAUWALE *Balaenoptera musculus*
Größtes Tier der Welt

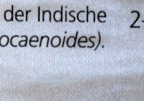

33,5 m

POTTWAL
Physeter macrocephalus
Größter Räuber und fünftgrößtes Tier

18 m

BUCKELWAL
Megaptera novaeangliae
Achtgrößtes Tier und am besten erforschter Bartenwal

15 m

KILLERWAL *Orcinus orca*
Größte Delphinart. Männchen können bis zu 9 t wiegen.

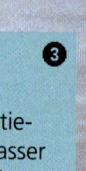

7 m

HECTOR-DELPHIN *Cephalorhynchus hectori*
Kürzestes Waltier. Etwas leichter ist der Indische Schweinswal (*Neophocaena phocaenoides*).

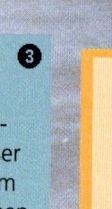

1,2 m

Rekordhalter ❷

Wale halten viele Rekorde im Tierreich, auch solche, an die man vielleicht gar nicht denkt.

◆ Der Grönlandwal (*Balaena mystaceus*) hat das **größte Maul** im Tierreich. Voll aufgerissen hätte ein Kleinbus darin Platz.

◆ Die **längsten Flossen** eines Tieres besitzt der Buckelwal. Mit rund 4,6 m sind seine Brustflossen fast doppelt so lang wie die anderer Wale.

◆ Den **Rekord im Tieftauchen** für Luftatmer hält der Pottwal. Markierte Pottwale wurden in 2000 m Tiefe gesichtet, Hinweise legen jedoch nahe, dass sie mit-unter Tiefen von über 3000 m erreichen.

◆ Der Pottwal hat mit rund 8 kg auch das **schwerste Gehirn**.

◆ Das **größte Baby** bringt der **Blauwal** zur Welt. Es misst bei der Geburt 6–8 m und wiegt 2–3 t.

Bartenwale ❸

Die meisten großen Wale ernähren sich von kleinen Beuteti-eren, die sie mithilfe von Hornplatten (**Barten**) aus dem Wasser sieben. Die Barten hängen vom Oberkiefer herab und sind am Rand mit langen, haarähnlichen Fransen besetzt. Daran bleiben die Beutetiere hängen, während der Wal das Wasser vor dem Schlucken mit der Zunge herauspresst. Der häufigste Bartenwal ist der bis zu 10 m lange Zwergwal (*Balaenoptera acuto-rostrata*). Der kleinste, der Zwergglattwal (*Caperea marginata*), wird nur 6,5 m lang.

FILTRIERER Im offenen Maul dieses Buckelwals sind die Barten deutlich zu erkennen.

⭐ 29 Der Narwal

Männliche Narwale (*Monodon monoceros*) besitzen einen Stoßzahn. Dieser wird in Extremfällen über 3 m lang und ist da-mit der **größte Zahn** eines Meerestieres. Auch eines von 30 Weibchen besitzt einen Stoßzahn und eines von 500 Männchen sogar zwei. Mit den Stoßzähnen fechten die Männchen die Rangordnung aus.

Rückenflosse
oder Finne

ALTER BEKANNTER
Der Große Tümmler
oder Flaschennasendel-
phin *(Tursiops trunca-
tus)* wird häufig in
Delphinarien gehalten.
Sonst lebt er in gemä-
ßigten und tropischen
Meeren.

Schnabel

Brustflosse
oder Flipper

Delphine ❺
und Tümmler

Etwa die Hälfte aller Waltiere sind
marine Delphine und Tümmler. Mit Ausnahme der Schwert- und Grindwale und ihrer
Verwandten besitzen Delphine eine schnabelför-
mige Schnauze – was sie auch von den Schweins-
walen unterscheidet.

Die in Küstengewässern lebenden Delphine und Tümm-
ler bilden Gruppen von zwei bis zwölf Tieren mit engem
Zusammenhalt, die oft gemeinsam auf Beutefang gehen.
Delphine der Hochsee bilden Gruppen bis zu 1000 Tieren.

UNGLAUBLICH ABER WAHR

❹

Der **Nordkaper**
(Balaena glacialis)
heißt im Englischen *right
whale*. Er war die bevorzugte
Beute von Walfängern, denn
man konnte sich ihm leicht
nähern und er trieb auf
dem Wasser, wenn
er getötet
war.

Stichfrage

❻

F: **Wo befindet sich das Blasloch eines
Delphins?**
A: **Auf der Oberseite des Kopfes.** Das
Blasloch entspricht unseren Nasenlöchern, kann
jedoch fest verschlossen werden.

Flussdelphine ❼

Sechs Waltierarten leben im Süßwasser. Zwei, der Amazonas-Sotalia
oder Tucuxi *(Sotalia fluviatilis)* und
der Indische Schweinswal, kommen
auch im Meer vor. Echte Flussdel-
phine sind der Indus- und der Gan-
gesdelphin *(Platanista minor und
P. gangetica)* sowie der Chinesische
Flussdelphin *(Lipotes vexillifer)*.

FLUSSABWÄRTS Der größte Flussdelphin ist der im Amazonas und Orinoko vorkommende Amazonasdelphin.

Schwanzflosse

QUIZ-FRAGE

Halbaffen

Wichtige Fakten ❶

◆ Halbaffen wie **Lemuren, Loris, Pottos, Galagos** und **Koboldmakis** bilden die Unterordnung *Prosimiae* der Ordnung Primaten. Die gesamte Ordnung umfasst 181 Arten, davon sind 35 Halbaffen, 146 Affen oder Menschenaffen.
◆ Alle Primaten besitzen **fünf Greiffinger** pro Gliedmaß und **nach vorne gerichtete Augen.**

◆ Sämtliche Primaten sind Baumbewohner oder stammen von baumbewohnenden Vorfahren ab. Mit Ausnahme des Menschen leben sie in tropischen oder subtropischen Regionen.
◆ Im Unterschied zu den meisten anderen Säugetieren sind die beiden Unterkieferhälften der Primaten nicht miteinander verschmolzen.

Koboldmakis ❷

◆ Mit ihren riesigen Augen (die jeweils genauso viel wiegen wie das Gehirn) und beweglichen Ohren zählen Koboldmakis zu den bizarrsten Säugetieren.
◆ Die nachtaktiven Insektenjäger sind kaum größer als Mäuse und unglaublich wendig.
◆ Es gibt drei Arten, zwei in Indonesien und eine auf den Philippinen. Alle können ihren Kopf um 360 ° drehen und direkt nach hinten schauen.

Buschbabys ❸

Wegen ihrer Schreie heißen die afrikanischen Galagos auch Buschbabys. Wie Koboldmakis sind sie agile, nachtaktive Primaten, die sich überwiegend von Insekten ernähren, haben aber wie Lemuren, Pottos und Loris einen dicken, **buschigen Schwanz** und einen **Zahnkamm.** Man unterscheidet sechs Arten, vier kommen nur im Regenwald vor, die anderen beiden in Baumsavannen.

Stichfrage ❺

F: Zu welcher Tiergruppe gehört der Indri?
A: Zu den Lemuren. Der Indri ist der größte heutige Halbaffe. Vor Ankunft des Menschen auf Madagaskar war er nur eine von vielen Lemurenarten. Die größte, *Archaeoindris*, wurde so groß wie ein Orang-Utan.

Lemuren ❹

Lemuren kommen nur auf **Madagaskar** vor. Heute gibt es von einst 36 Arten nur noch 22. Lemuren zeichnen sich durch lange Schnauzen aus, die meist mit Barthaaren besetzt sind. Zu ihnen gehören auch die kleinsten Primaten, die Mausmakis *(Microcebus murinus).*

GESANG AUS DEN BÄUMEN
Wie viele Lemuren ist auch der Indri *(Indri indri)* vom Aussterben bedroht. Lemur bedeutet auf Madagassisch „Geist".

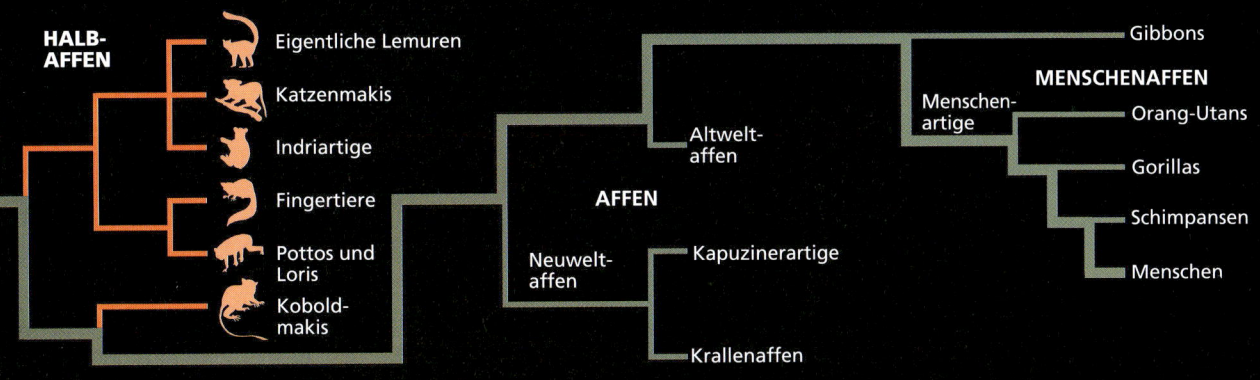

STAMMBAUM Keiner der heute lebenden Primaten ist ein direkter Vorfahre des Menschen, aber manche sind recht nahe mit uns verwandt. Die dicke Linie verfolgt die Entwicklung des Menschen aus dem gemeinsamen Vorfahren aller Primaten zurück.

89

Das Aye-aye

Auf Madagaskar gibt es keine Spechte. Diese Nische besetzt das Fingertier oder Aye-Aye *(Daubentonia madagascariensis)*. Auf der Suche nach Käferlarven klopft es mit seinem langen Mittelfinger gegen das Holz und lauscht mit seinen fledermausartigen Ohren auf Hohlräume. Hat es eine Made gefunden, nagt es das Holz durch und angelt sie sich mit seinem Mittelfinger.

GEFÄHRDETE ART
Das Fingertier ist akut vom Aussterben bedroht.

Pottos und Loris ❻

◆ Diese behäbigen Nachttiere bewegen sich auf der Suche nach kleinen Beutetieren wie in Zeitlupe durch das Geäst tropischer Wälder. Neben Insekten fressen sie auch Früchte und Baumsäfte.

◆ Es gibt zwei Arten von Pottos, die beide in **Afrika** leben: Der **Bärenmaki** oder Angwantibo *(Arctocebus calabariensis)* und der **Potto** *(Perodicticus potto)*.

◆ Die beiden Lori-Arten stammen aus **Asien**: der **Schlanklori** *(Loris tardigradus)* aus Indien und Sri Lanka, der **Plumplori** *(Nycticebus coucang)* aus dem tropischen Südostasien.

CLOWNSAUGEN Plumploris werden etwa 30 cm lang. Ihren Namen haben sie von den Holländern – in ihrer Sprache bedeutet das Wort „Clown".

Affen

Wichtige Fakten ❶

◆ Affen bilden die Unterordnung *Simiae* der Primaten. Ihr Schädelbau ist anders als der der Halbaffen. Es gibt **107 Arten.**

◆ Alle 45 Arten der **Altweltaffen** gehören zur Familie der Meerkatzenverwandten *(Cercopithecidae)*, die sich in Meerkatzenartige (Meerkatzen, Mangaben, Makaken, Mandrills, Paviane) sowie Schlank- und Stummelaffen (Guerezas, Languren) gliedert.

◆ Die 62 Arten der **Neuweltaffen** verteilen sich auf die Familie der Krallenaffen (Marmosetten, Tamarine) und die der Kapuzinerartigen (Sakis, Spring-, Brüll-, Klammer-, Totenkopf-, Woll-, Spinnen-, Nachtaffen, Kapuziner und Uakaris.

Fakten und Zahlen über Affen ❷

Altweltaffen

Schwerster	**Leichtester**	**Seltenster**
Mandrill	Zwergmeerkatze	Goldstumpfnase
Papio sphinx	*Miopithecus talapoin*	*Rhinopithecus avunculus*
54 kg	1,4 kg	Weniger als 250

Neuweltaffen

Schwerster	**Leichtester**	**Seltenster**
Spinnenaffe	Zwergseidenäffchen	Spinnenaffe oder Muriki
Brachyteles	*Cebuella*	*Brachyteles*
arachnoides	*pygmaea*	*arachnoides*
15 kg	150 g	200–300

Altweltaffen, Neuweltaffen ❸

Altwelt- und Neuweltaffen haben sich über 65 Mio. Jahre isoliert voneinander entwickelt. Heute lassen sich die beiden Gruppen durch drei Merkmale unterscheiden: Bei Neuweltaffen ist der Daumen mehr der Handfläche als den anderen Fingern gegenübergestellt, sie besitzen pro Kieferseite drei statt zwei Vorbackenzähne (Prämolaren) und ihre Nasenlöcher öffnen sich zur Seite hin.

Verhalten ❹

Affen sind fast nur **tagaktiv.** Die einzige nachtaktive Art ist der Nachtaffe oder Durukuli *(Aotus trivirgatus)* aus dem Amazonasregenwald. Als weitgehend tagaktive Tiere haben Affen eine Mimik entwickelt, mit der sie Gefühle mitteilen können. Es kam zu einem komplexen Sozialverhalten, das wiederum die Evolution größerer Gehirne förderte, weil die Tiere einzelne Individuen wiedererkennen und ihren Platz in der Hierarchie kennen mussten.

HERUMTOLLEN Die indischen Hulmans oder Hanumanlanguren *(Semnopithecus entellus)* fühlen sich auf dem Boden ebenso zu Hause wie in den Bäumen.

ALTWELTAFFE Die Nasenlöcher zeigen nach unten.

NEUWELTAFFE Die Nasenlöcher zeigen zur Seite.

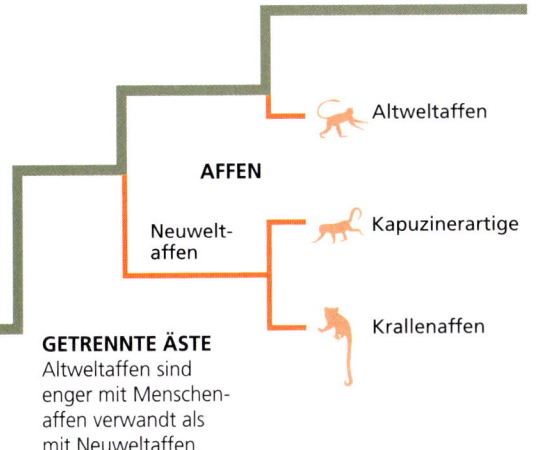

AFFEN

Altweltaffen

Neuwelt-
affen

Kapuzinerartige

Krallenaffen

GETRENNTE ÄSTE
Altweltaffen sind
enger mit Menschen-
affen verwandt als
mit Neuweltaffen.

Krallenaffen ❻

Die süd- und mittelamerikanischen
Krallenaffen – Marmosetten und
Tamarins – sind die **kleinsten**
Affen der Welt. Die baum-
lebenden Allesfresser besitzen
als einzige Primaten Krallen
anstelle von Fingernägeln.
Damit können sie trotz
ihrer geringen Größe mit
Leichtigkeit die Stämme
der Regenwaldbäume
hinauf- und herabklettern.
 Krallenaffen sind sehr
gesellige Tiere und leben
in Familiengruppen, die
aus einem Paar und deren
Nachkommen bestehen.
Mit Ausnahme des Spring-
tamarins (Callimico goeldii)
bekommen in der Regel
alle Zwillinge, um die
sich beide Elternteile
kümmern. Oft trägt das
Männchen die Jungen
herum und übergibt sie der
Mutter nur zum Säugen.
 Zu den Krallenaffen ge-
hören einige der seltensten
Primaten: Zwölf der 21 Arten
werden von der Weltnatur-
schutzunion IUCN als gefährdet
oder vom Aussterben bedroht
eingestuft.

MINIAFFE Mit einer Länge von
14 cm und einem 20 cm langen
Schwanz ist das Zwergseidenäff-
chen die kleinste aller Affenarten.

Mandrills und Paviane ❺

◆ Die **größten** niederen Affen, Mandrills und
Paviane, halten sich meist am Boden auf und
ziehen sich nur bei Gefahr auf Bäume zurück.
◆ Sie leben in Trupps von 20–80 Tieren, denen
ein Männchen vorsteht. Die Männchen sind
viel größer als die Weibchen und mit langen,
bedrohlichen Eckzähnen ausgestattet.
◆ **Alle Arten** kommen in Afrika vor. Der Steppen-
und der Guinea- oder Sphinxpavian (Papio cynocephalus und P. papio) bewohnen Baumsavannen,
der Mantelpavian Felswüsten. Der Drill (P. leuco-
phaeus) und der größere Mandrill dagegen sind
in Regenwäldern heimisch.

VOLLE PRACHT Mandrillmännchen sind die buntes-
ten Säugetiere. Die Weibchen sind weniger farbenfroh.

★ **735**

Affenimperium

Neben dem Menschen sind
die **Berberaffen** (Macaca
sylvanus) von Gibraltar die
einzigen frei lebenden Primaten
Europas. Diese schwanzlosen
Makaken wurden in den 40er-
Jahren des 18. Jh. zur Jagd von
Nordafrika eingeführt. Sobald
die Affen aussterben, heißt es,
wird Gibraltar nicht mehr Teil
des britischen Königreichs sein.
Um dies zu verhindern, wurde
der Bestand 1943 auf Geheiß
von Winston Churchill mit
Neuzugängen aufgefrischt.

UNGLAUBLICH ABER WAHR ❼

**Grüne
Meerkatzen**
(Cercopithecus
aethiops) sind dem
Alkohol zugetan. In die Karibik
eingeführte Trupps haben
eine solche Vorliebe für
gärendes Zuckerrohr
entwickelt, dass
sie sogar Bars
plündern!

136

Die Ziffer oder der Stern nach einer Frage verweisen auf die Informationskästen rechts.

QUIZ-FRAGE

ANTWORT

126 **Waldmensch** (*orang,* Mensch, *utan* Wald) **❹**

158 **Fingernägel** – die meisten Affen haben Fingernägel

167 **Schimpanse ❺**

182 **Orang-Utan ❹**

314 **Schimpansen ❺**

343 **Menschenaffen ❶**

430 **Große Menschenaffen ❶**

474 **Silber** (Silberrücken) ⭐

497 **Gorillaz** – mit Tank-Girl-Erfinder Jamie Hewlett

578 **Äfft** – das Verhalten nachäffen

583 **Sie halten sich mehr in Bäumen auf. ❸**

590 **Ein Schimpanse ❺**

680 **Unsere eigene Art,** *Homo sapiens* **❽**

684 **Schimpanse ❻**

732 **Afrika ❶❷**

752 **Gorilla ❷**

772 **Zu den Gibbons ❸❼**

811 **Ein Schimpanse ❺**

977 **Aus Asien ❹**

999 **Alle** – Gorillas, Schimpansen und Orang-Utans **❶❷❹❺**

Menschenaffen

Wichtige Fakten ❶

◆ Menschenaffen sind die größten und intelligentesten Vertreter der Ordnung Primaten. Im Gegensatz zu „niederen" Affen und Halbaffen besitzen sie **keinen Schwanz.** Man unterscheidet zwei Familien: die *Hylobatidae* (Kleine Menschenaffen oder Gibbons) und die *Hominidae,* (Große Menschenaffen wie Gorillas, Schimpansen, Orang-Utans und den Menschen).

◆ **Gibbons** sind in neun Arten im gesamten tropischen Südostasien verbreitet.
◆ **Orang-Utans** leben in zwei Arten in den Wäldern Sumatras und Borneos.
◆ **Gorillas** sind die größten heute lebenden Primaten. Die beiden Arten leben in Afrika.
◆ Beide **Schimpansenarten** kommen aus Afrika. Sie leben in Gruppen von 15 bis 120 Tieren.

Gorillas ❷

Gorillas sind **Waldbewohner,** halten sich aber überwiegend **am Boden** auf. Der Östliche Gorilla (*Gorilla beringei*) unterteilt sich in drei Unterarten, von denen der Berggorilla (*G. b. beringei*) die größte ist. Vom Westlichen Gorilla (*Gorilla gorilla*) gibt es zwei Unterarten.

PFLANZENFRESSER Gorillas ernähren sich von Blättern und Trieben der Bodenvegetation. Sie sind tagaktiv.

Gibbons ❸

◆ Gibbons sind die **kleinsten Menschenaffen.**
◆ Sie sind geschickte Kletterer und schwingen sich mit ihren langen Armen durchs Geäst, wobei sie ihre Hände wie Haken einsetzen und 16 km/h erreichen können.
◆ Gibbons ernähren sich von jungen Blättern und saftigen Früchten. Sie leben in Familiengruppen aus einem monogamen Paar und dessen Jungen. Die Paare besetzen ein Territorium, dessen Besitz sie durch Gesänge kundtun.
◆ Die Gesänge sind jeweils artspezifisch und stellen nach den Gesängen von Vögeln die komplexesten Lautäußerungen im Tierreich dar.

⭐ 474
Silberrücken

Gorillagruppen bestehen aus mehreren Weibchen und ihren Jungen und werden von einem über zehn Jahre alten Männchen, dem Silberrücken, angeführt. Diese können bis zu 275 kg wiegen – doppelt so viel wie erwachsene Weibchen.

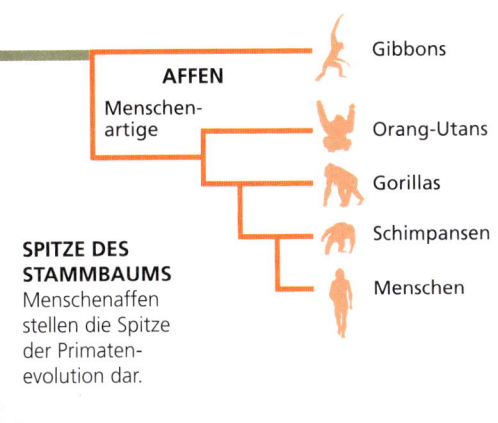

AFFEN
Menschen-
artige

Gibbons

Orang-Utans

Gorillas

Schimpansen

Menschen

**SPITZE DES
STAMMBAUMS**
Menschenaffen
stellen die Spitze
der Primaten-
evolution dar.

Orang-Utans ❹

Der Sumatra-Orang-Utan *(Pongo abelii)* ist
das **größte baumlebende Tier** – erwachsene
Männchen können bis zu 90 kg wiegen. Etwas
kleiner ist der Borneo-Orang-Utan *(P. pygmaeus)*.
Beide Arten können etwa 60 Jahre alt werden.

Orang-Utans sind überwiegend **Einzelgänger** – abgesehen von Müttern mit ihren Jungen,
die bis zu 10 Jahre zusammen bleiben. Sie
sind reine **Pflanzenfresser.** Mit ihren langen,
kräftigen Gliedmaßen und den hakenartigen
Fingern können sie sich gut im Geäst bewegen.

Schimpansen ❺

Schimpansen sind unsere **nächsten lebenden Verwandten** und
haben rund 99 % ihrer DNA mit
uns gemeinsam. Wie wir können
auch sie Werkzeuge herstellen und
benutzen. Außerdem haben sie die
Fähigkeit, eine Sprache zu erlernen, etwa die für Taube entwickelte Zeichensprache. Sie leben in
Wäldern und werden in zwei Arten
unterteilt, den bekannten Schimpansen *(Pan troglodytes)* und den
Bonobo oder Zwergschimpansen.

KLUG Ein Schimpanse träufelt sich
mit einem Stock Wasser in den Mund.

UNGLAUBLICH ABER WAHR ❻

Zur Zeit der
ersten Menschen
lebte auf der Erde ein
riesiger Menschenaffe,
der viermal so schwer war
wie sie. *Giganthopithecus* wurde
2,5 m groß und wog bis zu
300 kg. Er lebte bis vor
rund 500 000 Jah-
ren in Südost-
asien.

KOSTBARES BABY
Baby-Orang-Utans
haben eine sehr niedri-
ge Geburtenrate. Dieses
Junge ist eines von nur
drei oder vier, die seine
Mutter im Lauf ihres
Lebens aufziehen wird.

NAHE VERWANDTE Ein Mädchen führt
mithilfe einer Waffel Eis zum Mund.

Das Tier Mensch ❽

Der Mensch *(Homo sapiens)* ist das
erfolgreichste große Säugetier
der Welt: Er bewohnt fast alle
Lebensräume auf jedem Kontinent.
In der jüngsten Geschichte unserer
Art ist die Bevölkerung explodiert.
Im letzten Jahrhundert hat sich die
Zahl der Menschen verdreifacht.

Oft wird der Erfolg der Mensch-
heit unserem **zweibeinigen Gang**
zugeschrieben, weil wir dadurch
die Hände frei hatten, um Werkzeuge herzustellen und zu benutzen. Aber er ist auch die Folge
unserer Fähigkeit, Informationen
und Ideen weiterzugeben. Im
Verhältnis zur Körpergröße haben
wir nicht nur das **größte Gehirn,**
sondern auch den am besten entwickelten Stimmapparat.

Stichfrage ❼

F: Was für ein Tier ist ein Siamang?
A: Ein Gibbon. Der Siamang *(Hylobates
syndactylus)* ist die größte Gibbonart. Er lebt
auf Sumatra sowie auf der Malaiischen Halb-
insel und besitzt einen aufblasbaren Kehlsack,
der seine Rufe verstärkt.

Die Ziffer oder der Stern nach einer Frage verweisen auf die Informationskästen rechts.

QUIZ-FRAGE	ANTWORT
122	**Ganter** ❹
201	**Ente** ❹
203	**Guernsey oder Jersey** ❷
204	**Gans** ❹
205	**Vietnam** ❸
206	**Hahn** ❹
207	**Vom Rind** ❷
209	**Huhn** ❹
210	**Vom Schwein** ❸
234	**Rind** ❷
★ 286	**Ziege** ★
287	**Lanolin** ❺
368	**Rund 400** (der Weltrekord steht derzeit bei 371) ❶
373	**Frankreich** – er ziert das Landeswappen
411	**Haushuhn** ❹
419	**Aus Spanien** – Longhorns im 16. Jh. nach Mexiko
525	**Widder** ❺
533	**Saumagen** – Zutaten sind auch Kartoffeln und Mett
576	**Ochse** ❷
597	**Ochsenschwanz** ❷
654	**Sieben** – *Der Wolf und die sieben Geißlein*
993	**Kuh** ❷

Tiere in der Landwirtschaft

Ein kurzer Überblick ❶

◆ Die ersten von Menschen in Herden gehaltenen Tiere waren wahrscheinlich **Schafe** und **Ziegen,** und das bereits vor mindestens 10 000 Jahren. Rinder wurden erst viel später gehalten, aber schon um 2000 v. Chr. domestiziert.

◆ Die **selektive Züchtung** von Nutztieren erfolgt erst seit kürzerer Zeit. Die meisten heutigen Rinder-, Schaf-, Ziegen- und Schweinerassen wurden erst in den letzten Jahrhunderten herausgezüchtet.

◆ Auch heute wird selektive Züchtung betrieben, um **ertragreicheres Nutzvieh** zu erhalten. Mit Erfolg: 1925 legte ein durchschnittliches Huhn etwa 100 Eier pro Jahr. Heutzutage sind es mindestens doppelt so viele.

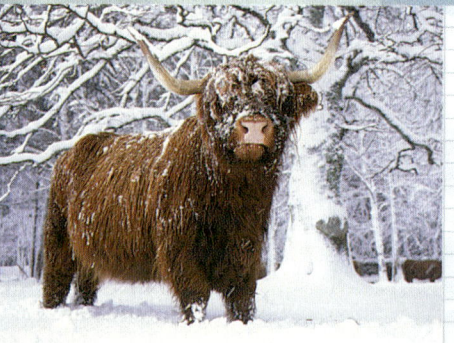

WINTERHART Schottische Hochlandrinder hatten vor 200 Jahren ein schwarzes Fell. Heute ist es graubraun oder rot.

Rinder ❷

◆ Hausrinder umfassen die Art ***Bos taurus*** mit allen Rassen europäischen Ursprungs sowie die Art ***Bos indicus,*** afrikanische und asiatische Buckelrinder (Zebus).

◆ Alle europäischen Hausrinder stammen vom mittlerweile ausgestorbenen ***Auerochsen*** *(Bos primigenius)* ab, der bis 1627 wild in Südosteuropa lebte.

◆ Die Abstammung von *Bos indicus* ist umstritten. Manche Zoologen halten den aus Kambodscha und Laos stammenden Kouprey *(Bos sauveli)* für die Stammform, andere glauben, dass *Bos indicus* selbst einmal eine Wildform war.

◆ Es gibt 277 anerkannte domestizierte Rinderrassen. Elf der bekanntesten enthält folgende Tabelle:

Rasse	Herkunftsland	Milch- oder Fleischrasse	Weitere Informationen
Aberdeen Angus	Schottland	Fleisch	
Beefmaster	USA	Fleisch	Eine Brahman-Hereford-Shorthorn-Kreuzung, die beliebteste Rasse in den USA
Brahman	Indien	Milch	Die heilige Kuh der Hindus; diese Rasse hat einen großen Buckel und Hängeohren
Braunvieh	Schweiz	Milch	
Charolais	Frankreich	Fleisch	
Hereford	England	Fleisch	
Jersey	Britische Kanalinseln	Milch	Die zweitbeliebteste Milchrasse der Welt: Liefert sehr sahnige Milch.
Limousin	Frankreich	Fleisch	
Schwarzbunte	Niederlande	Milch	Die beliebteste Milchrasse der Welt
Simmentaler	Schweiz	Fleisch	Auch Fleckvieh genannt
Pinzgauer	Österreich	Fleisch	

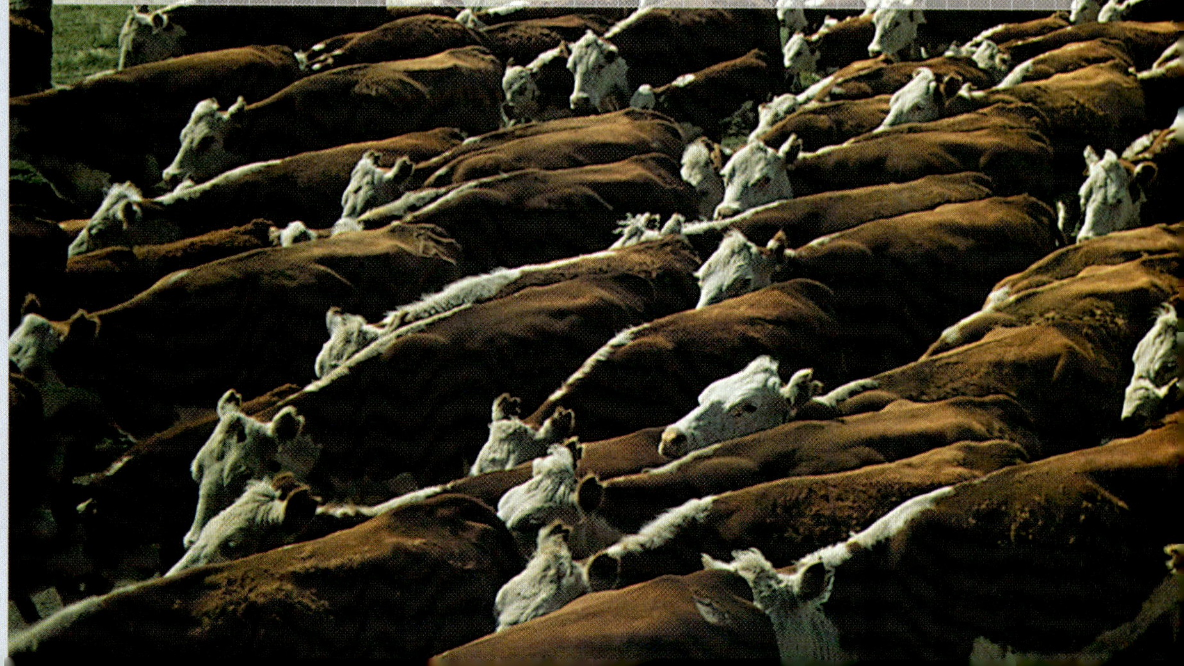

SATTELSCHWEIN
Die Sauen können
pro Wurf bis zu
14 Ferkel gebären.

⭐ **286**

Ziegen

Ziegen werden überall
auf der Welt meist wegen
ihrer Milch gehalten.
Ziegenmilch ist leichter
verdaulich als Kuhmilch.
Da Ziegen lieber Sträucher
fressen als Gräser, können
sie in kargeren Gebieten
überleben als Kühe. Männ-
liche Ziegen bezeichnet
man als Bock, weibliche
als Geiß. Junge Ziegen
heißen Zicklein.

Schweine ❸

Das Hausschwein entstand vor etwa 5000 Jahren aus dem Wildschwein *(Sus scrofa)*.
Die Entwicklung der meisten modernen Schweinerassen begann im 18. Jh.

Rasse	Herkunftsland	Fleisch/Speck	Weitere Informationen
Berkshire	England	Fleisch	Große schwarze Rasse mit weißer Schnauze und weißer „Sockenzeichnung"
Chester white	USA	Speck	
Deutsches Edelschwein	Deutschland	Fleisch	
Gloucester Old Spot	England	Fleisch	
Hampshire	USA	Beides	
Landrasse	Dänemark	Speck	Amerika, Belgien, Deutschland, England, Finnland, Frankreich, Italien, Niederlande, Norwegen und Schweden haben ihre eigenen Linien der Landrasse; sie wurden aus der dänischen Stammform herausgezüchtet.
Large white (Yorkshire)	England	Speck	Ohren eher aufrecht stehend als abknickend
Sattelschwein	England	Beides	
Tamworth	England	Fleisch	
Hängebauchschwein	Vietnam	Fleisch	Kleine Rasse, die außerhalb ihres Herkunftslandes häufig als Haustier gehalten wird

MODERNE COWBOYS
Argentinische Gauchos
treiben Hereford-Rinder
durch Patagonien.

Schafe ❺

Hausschafe gibt es seit mindestens 10 000 Jahren. Ihre wilde Stammform, das Orientalische
Wildschaf *(Ovis orientalis musimon)* lebt noch heute in den Gebirgen Kleinasiens, im südlichen
Iran und auf den Mittelmeerinseln Sardinien und Korsika.

Rasse	Herkunftsland	Fleisch/Wolle	Weitere Informationen
Charollais	Schweiz	Fleisch	
Dorset down	England	Wolle	
Jakobsschaf	Spanien	Wolle	Schwarzweiß; viele haben vier Hörner
Merino	Spanien	Beides	In Australien und Südafrika sehr beliebt
Scottish blackface	Schottland	Wolle	Robust; beide Geschlechter tragen Hörner
Soay	Schottland	Fleisch	Die primitivste Schafrasse, besteht seit mindestens 2000 Jahren unverändert
Suffolk	England	Fleisch	
Texelschaf	Deutschland	Fleisch	
Welsh mountain	Wales	Beides	Die Wolle ist lang und lockig.
Wensleydale	England	Wolle	

Geflügel ❹

Das **Haushuhn** ist der häufigste Vogel der Welt. Es gibt
auf der Erde mehr Hühner als
Menschen: schätzungsweise
10 Mrd. Alle Haushühner
stammen vom indischen
Bankivahuhn *(Gallus gallus)*
ab. **Hausenten** und **-gänse**
haben mehrere Stammformen.
So stammt z. B. die **Warzen-
ente** von der südamerikanischen **Moschusente** *(Cairina
moschata)* ab und die **Ayles-
buryente** von der Stockente
(Anas platyrhynchos).

QUIZ-FRAGE

Die Ziffer oder der Stern nach einer Frage verweisen auf die Informationskästen rechts.

ANTWORT

19	**Falsch** – in der Regel schon, aber nicht immer
32	**Manx-Katze** ❸
★ 36	**Crufts** ★
38	**King Charles Spaniel** ❷
39	**India ist Bushs Katze, Socks gehörte Clinton.**
75	**Den Pekinesen** ❷
177	**Hauskatze** ❶ ❸
193	**Mit Schlittenhunden**
236	**Haushund** ❶ ❷
291	**Greyhound** (engl. Windhund) ❷
318	**Michael Jackson** – außerdem hält er Spinnen
407	**Falsch** – sie wurde in Deutschland gezüchtet ❷
471	**Gold** (Goldfisch) ❺
495	**In Mexiko** ❷
498	**Hamster** (von „hamstern") ❻
507	**Vor Hunden** ❶ ❷
577	**Hunde** – treu wie ein Hund
662	**Im Terrarium**
674	**200** (es sind genau 195) ❷
802	**Mastiff** ❷
850	**Hamster** ❻
942	**42** – 12 Schneidezähne, 4 Eckzähne, 16 Vorbackenzähne und 10 Backenzähne

Heimtiere

Alte Kameraden ❶

Haushunde gehören zur Art *Canis familiaris* und stammen vom Wolf (*Canis lupus*) ab. Hinweise für die Domestikation des Hundes reichen ungefähr 10 000 Jahre zurück. Die **Hauskatze** (*Felis catus*) stammt von der Afrikanischen Wildkatze (*Felis silvestris libyca*) ab.

Hunde

Apportierhunde holen erlegtes Wildgeflügel aus dem Wasser, Laufhunde dienen Jagdzwecken, **Terrier** zur Bekämpfung von Schädlingen und **Hütehunde** zum Schutz von Nutztieren. Die meisten **Familienhunde** wurden als Heimtiere gezüchtet. Zu den **Arbeitshunden** zählen Schutzhunde sowie Such- und Rettungshunde. Die **„Gebrauchshunde"** umfassen Hunde, die nicht in die genannten Kategorien fallen. ❷

Apportierhunde
Amerikan. Cocker Spaniel
Bracco Italiano
Brittany
Chesapeake Bay Retriever
Clumber Spaniel
Cocker Spaniel
Curly-coated Retriever
Drahthaariger Dt. Vorstehhund
Drahthaar Magyar Vizsla
English Setter
English Springer Spaniel
Flat-coated Retriever (abgebildet)
Gordon Setter
Großer Münsterländer
Irish rotweißer Setter
Irish Setter
Irish Water Spaniel
Kooikerhondje
Kurzhaariger Dt. Vorstehhund
Labrador Retriever
Langhaariger Dt. Vorstehhund
Magyar Vizsla
Nova Scotia Duck Tolling Retriever
Pointer
Spinone
Sussex Spaniel
Welsh Springer Spaniel
Weimaraner

Jagdhunde
Afghane
Basenji
Bassethound
Bayerischer Gebirgsschweißhund
Beagle
Bloodhound (rechts)
Barsoi
Finnenspitz
Foxhound
Grand Bleu de Gascogne
Grand Griffon Vendeen
Greyhound
Griffon Bleu de Gascogne
Griffon Fauve de Bretagne
Hamiltonstövare
Ibizahund (auch als Balearischer
Laufhund bekannt)
Irischer Wolfshund
Kelb tal Fenek
Kurzhaardackel
Langhaardackel
Norwegischer Elchhund
Otterhund
Petit Griffon Vendeen
Rauhaardackel
Rhodesian Ridgeback
Saluki
Scottish Deerhound
Segugio Italiano
Sloughi
Whippet
Zwerg-Kurzhaardackel
Zwerglanghaardackel
Zwerg-Rauhaardackel

Hütehunde
Anatolischer Schäferhund
Australian Cattle Dog
Australian Shepherd
Bearded Collie
Bergamasker
Bobtail (abgebildet)
Border Collie
Briard
Cão da Serra da Estrela
Cardigan Welsh Corgie
Deutscher Schäferhund
Finnischer Lapphund
Glatthaar-Collie
Groenendael
Komondor
Kuvasz
Laekenois
Lancashire Heeler
Malinois
Maremmenhund
Niederungshütehund
Norwegian Buhund
Puli
Pembroke Welsh Corgie
Polnischer Pyrenäenberghund
Pyrenäenschäferhund
Rauhaar-Collie
Samoyede
Schwedischer Lapphund
Schwed.Schäferspitz
Shetland Sheepdog
Tervueren

Terrier
Airedale Terrier
Australian Terrier
Bedlington Terrier
Border Terrier
Bullterrier
Cairn Terrier
Cesk-Terrier
Dandie Dinmont Terrier
Drahthaar-Foxterrier (links)
Glatthaar-Foxterrier
Glen of Imaal Terrier
Irish Terrier
Kerry Blue Terrier
Lakeland Terrier
Manchester Terrier
Norfolk Terrier
Norwich Terrier
Parson (Jack) Russell Terrier
Scottish Terrier
Sealyham Terrier
Skye Terrier
Soft Coated Wheaten Terrier
Staffordshire Bullterrier
Welsh Terrier
West Highland White Terrier
Zwerg-Bullterrier

Familienhunde
Affenpinscher
Australian Silky Terrier
Belgischer Zwerggriffon
Bichon frisé
Bologneser
Chinesischer Schopfhund
Coton de Tulear
English Toy Terrier (Schwarz und Grau)
Havaneser
Ital. Greyhound
Japan Chin
King Charles Spaniel (links)
Langhaar-Chihuahua
Löwchen
Malteser
Mops
Papillon
Pekinese
Smooth-coat Chihuahua
Yorkshire Terrier (**kleinste Hunderasse** der Welt – das kleinste jemals gemessene Tier hatte ausgewachsen eine Schulterhöhe von 6,3 cm und wog 113 g)
Zwergpinscher
Zwergspitz

Gebrauchshunde
Akita Inu
Boston Terrier
Bulldogge
Chow-Chow
Dalmatiner
Deutscher Kleinspitz
Deutscher Mittelspitz
Französische Bulldogge
Großpudel (abgebildet)
Japanischer Spitz
Kanaanhund
Keeshond
Lhasa Apso
Mexikanischer Nackthund
Schipperke
Schnauzer
Shar Pei
Shiba Inu
Shih Tzu
Tibet-Spaniel
Tibet-Terrier
Toypudel
Zwergpudel
Zwergschnauzer

Arbeitshunde
Alaskan Malamute
Beauceron
Berner Sennenhund
Bordeauxdogge
Bouvier des Flandres
Bullmastiff
Dobermann
Deutscher Boxer
Dänische Dogge (**größte Hunderasse** der Welt, Schulterhöhe bis 105 cm)
Eskimohund
Grönlandhund
Hovawart
Leonberger
Mastiff (**schwerste Hunderasse** der Welt, wiegt bis zu 155 kg)
Mastino
Napoletano
Neufundländer (abgebildet)
Riesenschnauzer

Katzen

Die frühesten Beweise für die Existenz von Hauskatzen stammen aus dem **Alten Ägypten**, wo Katzen eine religiöse, aber auch praktische

Bedeutung als Wächter der Getreidespeicher hatten. Etwa um das 10. Jh. v. Chr. kamen Katzen nach England und erreichten von dort aus im 17. Jh. mit den ersten Siedlern Nordamerika.

❸

Kurzhaarkatzen
Abessinier
American Shorthair
American Wirehair
Bengal
Bombay
Britisch Kurzhaar Blau
  (Bild)
Britisch Kurzhaar Blau-Creme
Britisch Kurzhaar Creme

Britisch Kurzhaar Gestromt
Britisch Kurzhaar Getupft
Britisch Kurzhaar Schildpatt
Britisch Kurzhaar Smoke
Britisch Kurzhaar Schwarz
Britisch Kurzhaar Tipped
Britisch Kurzhaar Weiß
Britisch Kurzhaar Zweifarbig
Burmese
Burmilla

Egyptian Mau
Europäisch Kurzhaar
  (viele Farben)
Exotic Shorthair
Havanna
Japanese Bobtail
Korat
Manx
Ocicat
Orientalisch Kurzhaar

Rex
Russisch-Blau
  Scottish Fold
    (Faltohrkatze)
Siamese
Singapura
Snowshoe
Tonkinese

Langhaarkatzen
Angora
Balinese
Birma
Cymric
Maine Coon
Norwegische Waldkatze (Bild)
Perser Blau
Perser Blau-Creme
Perser Cameo

Perser Chinchilla
Perser Chocolate
Perser Colour
  point
Perser Creme
Perser Golden

Perser Golden gestromt
Perser GoldenTortie
Perser Lilac
Perser Lilac-Creme
Perser Pewter
Perser Red-Shell
Perser Schildpatt
Perser Schildpatt-Weiß
Perser Schwarz
Perser Tabby

Perser Zweifarbig
Perser Weiß
Ragdoll
Rauchperser
Somali
Tiffani
Türkische Van Katze

Neue Formen
Manche Heimtiere sehen ganz anders aus als ihre Stammform, können aber noch mit ihr gekreuzt werden. ❺

Heimtier	Wildform	Herkunftsland	Unterschied zur Stammform
Frettchen	Europäischer Iltis (Mustela putorius)	Europa und England	Farbe (die Wildtiere sind dunkelbraun)
Goldfisch	Goldkarausche (Carassius auratus)	Europa und Asien	Körperform und Farbe (die Wildform ist anfangs grau)
Kanarienvogel	Kanarengirlitz (Serinus canaria)	Kanarische Inseln	Farbe (die Wildtiere sind gelbschwarz)
Meerschwein	Wildmeerschweinchen (Cavia tschudii)	Zentralanden, Südamerika	Farbe (die Wildform ist braun) und Länge des Fells
Wellensittich	Wellensittich (Melopsittacus undulatus)	Zentralaustralien	Farbe (alle wilden Wellensittiche sind gelbgrün)

Wildtiere im Haus
Viele Tiere, die wir zuhause halten, gleichen ihren frei lebenden Vorfahren aufs Haar. ❻

Heimtier	Wildform	Herkunftsland
Beo	Beo (Gracula religiosa)	Südasien
Chinchilla	Chinchilla (Chinchilla laniger)	Zentralanden, Südamerika
Gerbil	Mongolische Rennmaus (Meriones unguiculatus)	Mongolei
Goldhamster	Syrischer Goldhamster (Mesocricetus auratus)	Syrien
Graupapagei	Graupapagei (Psittacus erithacus)	Tropisches West- und Zentralafrika
Kakadu	Gelbhaubenkakadu (Cacatua galerita)	Australien
Kaninchen	Europ. Wildkaninchen (Oryctolagus cuniculus)	Mitteleuropa, Mittelmeerraum
Nymphensittich	Nymphensittich (Nymphicus hollandicus)	Nord- und Ostaustralien, Neuguinea

⭐ **36**

Hundeschau
Eine der bekanntesten und größten Hundeschauen der Welt ist **Crufts.** Sie findet alljährlich im National Exhibition Centre (NEC) im englischen Birmingham statt und zieht mehr als 20 000 Zuschauer an. Die Hunde müssen Gehorsam, Ausdauer, Schnelligkeit und Geschicklichkeit zeigen.

KEIN GEBELL Die einzige Hunderasse, die nicht bellt, sind Basenjis. Diese Hunde sind zwar nicht stumm, geben aber charakteristische Laute von sich, eine Mischung aus Glucksen und Jodeln.

Arbeitstiere

Arbeitsreiches Leben ❶

◆ Haustiere wurden domestiziert, weil sie Nahrung, Kleidung oder Arbeitskraft lieferten.
◆ Manche Tiere bieten sogar alles zusammen – der **Yak** *(Bos mutus)* dient als Milch- und Fleischquelle, als Lasttier und gibt Wolle.
◆ Andere sind reine Arbeitstiere wie der aus dem afrikanischen Wildesel *(Equus africanus)* herausgezüchtete **Hausesel** *(E. asinus)* und das **Hauspferd** *(E. caballus),* das von Unterarten des eurasischen Wildpferds *(E. ferus)* abstammt.
◆ **Maultiere** sind sterile Nachkommen von Eselhengsten und Pferdestuten, Maulesel von Pferdehengsten und Eselstuten. Beide dienen als Lasttiere.

Reit- und Arbeitspferde ❷

Seit Beginn seiner Domestikation ist das Pferd in mehr Rassen und Größen gezüchtet worden als jedes andere Haustier, den Hund einmal ausgenommen. Die **größte Rasse**, das **Shire Horse**, kann über 2,1 m Widerristhöhe erreichen und wiegt 1,5 t. Im Gegensatz dazu misst die kleinste Zwergrasse nur 36 cm und wiegt 9 kg.

Der größte Teil der Pferderassen wurde als **Reittier** gezüchtet. Bei manchen Rassen wie den **Arabern** war das Hauptkriterium Schnelligkeit, bei anderen dagegen Kraft. Die meisten Kaltblutpferderassen, einschließlich des Shire Horse, lassen sich auf die mittelalterlichen Kriegspferde zurückverfolgen, etwa das English Black Horse, das gezüchtet wurde, um Ritter in voller Rüstung tragen zu können. Später spannte man diese Pferde vor Karren oder Pflüge, die zuvor von Ochsen gezogen worden waren.

UNGLAUBLICH ABER WAHR ❸

In Teilen Sibiriens werden **Rentiere** wie Pferde geritten. Die halbzahmen Tiere werden vom Volk der Nenet gehalten und dienen als Last- und Zugtiere für die Schlitten. Außerdem liefern sie Milch, Häute und Fleisch.

Kruppe

Lende

Hinterbacke

Schwanzwurzel

Unterschenkel

Sprunggelenk

Hinterröhre

Fesselgelenk

Fessel

Huf

FACHSPRACHE Zur Benennung der verschiedene Körperteile des Pferdes wurden im Lauf der Jahre verschiedene Bezeichnungen geprägt, von denen einige hier aufgeführt sind.

Tiere im Krieg

Hannibals Kriegselefanten sind die bekanntesten Kriegstiere. Die Römer züchteten **Mastiffs** zum Kampf und jahrhundertelang trugen **Pferde** die Soldaten in den Kampf. Heutzutage setzt die US-Marine **Delphine** und **Robben** zur Minensuche ein.

Mähne

Widerrist

WÜSTENSCHIFFE In arabischen Ländern sind Kamelrennen mit Dromedaren *(Camelus dromedarius)* sehr beliebt.

Tiere im Sport ❹

Die ersten Überlieferungen von Pferderennen reichen bis ins Alte Ägypten zurück und dieser Sport war auch Bestandteil der Olympischen Spiele der Antike. In jüngerer Zeit kamen zu den Pferden noch Windhund- und Schlittenhundrennen sowie Wettflüge von Tauben hinzu. Der Pferdesport erweiterte sich um Springreiten, Trabrennen, Dressur und Military.

Lasttiere ❺

In der westlichen Welt waren Pferde lange Zeit die wichtigsten Arbeitstiere. In anderen Teilen der Welt wurden für diese Aufgaben auch andere Arten domestiziert. In den Anden dient das Lama *(Lama glama)* als Lasttier, im Himalaja der Yak und in der Mongolei das Trampeltier *(Camelus bactrianus)*.

REISFELDPFLUG Ein domestizierter Wasserbüffel *(Bubalus bubalis)* hilft bei der Bestellung eines Reisfelds.

Knie

Vorder-
röhre

Fessel

Fesselgelenk

Stichfrage
❻

F: Von welchem südamerikanischen Tier stammen die Hausformen Lama und Alpaka ab?
A: Vom Guanako *(Lama guanicoe)*. Die bekannteste Zuchtform des Guanakos ist das Lama, das Fleisch und Leder liefert und als Lasttier dient. Das Alpaka *(Lama pacos)* wurde nur wegen seiner feinen Wolle gehalten.

Tiergötter und Fabelwesen

Überall auf der Welt ❶

◆ In praktisch jeder Kultur der Erde tauchen in Religion und Mythologie Tiere auf.
◆ In **Australien** wurde die Traumzeit der Aborigines von den ewigen Ahnen bevölkert, die in der Gestalt von Tieren auf Erden wandelten.
◆ Die Shintu-Religion in **Japan** basiert auf der Verehrung der Natur, während in Kanada eine Legende der Inuit besagt, dass die Welt von einem Raben erschaffen wurde.
◆ In fast allen Religionen gibt es Tiergottheiten. In **Europa** hatten die Kelten den gehörnten Gott Cernunnos, die alten Griechen den Gott Pan und die Wikinger die Urkuh, die den Eisriesen Ymir zu Beginn der Zeit säugte.

Natur des Glaubens ❷

◆ In religiösen Texten wie der Bibel symbolisieren Tiere Gut und Böse.
◆ Im **Christentum** geht die Erbsünde auf die Verführung Evas durch eine Schlange im Garten Eden zurück. Und das „Lamm Gottes" dient als Metapher für Christus.
◆ Auch anderswo in der Bibel kommen Tiere vor, man denke nur an Daniel in der Löwengrube oder an Jonas und den Wal. Die Arche Noah taucht sowohl in der Bibel auf als auch in der Thora **(Judentum)** und im Koran **(Islam).**
◆ Die Vorstellung von Karma und Wiedergeburt ist in **Buddhismus** und **Hinduismus** verbreitet. Böse Taten im Leben erhöhen die Wahrscheinlichkeit, als Tier wiedergeboren zu werden – je schlimmer das Vergehen, desto niedriger das Tier.

FESTTAGSGEWAND Dieser festlich geschmückte Elefant bringt den Bräutigam zu einer Hindu-Hochzeit.

Tiere im Hinduismus ❸

Im Hinduismus gibt es sehr viele Tiere. Jeder Gottheit ist mindestens ein bestimmtes Tier zugeordnet; der Gott Vishnu kann sogar vier Tiergestalten annehmen: Fisch, Schildkröte, Eber und Mensch-Löwe.

Gottheit	Reittier oder Vahana	Verbindung mit anderen Tieren
Brahma	Adler	
Durga	Löwe oder Tiger	
Ganesh	Maus	Hat den Kopf eines Elefanten
Hanuman	–	Hat die Gestalt eines Affen, auch als Affengott bekannt
Siva oder Shiva	Stier (Nandi, wird auch allein verehrt)	Trägt die Haut eines Tigers und eines Elefanten; Schlangen winden sich um ihn herum
Saraswathi	Schwan	Manchmal von einem Pfau begleitet
Vishnu	Garuda (halb Mensch, halb Vogel)	

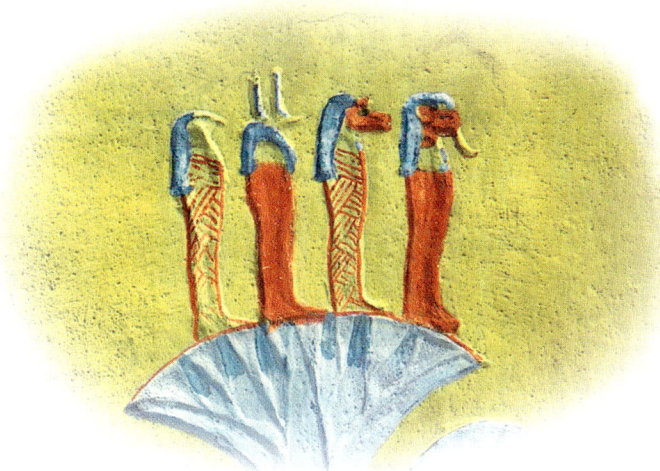

DIE VIER SÖHNE DES HIMMELSGOTTES HORUS Jeder schützte nach der Mumifizierung ein Organ: Kebehsenuef (links) den Darm, Duamutef (daneben) den Magen, der paviianköpfige Hapi die Lunge und Imsti die Leber.

Altes Ägypten und Antike ❹

Im Alten Ägypten kannte man viele Gottheiten, die Tier-Mensch-Wesen waren. Horus hatte den Kopf eines Falken, Anubis den Kopf eines Schakals und Thoth den Kopf eines Ibisses.

Die alten Griechen schufen Kreaturen wie den Zentaur, der halb Mensch, halb Pferd war, die vielköpfige Schlange Hydra und Pegasus, das geflügelte Pferd. Auch ihre Götter konnten die Gestalt von Tieren annehmen. Zeus erschien als Stier oder Schwan. In der römischen Mythologie wimmelt es ebenfalls von Tieren. Faunus, ihr Gott der Natur, ist der Ursprung unserer Bezeichnung Fauna.

⭐ 180

Verzehr tabu

Juden und Muslime essen kein Schweinefleisch und Hindus dürfen keine Kühe töten oder Rindfleisch essen. Der Buddhismus verbietet das Töten von Tieren, nicht jedoch den Verzehr von Fleisch. Buddhisten dürfen Fleisch essen, vorausgesetzt, das Tier wurde von jemand anderem getötet.

UNGLAUBLICH ABER WAHR ❻

Drachen kommen in der Mythologie vieler Kulturen vor. In Ostasien verbindet man sie mit Reichtum, Wohlergehen und Glück. Im mittelalterlichen Europa repräsentierten sie kämpferische Kraft, aber auch Sünde.

Sagen der Wikinger und Kelten ❼

◆ Die zwei bedeutendsten Kulturen Nordeuropas haben eine umfangreiche Mythologie, in der viele Fabelwesen vorkommen.
◆ Zu den Sagengestalten der Wikinger gehören **Fenrir,** ein riesiger Wolf, der Odin, das Oberhaupt aller anderen Götter, töten sollte, sowie das Eichhörnchen **Ratatosk**, das Nachrichten im Weltenbaum Yggdrasil beförderte, einer Esche, die in die Reiche der Eisriesen, Götter und Toten hineinragte.
◆ In der keltischen Mythologie spielten Vögel eine große Rolle. Die Kriegsgöttin Morrigan konnte angeblich die Gestalt einer Krähe annehmen. Viele Helden verwandelten sich bei ihren Ruhmestaten in Adler. Andere Mythen der Kelten stellen den Lachs in den Vordergrund. In der irischen Mythologie gibt es den **Lachs der Weisheit.**

Fantasiewesen ❺

In mittelalterlichen Schriften tauchen jede Menge Fabelwesen auf. In naturgeschichtlichen Büchern dieser Zeit – so genannten „Bestiarien" – finden sich reale und erfundene Tiere.

Name	Beschreibung	Weitere Informationen
Amphisbaena	Reptil mit einem Kopf an beiden Körperenden	Hat glühende Augen und meidet die Kälte nicht
Basilisk	König der Schlangen	Kann mit Blicken töten
Bonnacon	Monster mit Stierkopf und einwärts gedrehten Hörnern	Schießt Angreifern aus dem Anus eine brennbare Flüssigkeit entgegen
Caladrius	Vollkommen weißer Vogel	Kann vorhersagen, ob ein Kranker sterben wird
Chimäre	Mischwesen aus Löwe Ziege, Schlange	Spuckt Feuer
Greif	Mischwesen aus Löwe und Adler	Frisst Pferdefleisch, kann 60 Jahre alt werden
Harpyie	Dämon mit Körper und Klauen eines Geiers, Kopf und Brust einer hässlichen Frau	Ekel erregend, stürzt sich wie ein Raubvogel auf ihr Opfer, in Schwärmen von 20–30 unterwegs
Leucrota	Mischwesen aus Hyäne und Löwin	Riesiges Maul, Knochen statt Zähne
Yale	Pferdegroßes, schwarzes Tier mit einem Elefantenschwanz	Besitzt die Hauer eines Ebers und zwei unabhängig voneinander bewegliche Hörner

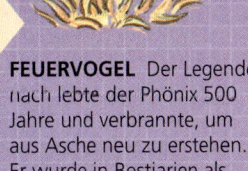

FEUERVOGEL Der Legende nach lebte der Phönix 500 Jahre und verbrannte, um aus Asche neu zu erstehen. Er wurde in Bestiarien als Beleg für die Auferstehung Christi angeführt.

GEHÖRNTES PFERD In ganz Eurasien glaubte man an die Existenz des Einhorns. Es wurde vor allem in frühen taoistischen Schriften erwähnt.

ANLEIHEN BEIM LÖWEN Der Greif (links) hatte Kopf, Körper und Flügel eines Adlers sowie die Hinterbeine eines Löwen. Der Mantikor (unten) besteht aus dem Kopf eines Mannes und dem Körper eines Löwen.

Tiere in Film und Fernsehen

Zweidimensionale Welt ❶

Heutzutage sind mehr Menschen mit Trickfilmenten wie Donald oder Daffy Duck vertraut als mit Stock- oder Mandarinenten. Für die Mehrzahl aller Menschen stellen Film und Fernsehen die wichtigsten Unterhaltungsmedien dar. Vor allem Großstädtern gibt das Fernsehen oft interessante Einblicke in die Natur und die Welt der Tiere.

Tierische Kinohelden ❷

Die berühmtesten Leinwandstars der Tierwelt:

EHRGEIZIGES SCHWEIN
Schweinchen Babe träumt davon, ein Hütehund zu sein.

Rolle	Tierart	Name des Films
Babe	Schwein	Ein Schweinchen namens Babe (1995), Babe: Ein Schweinchen in der großen Stadt (1998)
Bambi	Reh	Bambi (1942)
Beethoven	Bernhardiner	Ein Hund namens Beethoven (1992), Eine Familie namens Beethoven (1993)
Dumbo	Elefant	Dumbo (1940)
Elsa	Löwe	Frei geboren (1966)
Flik	Ameise	Das große Krabbeln (1998)
Ginger	Huhn	Hennen rennen (2000)
Gromit	Hund	Alles Käse (1989), Die Techno-Hose (1993)
Jerry Lee	Schäferhund	Mein Partner mit der kalten Schnauze (1989), Mein Partner mit der kalten Schnauze 2 (1999), Mein Partner mit der kalten Schnauze 3 (2002)
King Kong	Gorilla	King Kong (1933, Remake 1976), King Kong gegen Godzilla (1963)
Lassie	Collie	Heimweh (Lassie Come Home, 1943) und weitere
Nemo	Clownfisch	Findet Nemo (2003)
Rin Tin Tin	Schäferhund	Rin Tin Tin, König der Wildnis (1929)
Roger Rabbit	Kaninchen	Falsches Spiel mit Roger Rabbit (1988)
Rudi Rüssel	Schwein	Rennschwein Rudi Rüssel (1994)
Simba	Löwe	Der König der Löwen (1994), Der König der Löwen II (1998)
Stuart Little	Maus	Stuart Little (1999)
Willy	Schwertwal	Free Willy (1993)

HMMM …
Gromit beim Grübeln

Beste tierische Nebenrolle ❸

Tiere in Nebenrollen und die menschlichen Hauptdarsteller:

Rolle	Tier	Hauptrolle	Film
Baby	Leopard	Katherine Hepburn und Cary Grant	Leoparden küsst man nicht (1938)
Cheeta	Schimpanse	Johnny Weissmuller	Tarzan (1932)
Gertrud	Ente	James Mason	Reise zum Mittelpunkt der Erde (1959)
Hedwig	Schnee-Eule	Daniel Radcliffe	Harry Potter und der Stein der Weisen (2001)
Hooch	Hund	Tom Hanks	Scott und Hooch (1989)
Sandy	Hund	Aileen Quinn	Annie (1982)
Seabiscuit	Pferd	Toby Maguire und Jeff Bridges	Seabiscuit – Mit dem Willen zum Erfolg
Toto	Hund	Judy Garland	Der Zauberer von Oz (1939)

Fernsehstars

Manche sind lebendig, manche animiert und manche Puppen:

Rolle	Tierart	Fernsehsendung oder -serie
Ben	Grizzlybär	*Mein Freund Ben*
Black Beauty	Pferd	*Black Beauty*
Calimero	Küken	*Calimero*
Flipper	Großer Tümmler	*Flipper*
Fozzie	Bär	*Die Muppets-Show*
Herr Nilsson	Affe	*Pippi Langstrumpf*
Kermit	Frosch	*Die Muppets-Show*
Maja	Biene	*Die Biene Maja*
Maus	Maus	*Die Sendung mit der Maus*
Miss Piggy	Schwein	*Die Muppets-Show*
Paddington Bär	Bär	*Die Abenteuer von Paddington Bär*
Pete	Hund	*Die kleinen Strolche*
Pingu	Pinguin	*Pingu*
Shaun	Schaf	*Wallace & Gromit: Unter Schafen*
Skippy	Graues Riesenkänguru	*Skippy, das Buschkänguru*

LEINWANDGORILLA
King Kong auf der Spitze des Empire State Building in dem Animations-filmklassiker von 1933.

 **312**

Löwen im Wohnzimmer

Naturdokumentationen sind ein wesentlicher Bestandteil des Fernsehprogramms. Pionier auf diesem Gebiet war die BBC mit Filmen von David Attenborough. Im deutschsprachigen Raum waren Bernhard Grzimek *(Ein Platz für Tiere)* und Heinz Sielmann *(Expeditionen ins Tierreich)* legendär.

Zeichentrickfiguren ❺

Wer an Disney denkt, dem fällt sofort Micky Maus ein. In der unten stehenden Tabelle sind einige der berühmtesten Zeichentrickfiguren aufgeführt, die je über unsere Bildschirme flimmerten:

BÄREN MIT SCHLIPS Yogi und Bobo leben im Jellystone-Nationalpark.

Tierart	Zeichentrickfigur
Bär	Yogi-Bär und Bobo
Ente	Donald, Dagobert, Daisy, Tick, Trick und Track, Daisy Duck
Gans	Gustav Gans
Hase	Bugs Bunny
Hund	Goofy, Pluto, Susi und Strolch, 101 Dalmatiner
Kanarienvogel	Tweety
Katze	Sylvester, Tom, Aristocats
Kojote	Willi Kojote
Maus	Jerry, Mickey Mouse, Speedy Gonzales – Die schnellste Maus von Mexiko, Bernhard und Bianca
Schwein	Schweinchen Dick
Specht	Woody Woodpecker
Streifenhörnchen	A-Hörnchen und B-Hörnchen
Streifenskunk	Pepe, das Stinktier

Tiere in der Kunst

Nach der Natur ❶

Tiere tauchen häufig auf Gemälden auf. Auch in der Literatur spielen sie eine wichtige Rolle. Die ältesten künstlerischen Darstellungen sind mehr als 20 000 Jahre alte Höhlenmalereien.

Dabei handelt es sich um Abbildungen von Tieren, die z. T. längst ausgestorben sind. Auch in Liedertiteln, Gedichten, Romanen oder Theaterstücken tauchen häufig Tiere auf.

Tierische Bücher ❷
Zehn Bestseller mit Tiernamen im Titel:

Buch	Autor	Jahr	Weitere Informationen
Der Pferdeflüsterer	Nicholas Evans	1995	Wurde mit Robert Redford verfilmt
Der Schakal	Frederick Forsyth	1970	Wurde mit Edward Fox verfilmt
Die weiße Löwin	Henning Mankell	1993	Dritter Roman mit Kommissar Wallander
Im Krebsgang	Günter Grass	2002	Gefeiertes Buch des deutschen Nobelpreisträgers
Schiffbruch mit Tiger	Yann Martel	2002	2002 gab es dafür den Booker Prize
Träumen Roboter von elektrischen Schafen?	Philipp K. Dick	1968	Dieser gefeierte von Dicks 45 Science-Fiction-Romanen wurde als *Blade Runner* verfilmt
Von Mäusen und Menschen	John Steinbeck	1937	Wurde mit John Malkovich in der Hauptrolle verfilmt
Wer die Nachtigall stört	Harper Lee	1960	1962 mit Gregory Peck verfilmt, 3 Oscars
Wilde Schwäne	Jung Chang	1992	Gewinner des NCR Book Award 1992

Tiere in der Dichtung ❸
Hauptfiguren in den fünf weltweit bekanntesten Tierromanen:

Buch	Autor	Figur und Tier
Bambi	Felix Salten	Bambi (Reh)
Das Dschungelbuch	Rudyard Kipling	Akela (Wolf), Baghira (Panther), Balu (Bär), Kaa (Schlange), Raksha (Wolf), Rikki-Tikki-Tavi (Mungo), Shir Khan (Tiger)
Die Biene Maja und ihre Abenteuer	Waldemar Bonsels	Maja (Biene)
Die Farm der Tiere	George Orwell	Benjamin (Esel), Boxer, Clover, Mollie (Pferde), Jessie (Hund), Moses (Rabe), Muriel (Ziege), Napoleon, Old Major, Snowball, Squealer (Schweine)
Moby Dick	Herman Melville	Moby Dick (Pottwal)

ERSTAUSGABE Der später durch Disneys Zeichentrickverfilmung berühmt gewordene Roman *Das Dschungelbuch* von Rudyard Kipling erschien 1894.

Tiere in der Kunst

Fünf berühmte Kunstwerke mit Tierdarstellungen:

Bild	Künstler	Tier
Der Goldfisch (1925)	Paul Klee	Goldfisch
Die großen blauen Pferde (1911)	Franz Marc	Pferde
Ein Hase (1502)	Albrecht Dürer	Hase
Guernica (1937)	Pablo Picasso	Stier
Überrascht! Sturm im Dschungel (1891)	Henri Rousseau	Tiger

ÜBERRASCHT! Rousseaus berühmtestes Werk hängt in der National Gallery, London.

HASENTANZ
Peter Hase in Frederick Ashtons Ballett *Tales of Beatrix Potter.*

Oper, Ballett und Musical

Unzählige Produktionen haben Tiere zum Thema. In der Tabelle stehen fünf der bekanntesten:

Titel	Gattung	Komponist	Weitere Informationen
Cats	Musical	Andrew Lloyd Webber	Das am längsten aufgeführte Musical der Welt: Die letzte Vorstellung fand am 11. Mai 2002 statt, genau 21 Jahre nach der Uraufführung
Die diebische Elster	Oper	Gioacchino Rossini	Eine von mehr als 30 Opern des Italieners
Die Fledermaus	Operette	Johann Strauss	Uraufführung 1875
Madame Butterfly	Oper	Giacomo Puccini	Uraufführung 1904
Schwanensee	Ballett	Peter Iljitsch Tschaikowskij	Dieses Werk fand bei seiner Uraufführung 1877 in Moskau nur wenig Beifall.

Tophits der Charts

Die folgenden Songs mit Tieren im Titel schafften es alle bis unter die Top 40.

Single	Interpret/Band	Jahr
Bat out of Hell	Meat Loaf	1978
Buffalo Soldier	Bob Marley and the Wailers	1983
Butterflies	Michael Jackson	2002
Crocodile Rock	Elton John	1973
Eye of the Tiger	Survivor	1982
Free as a Bird	Die Beatles	1995
Hound Dog	Elvis Presley	1956
Hungry Like the Wolf	Duran Duran	1982
Karma Chameleon	Culture Club	1983
The Love Cats	The Cure	1983
Rat Trap	Boomtown Rats	1978
Union of the Snake	Duran Duran	1983
When Doves Cry	Prince	1984

311

Äsops Fabeln

Äsop wurde angeblich im 6. Jh. v. Chr. als Sklave in Griechenland geboren. Man schreibt ihm mehr als 650 Fabeln zu wie *Der Fuchs und die Trauben* und *Die Schildkröte und der Hase.*

The Owl and the Pussy-cat went to sea
In a beautiful pea-green boat,
EDWARD LEAR • 1812-1888

19P

Lyrik

KAUZ UND KATZE
Lears Gedichte sind auch heute noch beliebt.

Werk	Dichter	Gedicht/Sammlung
Beruf des Storches	J. W. von Goethe	*Gedicht*
Der Kauz und die Katze	Edward Lear	*Gedicht*
Der Rabe	Edgar Allan Poe	*Gedicht*
Die Flamingos	Rainer Maria Rilke	*Gedicht*
Möwenlied	Christian Morgenstern	*Gedicht*
Ottos Mops	Ernst Jandl	*Gedicht*
Tierleben für Jung und Alt	Eugen Roth	*Sammlung*
Von Katzen	Theodor Storm	*Gedicht*
Zitronenfalter im April	Eduard Mörike	*Gedicht*

Die Ziffer oder der Stern nach einer Frage verweisen auf die Informationskästen rechts.

Tiersymbole

Sprechende Bilder ❶

◆ Tiersymbole sind in allen Sprachen und Kulturen zu finden. Auch die deutsche Sprache enthält viele Vergleiche aus dem Tierreich – „stark wie ein Ochse" oder „mucksmäuschenstill".

◆ Auch in der Werbung bedient man sich gern der Tiersymbole. Meist stehen die Tiere für so gefragte Eigenschaften wie Stärke oder Schnelligkeit. Aber auch auf Nationalflaggen und Wappen werden oft Tiere dargestellt, die man mit dem entsprechenden Land verbinden soll. Die mexikanische Flagge z. B. ziert eine Klapperschlange, die von einem Adler getötet wird, während das Wappen der Elfenbeinküste der Kopf eines Waldelefanten schmückt.

Kampfnamen ❷

In vielen Sportarten haben die Mannschaften Tiernamen, vor allem im American Football und Eishockey.

Football-Teams der NFL	Eishockey-Mannschaften der DEL	Rugby-Nationalteams
Arizona Cardinals	Augsburger Panther	Argentinien (Pumas)
Atlanta Falcons	Eisbären Berlin	Australien (Wallabies)
Baltimore Ravens	Frankfurt Lions	Großbritannien (Lions)
Carolina Panthers	Hannover Scorpions	Südafrika (Springboks)
Chicago Bears	Iserlohn Roosters	USA (Eagles)
Cincinnati Bengals	Kassel Huskies	
Denver Broncos	Kölner Haie	
Detroit Lions	Krefeld Pinguine	
Indianapolis Colts	Mannheimer Adler	
Jacksonville Jaguars	Nürnberg Ice Tigers	
Miami Dolphins	Wölfe Freiburg	
Philadelphia Eagles		
St Louis Rams		
Seattle Seahawks		

★ 738

Ortsnamen

Viele Orte sind nach Tieren benannt: *Buffalo* (engl. für „Büffel") und *Cape Cod* (engl. für „Kabeljau-Kap") in den USA ebenso wie *Red Deer* (engl. für „Rothirsch") in Kanada und Wolfsburg, Schweinfurt und Biberach in Deutschland.

Marken und Werbung ❸

Aufgrund der Werbung verbindet man Tiere mit ganz bestimmten Marken, z. B. die Kammmuschel mit Shell und den Tiger mit Esso. Aber es gibt noch viel mehr Firmen, die Tiere für ihre Logos verwenden:

Firma	Tier
Bacardi (Rum)	Fledermaus
Bärenmarke (Kondensmilch)	Bär
HMV (Musik)	Jack Russell Terrier
MGM (Film)	Löwe
Milka (Schokolade)	Kuh
Playboy (Verlag)	Hase
Qantas (Fluglinie)	Känguru

DEUTSCHE WELTFIRMA Puma wurde 1948 in Deutschland gegründet.

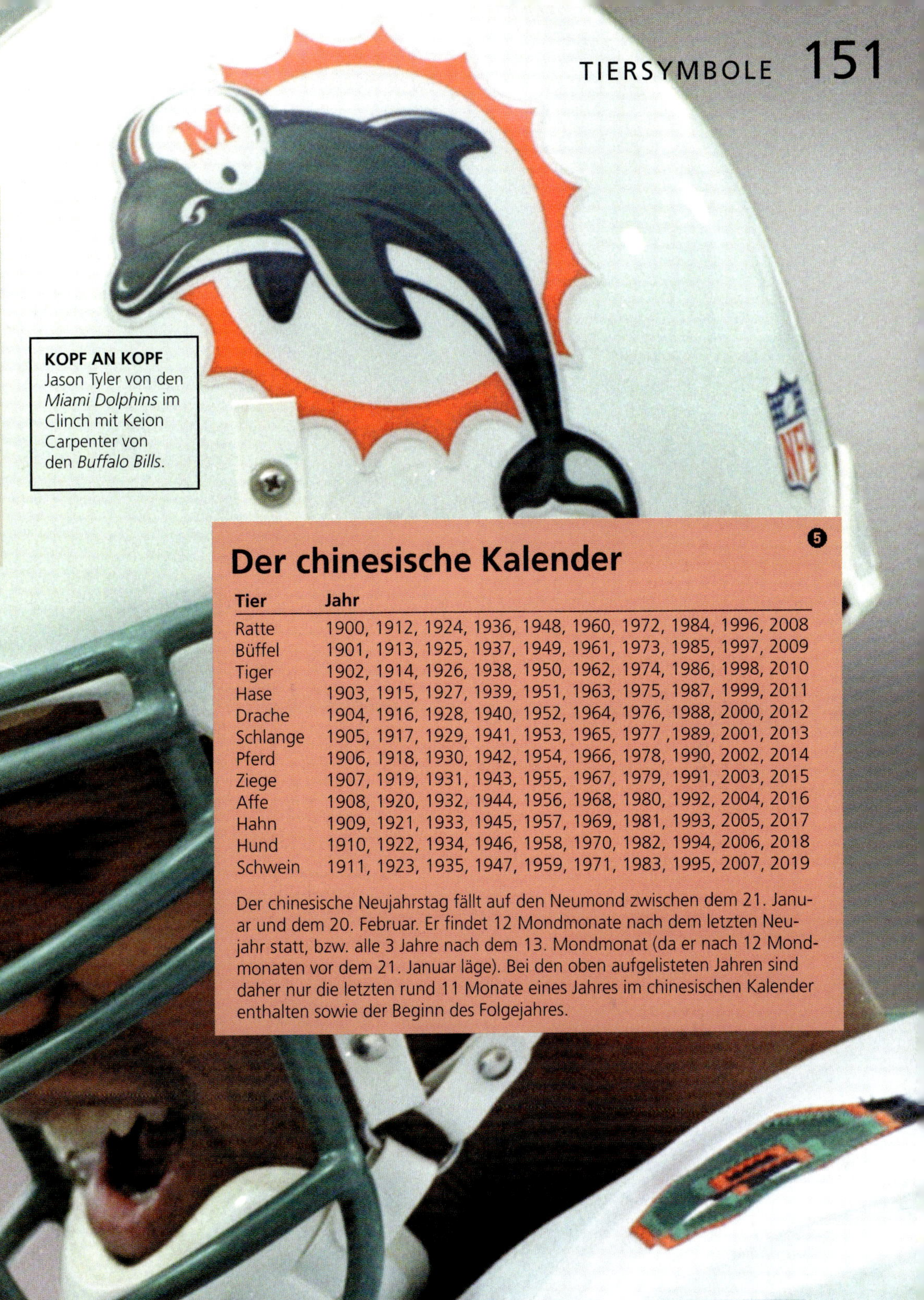

Tierkreiszeichen ❹

Sternzeichen	Tier
Capricornus	Steinbock
Pisces	Fische
Aries	Widder
Taurus	Stier
Cancer	Krebs
Leo	Löwe
Scorpius	Skorpion

OCTOBER

KOPF AN KOPF
Jason Tyler von den *Miami Dolphins* im Clinch mit Keion Carpenter von den *Buffalo Bills*.

Der chinesische Kalender ❺

Tier	Jahr
Ratte	1900, 1912, 1924, 1936, 1948, 1960, 1972, 1984, 1996, 2008
Büffel	1901, 1913, 1925, 1937, 1949, 1961, 1973, 1985, 1997, 2009
Tiger	1902, 1914, 1926, 1938, 1950, 1962, 1974, 1986, 1998, 2010
Hase	1903, 1915, 1927, 1939, 1951, 1963, 1975, 1987, 1999, 2011
Drache	1904, 1916, 1928, 1940, 1952, 1964, 1976, 1988, 2000, 2012
Schlange	1905, 1917, 1929, 1941, 1953, 1965, 1977, 1989, 2001, 2013
Pferd	1906, 1918, 1930, 1942, 1954, 1966, 1978, 1990, 2002, 2014
Ziege	1907, 1919, 1931, 1943, 1955, 1967, 1979, 1991, 2003, 2015
Affe	1908, 1920, 1932, 1944, 1956, 1968, 1980, 1992, 2004, 2016
Hahn	1909, 1921, 1933, 1945, 1957, 1969, 1981, 1993, 2005, 2017
Hund	1910, 1922, 1934, 1946, 1958, 1970, 1982, 1994, 2006, 2018
Schwein	1911, 1923, 1935, 1947, 1959, 1971, 1983, 1995, 2007, 2019

Der chinesische Neujahrstag fällt auf den Neumond zwischen dem 21. Januar und dem 20. Februar. Er findet 12 Mondmonate nach dem letzten Neujahr statt, bzw. alle 3 Jahre nach dem 13. Mondmonat (da er nach 12 Mondmonaten vor dem 21. Januar läge). Bei den oben aufgelisteten Jahren sind daher nur die letzten rund 11 Monate eines Jahres im chinesischen Kalender enthalten sowie der Beginn des Folgejahres.

Wappenkunde ❻

Die meisten Wappen werden innerhalb von Familien weitergegeben, es gibt aber auch Staatswappen und Zunft- oder Ordenswappen. Die ersten Wappen entstanden um 1100 v. Chr. in Europa: Da die Rüstung den Ritter immer mehr verhüllte, benötigte man Hilfsmittel, um die Kombattanten in einer Schlacht auseinander halten zu können. Zahlreiche Tiere zieren die Wappen, am häufigsten solche, die Stärke symbolisieren. Die Tiere können in verschiedener Haltung dargestellt sein, für die es eigene Bezeichnungen gibt (siehe rechts).

Stehender Löwe

Sitzender Löwe

Steigender, hersehender Löwe

Steigender Löwe

Einfluss des Menschen

Bevölkerungsdruck ❶

◆ Im Lauf der letzten Jahrhunderte ist die Weltbevölkerung unglaublich angestiegen – allein in China leben heute mehr Menschen als vor 150 Jahren auf der gesamten Erde.

◆ Als Folge dieser Bevölkerungsexplosion werden immer mehr Naturräume in Ackerland umgewandelt. Natürliche Lebensräume gehen verloren und mit ihnen die Tiere. Viele Arten wurden ausgerottet. Aber dank des engagierten Einsatzes von Naturschützern leben einige auch heute noch, die sonst unwiederbringlich ausgelöscht wären.

Schutzorganisationen ❷

Organisation	Zentrale	Ursprungsland	Website
Audubon Society	New York, USA	USA	www.audubon.org
Greenpeace	Amsterdam, Niederlande	USA	www.greenpeace.org
IUCN	Gland, Schweiz	International	www.iucn.org
NABU (Naturschutzbund Deutschland)	Berlin und Bonn, Deutschland	Deutschland	www.nabu.de
WWF	Gland, Schweiz	England	www.wwf.org

Zuchtprogramme ❸

Einst existierten Zoos nur zur Unterhaltung. Heute kommt ihnen jedoch eine viel bedeutendere Rolle zu. Mehrere bedrohte Tierarten haben es den Zoos zu verdanken, dass sie überhaupt noch existieren. So war die **Arabische** oder **Weiße Oryx** (*Oryx leucoryx*) 1972 in freier Wildbahn durch Bejagung ausgerottet. Heute lebt sie wieder in ihrer einstigen Heimat, weil in den Zoos von Phoenix und San Diego nachgezüchtete Tiere in der Wüste angesiedelt wurden. Auch von dem 1894 in China ausgerotteten **Davidshirsch** oder Milu (*Elaphurus davidianus*) konnten im Londoner Zoo gezüchtete Tiere ausgewildert werden.

GERETTET Auch der 1987 in freier Wildbahn ausgerottete Kalifornische Kondor ist heute wieder frei fliegend zu beobachten.

Naturschutzgebiete ❹

Der **Yellowstone-Nationalpark** in den amerikanischen Bundesstaaten Montana und Wyoming ist berühmt für seine Geysire und seine spektakuläre Landschaft. Weniger bekannt ist allerdings, dass er bei seiner Gründung 1872 der erste Nationalpark der Welt war. Andere Länder folgten diesem Beispiel. Der erste **Nationalpark** Mitteleuropas und der Alpen wurde 1914 in der **Schweiz** gegründet. Erst 1970 folgten Deutschland mit dem **Nationalpark Bayerischer Wald** und 1971 Österreich mit dem **Nationalpark Hohe Tauern.**

WILDE HERDEN Bisons (*Bison bison*) leben heute ungestört im Yellowstone-Nationalpark.

Pioniere im Natur-/Artenschutz ❺

Natur- und Artenschutz ist eine reativ neue Idee. Die ersten Naturschutzorganisationen wurden Ende des 19. Jh. gegründet – 1886 rief **George Bird Grinnell** die *Audubon Society* ins Leben –, aber erst Mitte des 20. Jh. wurde eine richtige Bewegung daraus. Einer der Wegbereiter war **Sir Peter Scott.** Im Jahr 1946 gründete er im englischen Slimbridge den *Wildfowl and Wetlands Trust.* 1961 wurde er erster Vorsitzender des *World Wildlife Fund* (heute Worldwide Fund for Nature, WWF). Scott entwarf auch das Original-Panda-Logo des WWF.

Mitbegründer des WWF war auch der erste Generaldirektor der UNESCO, **Sir Julian Huxley,** Enkel des einflussreichen Darwinisten Thomas Huxley, ein Bruder des Schriftstellers Aldous Huxley. Er war ebenfalls Mitbegründer der IUCN (Internationale Union für den Schutz der Natur und der natürlichen Ressourcen, auch als Weltnaturschutzunion bekannt).

Eine wichtige Rolle in der Naturschutzbewegung spielte auch **Gerald Durrell,** der mit seinen Romanen bei vielen Menschen das Interesse an Tieren weckte. 1959 gründete er den Zoo in Jersey und gleichzeitig den Durrell Wildlife Conservation Trust. In Deutschland war es Professor Dr. Dr. **Bernhard Grzimek,** langjähriger Direktor des Frankfurter Zoos, der sich mit einer Fernsehreihe und Filmen wie *Serengeti darf nicht sterben* beispielhaft für die Tierwelt einsetzte.

SCHWERER VERLUST
Gerald Durrell mit einem im Zoo von Jersey aufgezogenen bedrohten Roten Vari *(Varecia variegata rubra)*. Nachdem Durrell 1995 starb, setzt seine Witwe Lee die Artenschutzbemühungen mit dem Durrell Wildlife Conservation Trust fort.

Nationalparks und Naturreservate ❻

Aufgelistet sind 20 der wichtigsten Schutzgebiete für Wildtiere:

Park	Land (Bundestaat/-land)
Amboseli-Nationalpark	Kenia
Banff-Nationalpark	Kanada (Alberta)
Bialowieza-Nationalpark	Polen
Blue Mountains Nationalpark	Australien (Neusüdwales)
Corbett-Nationalpark	Indien
Doñana-Nationalpark	Spanien
Etoscha-Nationalpark	Namibia
Everglades-Nationalpark	USA (Florida)
Fjordland-Nationalpark	Neuseeland (Südinsel)
Gir-Forest-Nationalpark	Indien (Gujarat)
Kakadu-Nationalpark	Australien (Nordterritorium)
Krüger-Nationalpark	Südafrika
Manu-Biosphärenreservat	Peru
Masai-Mara-Nationalreservat	Kenia
Ranthambor-Nationalpark	Indien (Rajasthan)
Royal-Chitwan-Nationalpark	Nepal
Serengeti-Nationalpark	Tansania
Torres-del-Paine-Nationalpark	Chile
Tsavo-Nationalpark	Kenia
Yosemite-Nationalpark	USA (Kalifornien)

⭐ 691

Riesen-Zoo

Der **San Diego Zoo** und Wildlife Park erstreckt sich auf einer Fläche von nahezu 770 ha. Hier sind über 7000 Tiere beheimatet. Der Zoo existiert seit 1916, der Wildlife Park, mit seinen riesigen Gehegen seit 1972.

Seltene Tiere ❽

Die **IUCN** (Weltnaturschutzunion) gruppiert seltene Tiere in vier große Kategorien. *Threatened:* Arten mit geringerem Risiko, die nicht unmittelbar vom Aussterben bedroht sind; *vulnerable:* gefährdete Arten; *endangered:* stark gefährdete Arten; *critically endangered:* unmittelbar vom Aussterben bedrohte Arten.

UNGLAUBLICH ABER WAHR ❼

Manche Tiere haben von der Ausbreitung des Menschen profitiert. Vor allem die Populationen von Tieren, die von unseren Nutzpflanzen leben wie **Haussperlinge** *(Passer domesticus),* sind stark gestiegen.

Die Seitenzahl in Klammern gibt an, wo Sie die Fragen der jeweiligen Quizrunden finden.

Quiz 0 (Seite 8)

1 Schlangen
2 Biber
3 Auf der Zunge
4 Jonas
5 Afrikanischer Elefant
6 Mit Giftzähnen
7 Regenwürmer
8 Eckzähne
9 Walross
10 Haien

Quiz 1 (Seite 8)

11 Falsch
12 Richtig
13 Falsch
14 Richtig
15 Falsch
16 Richtig
17 Falsch
18 Falsch
19 Falsch
20 Falsch

Quiz 2 (Seite 8)

21 In der Arktis
22 Kaiserpinguin
23 Lemminge
24 Hermelin
25 Eisbär
26 Geweih
27 Küstenseeschwalbe
28 Polarfisch
29 Er besitzt einen Stoßzahn.
30 Blubber

Quiz 3 (Seite 8)

31 Dingo
32 Manx-Katze
33 Ein Brüllen
34 Collie
35 Alpha
36 Crufts
37 Der Fuchs
38 King Charles Spaniel
39 India ist die Katze von US-Präsident Bush, Socks gehörte Clinton.
40 Säbelzahnkatze

Quiz 4 (Seite 9)

41 Gepard
42 Säugetier
43 Hirschkäfer
44 Widder
45 Schlangen
46 Meeresschildkröten
47 Auf dem Aktienmarkt
48 Qualle
49 Lion
50 Spinnen

Quiz 5 (Seite 9)

51 In den Anden
52 Stier
53 Mit der Ziege
54 Adler
55 Es handelt sich um Bezeichnungen für dasselbe Tier.
56 Schneeleopard
57 Mit Schafen
58 Mit Kaninchen und Hasen
59 Gämse
60 Spaniens

Quiz 6 (Seite 9)

61 D
62 C
63 B
64 A
65 A
66 A
67 B
68 A
69 D
70 B

Quiz 7 (Seite 10)

71 Gürteltiere
72 Australien
73 Kaninchen
74 Strauß
75 Den Pekinesen
76 Rotfuchs
77 Eule
78 In *Cats*
79 Löwe
80 T. Rex

Quiz 8 (Seite 10)

81 Koala
82 Faultier
83 Tarnung
84 Albino
85 Hummer
86 Krillkrebse
87 Klauen
88 Säugetiere
89 Fingertier
90 Marlin

Quiz 9 (Seite 10)

91 Käfer
92 Arbeiterinnen
93 Heuschrecken
94 Nachtfalter
95 Grillen
96 In einem Eipaket
97 Asthma
98 Von Blut
99 Asseln
100 Ameisen

Quiz 10 (Seite 10)

101 Plankton
102 Schnurrhaare
103 Riesenkalmar
104 Dornhaie
105 Termiten
106 Albatros
107 Schlammspringer
108 Schnabeligel
109 Trilobiten
110 Röhrenwürmer

Quiz 11 (Seite 11)

111 Auf einem Esel
112 Zicklein
113 Bongo
114 Don Quichotte
115 Sancho Pansa
116 Franz
117 Antilope
118 Hirsch
119 Hirsch und Reh
120 Caligula

Quiz 12 (Seite 11)

121 Theodore Roosevelt
122 Ganter
123 Fisch und Weichtier
124 Mit Bienenzucht
125 Afrika
126 Waldmensch
127 Afrikaans
128 Frettchen
129 Chinchilla
130 Fischechse oder Fischreptil

Quiz 13 (Seite 11)

131 A
132 C
133 C
134 A
135 C
136 A
137 D
138 B
139 D
140 D

Quiz 14 (Seite 12)

141 Schlange
142 Strauß
143 Skorpion
144 Koalabär
145 Käfer
146 Wolf
147 Kettenpanzergürteltier
148 Schnecke
149 Hundertfüßer
150 Kaninchen

Quiz 15 (Seite 12)

151 Afrikanischer Elefant
152 Einhorn
153 Ein Parasit lebt auf einem Wirt.
154 Frösche
155 Trupp
156 Perlmutt
157 Walhai
158 Fingernägel
159 Pferd und Esel
160 Sie würgen sie als Gewölle wieder aus.

Quiz 16 (Seite 12)

161 Von Fleisch
162 Großer Panda oder Bambusbär
163 Als Allesfresser
164 Wolf
165 Aasfresser
166 Termiten
167 Schimpanse
168 Barten
169 Fische
170 Sie verschlucken sie als Ganzes.

Quiz 17 (Seite 12)

171 Taube
172 Den eines Elefanten
173 Heiliger Ibis
174 Eule
175 Löwe
176 Azteken
177 Hauskatze
178 Franz von Assisi
179 Eines Affen
180 Alle

Quiz 18 (Seite 13)

181 Schnee-Eule
182 Orang-Utan
183 Fasan
184 Flamingo
185 Krokodil
186 Zebra
187 Elefant
188 Schlange
189 Tiger
190 Pfau

Quiz 19 (Seite 14)

191 Fische
192 Pferde
193 Schlittenhunde
194 Schmetterling
195 Pferd
196 Mit Kamelen
197 Nach dem Adler
198 Einen Hasen
199 Mit Brieftauben
200 Als Hasen

Quiz 20 (Seite 14)

201 Ente
202 Nordamerika
203 Guernsey oder Jersey
204 Gans
205 Vietnam
206 Hahn
207 Rind
208 An den Beinen
209 Huhn
210 Vom Schwein

Quiz 21 (Seite 14)

211 Richtig
212 Richtig
213 Richtig
214 Richtig
215 Richtig
216 Falsch
217 Richtig
218 Falsch
219 Falsch
220 Falsch

Quiz 22 (Seite 14)

221 Richard I.
222 Sylvester Stallone
223 Tiger (Tiger Woods)
224 Adam Ant
225 Jack Nicklaus
226 Erwin Rommel
227 Goldfisch
228 Carlos, der Schakal
229 Niki Lauda
230 Charlie Parker

Quiz 23 (Seite 15)

231 Wanderfalke
232 Löwe
233 Von einer Wölfin
234 Rind
235 Wanderratte
236 Haushund
237 Weinbergschnecke
238 Flusspferd
239 Vespa
240 Schafe

Quiz 24 (Seite 15)

241 Eichhörnchen
242 Blas
243 Vorne
244 Von Früchten
245 Sie sind die einzigen giftigen Echsen.
246 Afrika und Asien
247 Butterfly
248 Panama
249 Lek
250 Schwarzes Schaf

Quiz 25 (Seite 15)

251 B
252 A
253 B
254 D
255 C
256 B
257 B
258 D
259 A
260 B

Quiz 26 (Seite 16)

261 Giraffe
262 Einen
263 Elton John
264 Im Regenwald
265 Kojote
266 An Vögeln
267 Schneckenhäuser
268 In Kanada
269 Papagei
270 Daniel

Quiz 27 (Seite 16)

271 Tunfisch
272 Muscheln
273 Sardinen
274 Garnelen
275 Hummer
276 Austern
277 Sardellen
278 Schellfisch
279 Makrele
280 Seeteufel

Quiz 28 (Seite 16)

281 Honigbienen
282 Eines Marders
283 Schwalbennest- suppe
284 Blattläuse
285 Nordamerika
286 Ziege
287 Lanolin
288 Als Dünger
289 Zibet
290 Raupe

Quiz 29 (Seite 16)

291 Greyhound
292 Ford
293 Der Käfer
294 Goldene Hirschkuh
295 Ente
296 Spider (Spinne)
297 Kingfisher (Eisvogel)
298 Jaguar
299 Turtle (Meeres- schildkröte)
300 Spruce Goose (Geschniegelte Gans)

Quiz 30 (Seite 17)

301 Pferd
302 Kaninchen
303 Warzenschwein
304 Flamingos
305 Elsa
306 *Gorillas im Nebel*
307 Ratten
308 Orang-Utan
309 Frosch
310 Klopfer

Quiz 31 (Seite 17)

311 Äsop
312 David Attenborough
313 Charles Darwin
314 Schimpansen
315 Fossilien
316 Günter Grass
317 Er klassifizierte das Tierreich.
318 Michael Jackson
319 James Lovelock
320 Bernhard Grzimek

Quiz 32 (Seite 17)

321 D
322 C
323 B
324 C
325 B
326 C
327 B
328 B
329 B
330 C

Quiz 33 (Seite 18)

331 The Eagles (Adler)
332 Raben
333 Schwarm
334 Die Beatles
335 Zu den Beuteltieren
336 Von Nektar
337 Andenkondor
338 Kranich
339 Fledermäuse
340 Bartgeier

Quiz 34 (Seite 18)

341 Wale
342 Zähne
343 Menschenaffen
344 Grasländer
345 Korallen
346 Quallen
347 Affen
348 Parasiten
349 Faultiere
350 Robben

Quiz 35 (Seite 18)

351 Gnus
352 Quallen
353 Lachse
354 Strand
355 Winterschlaf
356 Schneegans
357 Karibu
358 Nomaden
359 Monarch
360 Grauwale

Quiz 36 (Seite 18)

361 Gelege
362 Laich
363 Sie balancieren sie auf ihren Füßen.
364 Seepferdchen
365 Strauß
366 Kiemen
367 Kiwi
368 Rund 400
369 Schnabeltier oder Schnabeligel
370 30 cm

Quiz 37 (Seite 19)

371 Rudel
372 Pottwal
373 Frankreich
374 Flöhe
375 Insekten
376 Nachtigall
377 Palomino
378 Seelöwen
379 Geruchssinn
380 Der Emu

Quiz 38 (Seite 19)

381 Die *Fliege*
382 Schwarze Witwe
383 Holz
384 Falltürspinnen
385 Henrik Ibsen
386 Nachtfalter
387 Killerbienen
388 Sydney
389 Skorpione
390 Käfer

Quiz 39 (Seite 19)

391 A
392 D
393 C
394 D
395 D
396 D
397 B
398 A
399 B
400 B

Quiz 40 (Seite 20)

401 Falsch
402 Richtig
403 Richtig
404 Richtig
405 Richtig
406 Richtig
407 Falsch
408 Richtig
409 Richtig
410 Falsch

Quiz 41 (Seite 20)

411 Haushuhn
412 Löwe
413 Antarktis
414 Tiger
415 Käferlarven
146 Scampi
417 Minoische Kultur
418 Rollen sich zu einer Kugel zusammen
419 Spanien
420 Erpel

Quiz 42 (Seite 20)

421 Großes Barriereriff
422 Kohlmeise
423 Große Sphinx
424 Weißer Hai
425 Großtrappe
426 Bartkauz
427 Großer Bär
428 Großer Kolbenwasserkäfer
429 Haubentaucher
430 Große Menschenaffen

Quiz 43 (Seite 20)

431 Regent's Park
432 Yellowstone
433 Exmoor
434 Michael Crichton
435 Nick (Nicolas)
436 Grauhörnchen
437 Nepal
438 Südafrika
439 Davidshirsch
440 Corbett-Nationalpark

Quiz 44 (Seite 21)

441 Fische
442 Wirbellose
443 Säugetiere
444 Reptilien
445 Reptilien
446 Wirbellose
447 Fische
448 Reptilien
449 Amphibien
450 Fische

Quiz 45 (Seite 22)

451 Großer Panda
452 Weißkopfseeadler
453 Taube
454 Ferrari
455 Giraffe
456 Fledermaus
457 Löwe
458 Tiger
459 Miami
460 Puma

Quiz 46 (Seite 22)

461 Herde
462 Rudel
463 Schwarm
464 Schule
465 Horde
466 Familienverband
467 Volk
468 Kolonie
469 Rotte
470 Aggregation

Quiz 47 (Seite 22)

471 Gold
472 Diamant
473 Money
474 Silber
475 Smaragd
476 Silber
477 Gold
478 Rubin
479 Gold
480 Gold

Quiz 48 (Seite 22)

481 Elfenbein
482 Rüssel
483 Hannibal
484 Sri Lanka
485 Matriarchin
486 Dickhäuter
487 Thailand
488 Musth
489 Mastodon
490 Klippschliefer

Quiz 49 (Seite 23)

491 Wanderalbatros
492 Salamander
493 Alaska
494 Yaks
495 Mexiko
496 Velociraptor
497 Gorillaz
498 Hamster
499 Faultiere
500 Bhutan oder Wales

Quiz 50 (Seite 23)

501 Arachnophobie
502 Vor Vögeln
503 Von Mäusen
504 Vor Reptilien
505 Weil sie Angst vor Fischen haben
506 Fledermäuse
507 Vor Hunden
508 Mit Pferden
509 Vor Bienen
510 Zoophobie

Quiz 51 (Seite 23)

511 B
512 C
513 D
514 C
515 D
516 A
517 B
518 D
519 B
520 A

Quiz 52 (Seite 24)

521 Weibchen
522 Weiblicher Fuchs
523 Männchen
524 weiblich
525 Widder
526 Weibchen
527 Bock
528 Männchen
529 Männchen
530 In der Falknerei

Quiz 53 (Seite 24)

531 Hirsch oder Reh
532 Honig
533 Saumagen
534 Stör
535 Wasserbüffel
536 Kalmare
537 Schweinefleisch
538 Taramasalata
539 Muscheln
540 Schaltiere

Quiz 54 (Seite 24)

541 Pinguin
542 Tiger
543 Geier
544 Albatros
545 Dinosaurier
546 Gans
547 Kröte
548 Fledermäuse
549 Gürteltier
550 Maus

Quiz 55 (Seite 24)

551 Großer Panda
552 Maulwürfe
553 Vögel
554 Sechs
555 Basilisk
556 Nest
557 Nutria
558 Ameisen
559 Dass er giftig ist
560 Weder – noch

Quiz 56 (Seite 25)

561 Rückenflosse
562 Kiemen
563 Kiemendeckel
564 Seitenlinie
565 Brustflosse
566 Schwimmblase
567 Bauchflosse
568 Muskulatur
569 Analflosse
570 Schwanzflosse

Quiz 57 (Seite 26)

571 Mäuschen
572 Huhn
573 Opossum
574 Wiesel
575 Fuchs
576 Ochse
577 Hund
578 Äfft
579 Wolf
580 Specht

Quiz 58 (Seite 26)

581 Igel
582 Keines
583 In Bäumen
584 Hasen
585 Fledermaus
586 Tropischer Regenwald
587 Löwen
588 Shell
589 Ungeschlechtliche Fortpflanzung
590 Schimpanse

Quiz 59 (Seite 26)

591 Schwalbenschwanz
592 Cocktail
593 Hausrotschwanz
594 Taubenschwanz
595 Fischschwanz
596 Pferdeschwanz
597 Ochsenschwanz
598 Wollschwanz
599 Wolkenschweif
600 Springschwanz

Quiz 60 (Seite 26)

601 Chamäleons
602 Metamorphose
603 Kaulquappen
604 Raupen
605 Juvenile
606 Hitze
607 Glasaale
608 Mauser
609 Natternhemd
610 Alpenschneehuhn

Quiz 61 (Seite 27)

611 Richtig
612 Richtig
613 Richtig
614 Richtig
615 Richtig
616 Richtig
617 Richtig
618 Falsch
619 Richtig
620 Richtig

Quiz 62 (Seite 27)

621 Nase
622 Auf Bäumen
lebend
623 Paviane
624 Keine
625 Etwas Böses
626 Man hielt ihn für
einen frz. Spion.
627 Südamerika
628 Rhesusaffen
629 Er ist der größte „nie-
dere" Affe der Welt.
630 Er ist nachtaktiv.

Quiz 63 (Seite 27)

631 A
632 D
633 A
634 C
635 C
636 B
637 D
638 B
639 C
640 A

Quiz 64 (Seite 28)

641 Blau
642 Blau
643 Rot
644 Blau
645 Blut
646 Rosa
647 Rot
648 Rote
649 Blau
650 Weiß

Quiz 65 (Seite 28)

651 Acht
652 Sechs
653 Zwei
654 Sieben
655 Zehn
656 Eins
657 Acht
658 Eins
659 Zwei
660 Keinen

Quiz 66 (Seite 28)

661 Aquarium
662 Terrarium
663 Koppel
664 Sasse
665 Horst
666 Voliere
667 Kobel
668 Dachsbau
669 Stock
670 Burg

Quiz 67 (Seite 28)

671 Des Graslandes
672 Nachtfalter
673 Säugetiere
674 200
675 Kleinlibellen
676 Elefantenbulle
677 Hibernation
678 Ästivation
679 Riesenkalmar
680 *Homo sapiens*

Quiz 68 (Seite 29)

681 Igel
682 Streifenhörnchen
683 Tümmler
684 Schimpanse
685 Guereza
686 Buschbabys
687 Nordopossum
688 Seeleopard
689 Elenantilope
690 Grönlandwal

Quiz 69 (Seite 29)

691 San Diego
692 Nachts
693 Hagenbecks
Tierpark in HH
694 Zoo von Kabul
695 Gerald Durrell
696 Zoo von Barcelona
697 Zoologischer Garten
698 Bronx
699 Seaworld
700 Berlin

Quiz 70 (Seite 29)

701 B
702 A
703 D
704 D
705 A
706 C
707 C
708 A
709 B
710 B

Quiz 71 (Seite 30)

711 Robben
712 Vogelspinne
713 Muräne
714 Eiderente
715 Geburtshelferkröte
716 Haie
717 Delphin
718 Herde
719 Krabben
720 Nachtaktiv

Quiz 72 (Seite 30)

721 Schwein
722 Zur Abschreckung
von Feinden
723 Blattläuse
724 Nord- und Südame-
rika
725 Löwen
726 Albatros
727 Schwamm
728 Affe
729 Harem
730 Schreckensechse

Quiz 73 (Seite 30)

731 Der Kiwi
732 Afrika
733 Känguru und Emu
734 Mit dem Bären
735 Gibraltar
736 Komodo
737 Springbock
738 Bayern
739 Andenkondor
740 Südafrika und
Namibia

Quiz 74 (Seite 30)

741 Kreuzotter
742 Mexiko
743 Kaa
744 Australien bzw.
Australasien
745 Viper
746 Kobras
747 2001
748 St. Patrick
749 Durch Erwürgen
750 Afrika

Quiz 75 (Seite 31)

751 Zackenbarsch
752 Gorilla
753 Großer Panda
754 Flusspferd
755 Laubfrosch
756 Hellroter Ara
757 Gottesanbeterin
758 Uhu
759 Steinadler
760 Krokodil

Quiz 76 (Seite 32)

761 Nordhalbkugel
762 Schwimmhäute
763 Russland
764 Alcatraz
765 Tiere
766 Helgoland
767 Tiefsee
768 Tintenfische, Kalmare, Kraken
769 Galapagosinseln
770 Blutegel

Quiz 77 (Seite 32)

771 Madagaskar
772 Gibbons
773 Im Meer
774 Murmeltier
775 Im Wald
776 Zum Auflecken von
Ameisen
777 Boomtown Rats
778 Nein
779 Wombat
780 Johann Strauß

Quiz 78 (Seite 32)

781 Richtig
782 Falsch
783 Richtig
784 Richtig
785 Richtig
786 Richtig
787 Richtig
788 Falsch
789 Richtig
790 Falsch

Quiz 79 (Seite 32)

791 Buckelwal
792 Moschus
793 Duftdrüse
794 Grubenotter
795 Hammerhai
796 Antennen
797 Färbung
798 Seitenlinie
799 Pheromone
800 Koboldmaki

Quiz 80 (Seite 33)

801 Tiger
802 Mastiff
803 Nach der Weihe (Harrier)
804 „Wüstenratten"
805 Brieftauben
806 Seelöwe, Delphin
807 Fuchsloch
808 Adler
809 Bärenfellmütze
810 Luchs

Quiz 81 (Seite 33)

811 Schimpanse (oder Menschenaffe)
812 Schlange
813 Papageien
814 Giraffe
815 Australien
816 Halbaffe
817 Ameisenbär
818 Südamerika
819 Nasenhorn
820 Fledermäuse

Quiz 82 (Seite 33)

821 C
822 B
823 C
824 C
825 D
826 D
827 A
828 A
829 B
830 C

Quiz 83 (Seite 34)

831 Schwarz
832 Schwarze
833 Weiße
834 Schwarzen
835 Schwarze
836 Weiß
837 Schwarze
838 Weiß
839 Schwarz
840 Schwarz

Quiz 84 (Seite 34)

841 Biber
842 Präriehund
843 Haselmaus
844 Kaninchen
845 Wasserschwein
846 Wasserratte
847 Zwergmaus
848 Stachelschwein
849 Eichhörnchen
850 Hamster

Quiz 85 (Seite 34)

851 Manatis
852 Manta
853 Mandarinente
854 Mähnenwolf
855 Milben
856 Mangrove
857 Mandrill
858 Mantis
859 Meduse
860 Mantikor

Quiz 86 (Seite 34)

861 Ordnung
862 Hörner
863 Fellpflege
864 Herpetologie
865 Sergej Prokofjew
866 Vögel
867 Mit Hunden
868 Gaur
869 Pflanzennahrung
870 Sie tragen Krallen.

Quiz 87 (Seite 35)

871 Hirsch
872 Bär
873 Hund
874 Waschbär
875 Känguru
876 Hase
877 Wildkatze
878 Haubentaucher
879 Ente
880 Krähe

Quiz 88 (Seite 36)

881 Kitz
882 Heuler
883 Welpe
884 Lamm
885 Ameisenlöwe
886 Joey
887 Küken
888 Fohlen
889 Frischling
890 Kalb

Quiz 89 (Seite 36)

891 Tiger
892 See-Elefant
893 Strauß
894 Vogelspinne
895 Graues Riesen-känguru
896 Riesenhai
897 Japanische Riesen-krabbe
898 Honigdachs
899 Großer Ameisenbär
900 Indri

Quiz 90 (Seite 36)

901 Rotfeder
902 Rentier
903 Riesenseeadler
904 Anakonda
905 Kodiak
906 Nissen
907 Afrika
908 Orinoko
909 Polyp
910 Elritze

Quiz 91 (Seite 36)

911 Kojote
912 Asiatischer Elefant
913 Goldkatze
914 Steppenzebra
915 Braunbär
916 Gemeiner Delphin
917 Berglemming
918 Erdkröte
919 Trampeltier
920 Kapuziner

Quiz 92 (Seite 37)

921 Grizzlybär
922 Flossen
923 Schwebfliege
924 Grindwal
925 Schuppen
926 Mungo
927 Pottwal
928 Pfeilschwanzkrebs
929 Bandwurm
930 Federn

Quiz 93 (Seite 37)

931 100 t
932 Sie schwammen im offenen Meer.
933 Iguanodon
934 Trias
935 Vögel
936 Danach
937 *Ichthyosaurus*
938 Versteinerter Kot
939 Vor 65 Mio. Jahren
940 *Megalosaurus*

Quiz 94 (Seite 37)

941 Schmetterlinge
942 42
943 Auf die Augen
944 Seitenwinden
945 Primärkonsumen-ten
946 Siam. Kampffische
947 Größter Fleisch fressender Saurier
948 Über ihre Körper-oberfläche
949 Von Haien oder Rochen
950 Säbelschnäbler

Quiz 95 (Seite 37)

951 *Felis sylvestris*
952 *Locusta migratoria*
953 *Lemur catta*
954 *Myrmeleon formicarius*
955 *Vipera berus*
956 *Balaenoptera musculus*
957 *Sorex minutus*
958 *Alligator mississippiensis*
959 *Musca domestica*
960 *Cervus nippon*

Quiz 96 (Seite 38)

961 Krebs
962 Fische
963 Skorpion
964 Giraffe
965 Löwe
966 Schlange
967 Wolf
968 Schwan
969 Füllen
970 Delphin

Quiz 97 (Seite 38)

971 Vogel
972 Knorpel
973 Afrika
974 Culture Club
975 Löwe und Tiger
976 Warzenschwein
977 Asien
978 Kauz und Katze
979 Harpyie
980 Haie

Quiz 98 (Seite 38)

981 Richtig
982 Richtig
983 Richtig
984 Richtig
985 Richtig
986 Falsch
987 Falsch
988 Richtig
989 Richtig
990 Richtig

Quiz 99 (Seite 38)

991 Dodo (= Dronte)
992 Delphin
993 Kuh
994 Wandertaube
995 Endangered
996 Beutelwolf
997 Zebra
998 Kuba
999 Alle
1000 Im 18. Jh.

Fragebogen

Quizrunde Nr.   **Quizthema**

Fragen   **Antworten**

1   1

2   2

3   3

4   4

5   5

6   6

7   7

8   8

9   9

10   10

Antwortbogen

Name

Quizrunde Nr.   **Quizthema**

Antworten

1

2

3

4

5

6

7

8

9

10

Punkte

Kursiv gedruckte Seitenzahlen verweisen auf
Bildunterschriften, Illustrationen oder Übersichtskarten.

Abkürzungen:
o. = oben; M. = Mitte; u. = unten; l. = links; r. = rechts

Einbandvorderseite: Richard du Toit; Insert: Auscape/Mark Spencer.

1 Nature Picture Library/John Cancalosi. **2/3** DRK Photo/John Cancalosi. **4/5** Digital Visions. **6** Trevor Boyer/Reader's Digest. **13** von oben nach unten: (1) DRK Photo/Wayne Lankinen; (5) DRK Photo/John Cancalosi; (2, 3, 4, 6 – 10) PhotoDisc. **21** Digital Vision. **25** Matthew White. **31** Digital Vision. **35** Matthew White. **40** Digital Vision. **40/41** Nature Picture Library/Mike Wilkes. **41** o.: Nature Picture Library/ François Savigny; M.: Nature Picture Library/Avi Klapfer/Rotman; u.: Nature Picture Library/Hans Christoph Kappel. **42/43** Digital Vision. **43** M.: Mick Loates/Reader's Digest; r.: Trevor Boyer/Reader's Digest, u.: Bradbury and Williams. **44** l.: Nature Picture Library/Martha Holmes; r.: Oxford Scientific Films/Clive Bromhall. **45** o.: DRK Photo/Michael Fogden; M.l.: Nature Picture Library/Anup Shah; M.r.: DRK Photo/Kennan Ward; u.: Auscape/Jean-Paul Ferrero. **46** o., u.: Corbis. **47** o.: Bruce Coleman Collection/Jane Burton; u.l.: Auscape/Joe McDonald; u.r.: Digital Vision. **48** DRK Photo/Stanley Breeden. **48/49** DRK Photo/Kennan Ward. **49** DRK Photo/Michael Fogden. **50** Digital Vision. **50/51** Oxford Scientific Films/Robin Bush. **51** DRK Photo/Anup Shah. **52** o.l.: Nature Picture Library/Peter Scoone; o.r.: AntBits. **52/53** DRK Photo/Stephen J. Krasemann. **53** o.l.: Nature Picture Library/Barry Britton; o.r.: DRK Photo/Michael Fogden. **54** o.: DRK Photo/Wayne Lynch; u.: Digital Vision. **55** o.: Oxford Scientific Films/ Rudie Kuiter; u.: DRK Photo/Belinda Wright. **56** Science Photo Library/Eye of Science. **56/57** DRK Photo/Steve Wolper. **57** Digital Vision. **58** AntBits. **58/59** DRK Photo/M.C. Chamberlain. **59** o.: DRK Photo/S. Nielson; u.: DRK Photo/Len Rue jr. **60** Digital Vision. **60/61** DRK Photo/Anup Shah. **61** o.: DRK Photo/C. Allan Morgan; M.r.: Oxford Scientific Films/Dieter and Mary Plage. **62/63** AntBits; Evolutionsband: Matthew White. **63** o.l.: DRK Photo/M.C. Chamberlain. **64/65** o.: AntBits; u.: Bradbury and Williams. **65** The Natural History Museum, London. **66 - 69**: AntBits. **69** M.r.: Bradbury and Williams. **70** o.l.: Bradbury and Williams; r.: DRK Photo/Wayne Lankinen. **71** o.: Nature Picture Library/Doc White; u.l.: Ardea London/Don Haddon; u.M.: Oxford Scientific Films/Konrad Wothe; u.r.:

Still Pictures/Fritz Pölking. **72** M.l.: DRK Photo/John Winnie jr.; u.r.: DRK Photo/Tom and Pat Leeson. **72/73** Auscape/Jean-Paul Ferrero. **73** o.: DRK Photo/Anup Shah; u.: AntBits. **74 – 75** Digital Vision; Hintergrund: DRK Photo/Martin Harvey. **76** o.: DRK Photo/Michael Fogden; u.: DRK Photo/M.C. Chamberlain. **75/77** Digital Vision. **77** o., M.: DRK Photo/Michael Fogden. **78** o.: DRK Photo/Tom Brakefield; u.: Martin Woodward. **78/79** DRK Photo/Fred Bruemmer. **79** o.: Auscape/Mark Jones; M.r.: AntBits. **80** Nature Picture Library/Neil P. Lucas. **80/81** Digital Vision. **81** o.: DRK Photo/Pete Oxford; r.: NHPA/Dr. Ivan Polunin. **82** DRK Photo/Pete Oxford. **82/83** Auscape/Mark Spencer. **83** o.: DRK Photo/Oxford Scientific Films/Paulo De Oliveira; u.: Nature Picture Library/Doc White. **84, 85** Digital Vision. **86** Auscape/Ben and Lynn Cropp. **86/87** DRK Photo/Norbert Wu. **87** o.: Digital Vision; u.: NASA/Visible Earth/Landsat 7/Bruce Hatcher and Abdulla Naseer, Dalhousie University. **88** Carol Hicks/National Marine Aquarium. **88/89** Oxford Scientific Films/ Rob Nunnington. **89** DRK Photo/ Larry Tackett. **90** Nature Picture Library /Mark and Juliet Yates. **90/91** Auscape/Hellio-Van Ingen. **91** o.l.: Julian Baker; Nature Picture Library/Bruce Davidson. **92** M.r.: NHPA/ James Carmichael jr.; u.: Gerald Cubitt. **93** l.: Science Photo Library/K.H. Kjeldsen; u.r.: Digital Vision. **94** M.: DRK Photo/Stephen J. Krasemann; u.: DRK Photo/James P. Rowan. **94/95** DRK Photo/Pete Oxford. **96** M.r.: Bradbury and Williams; u.: Wildlife Art Ltd. **96/97** DRK Photo/Doug Perrine. **97** u.: Digital Vision. **98** o.l.: Bradbury and Williams; u.l.: Julian Baker. **99** o.M.: Wildlife Art Ltd.; u.: DRK Photo/Norbert Wu. **100** DRK Photo/William Leonard. **101** o.l.: DRK Photo/ Stephen J. Krasemann; o.r.: DRK Photo/Michael Fogden; u.l.: DRK Photo/David Northcott; u.r.: DRK Photo/Michael Fogden. **102** Bradbury and Williams. **103** o.l.: Oxford Scientific Films; o.r.: Still Pictures/ Daniel Heuclin; u.: NHPA/ Daniel Zupanc. **104/105** DRK Photo/S. Nielson. **105** Oxford Scientific Films/ Robert Tyrrell. **106** o.: Wildlife Art Ltd.; M.: Science Photo Library /George Bernard; u.: NHPA/Henry Ausloos. **106/107** DRK Photo/Jeremy Woodhouse. **107** M.r.: DRK Photo/Wayne Lankinen; u.r.: Bradbury and Williams. **108** Nature Picture Library/David Kjaer. **108/109** DRK Photo/John Cancalosi. **109** o.l., M.r.: Digital Vision; M.l.: Robert Morton/Reader's Digest. **110** M.: Janet Baker; u.: AntBits. **111** o.l.:

DRK Photo/Wayne Lynch; DRK Photo/Kennan Ward. **112** M.: Janet Baker; u.: Auscape/Jean-Paul Ferrero. **112/113** Digital Vision. **113** o.: DRK Photo/Stanley Breeden; u.: NHPA/Dave Watts. **114** DRK Photo/Michael Fogden. **114/115** DRK Photo/Andy Rouse. **115** o.l.: Oxford Scientific Films/Des and Jan Bartlet; o.r.: NHPA/Anthony Banister. **116** DRK Photo/Michael Fogden. **116/117** NHPA/Stephen Dalton. **117** o.l.: DRK Photo/Pete Oxford; o.r.: DRK Photo/John Cancalosi; u.: Martin Woodward. **118/119** DRK Photo/John Cancalosi. **119** o.l.: Nature Picture Library/John Cancalosi; M.l.: Zeichnung von Tenniel aus *Alice's Adventures In Wonderland* by Lewis Carroll, published by MacMillan London Ltd, 1972 (zuerst veröffentlicht 1865)/John Meek; u.r.: DRK Photo/Stephen J. Krasemann. **120** DRK Photo/John Cancalosi. **121** o.: Oxford Scientific Films/Zig Leszozynski; u.l.: Bradbury and Williams; u.r.: Nature Picture Library. **122/123** Digital Vision. **123** o.l.: DRK Photo/Jeff Foott; M.l., M.r.: DRK Photo/Johnny Johnson; u.r.: DRK Photo/Wayne Lankinen. **124** DRK Photo/Roger Tory Peterson. **124/125** DRK Photo/Tom and Pat Leeson. **125** o.r.: DRK Photo/Doug Perrine; u.: Digital Vision. **126** l.: Oxford Scientific Films/Mike Hill; r.: Janet Baker. **127** o.: Nature Picture Library/Steffan Widstrand; M.: DRK Photo/Belinda Wright; u.: Digital Vision. **128** Martin Woodward. **128/129** Oxford Scientific Films/ Martyn Colbeck. **129** o.l.: Wildlife Art Ltd; o.r.: DRK Photo/Anup Shah; u. DRK Photo/Doug Perrine. **130** M.: Janet Baker; u.: DRK Photo/Stephen J. Krasemann. **130/131** DRF Photo/Doug Perrine. **131** u.: DRK Photo/Pete Oxford. **132** DRK Photo/Pete Oxford. **133** o.l.: Bradbury and Williams; u.l.: DRK Photo/Tom and Pet Leeson; r.: NHPA/Daniel Heuclin. **134** M.: Julian Baker; u.: Digital Vision. **135** o.l.: Bradbury and Williams; u.l.: Digital Vision; r.: DRK Photo/Pete Oxford. **136, 136/137** Digital Vision. **137** o.l.: Bradbury and Williams; M.l.: Oxford Scientific Films/Dani Jeske; M.r.: Roy Williams. **138** DRK Photo/Andy Rouse. **138/139** DRK Photo/Wayne Lynch. **139** DRK Photo/David Woodfall. **140** o.r., M.l., M., Mr.: Robert Mortin/ Reader's Digest; u.M.: Tim Hayward/Reader's Digest; u.l., u.r.: Janet Baker. **141** o.l., o.r.: Janet Baker; u.: NHPA/Gerard Lacz. **142/143** Nature Picture Library/David Tipling. **143** o.: Still Pictures/Zavier Eichaker; u.: DRK Photo/Wayne Lynch. **144** DRK Photo/Stanley Breeden. **145** o.l.: Roy Williams;

u.r.: Roger Stewart. **146** o.: Universal Pictures/Photo Carolyn Jones/Ronald Grant Archives; u.: © Aardman Animations Ltd. **146/147** Ronald Grant Archives. **147** © Hanna Barbera/Yogi and Booboo/Ronald Grant Archives. **148** aus *The Jungle Book* von Rudyard Kipling, MacMillan and Co Ltd, London, 1896/John Meek. **149** o.: Henri Rousseau/ © The National Gallery, London; M.: Beatrix Potter/ Dee Conway Ballet and Dance Picture Library; u.: © Consignia plc, 2000, mit frdl. Genehmigung von Consignia/John Meek. **150** Puma United Kingdom Ltd. **150/151** Allsport/Rick Stewart. **151** o.l.: aus *Early Advertising*, Dover Books; u.r.: Bradbury and Williams. **152** DRK Photo/Marty Cordano. **152/153** DRK Photo/Fred Bruemmer. **153** Oxford Scientific Films/Charles Tyler.

Abbildung Cover:
großes Bild: Erdmännchen
kleines Bild: Korallenpolypen mit flexiblem Skelett

**Reader's Digest Wissenswelt –
1000 Fragen, 1000 Antworten**
Wunderbare Tierwelt

Titel der englischen Originalausgabe
*Reader's Digest Knowledge Quest –
The Animal World*

Deutsche Ausgabe
Übersetzung: Andreas Held
Redaktion: Christiane Burkhardt

Reader's Digest
Redaktion: Stephanie Winterkorn
Grafik: Peter Waitschies
Bildredaktion: Christina Horut
Prepress: Andreas Engländer
Produktion: Andreas Schabert

Ressort Buch
Redaktionsdirektorin:
Suzanne Koranyi-Esser
Redaktionsleiterin:
Dr. Renate Mangold
Art Director: Susanne Hauser

Operations
Leitung Produktion Buch:
Norbert Baier

Satz und Reproduktion:
Colour Systems Ltd., London
Druck und Binden:
Printer Industria Grafica, Barcelona

2002 Reader's Digest Association
Limited

Zweiter Nachdruck 2008
© der deutschsprachigen Ausgabe:
2004 Reader's Digest –
Deutschland, Schweiz, Österreich
Verlag Das Beste GmbH –
Stuttgart, Zürich, Wien

Code-Nr. UK 0095/G/S

Printed in Spain

ISBN 3-89915-210-7

Besuchen Sie uns im Internet
www.readersdigest.de

© der englischen Originalausgabe: